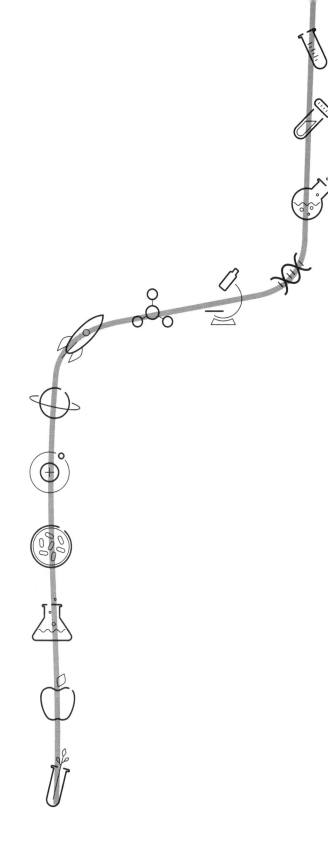

쉽게 읽는

과학이야기
The story of science

최재희 저

북스힐

머리말

    본 교재는 이공계열 학생 뿐 아니라 인문계열 학생들에게도 필요한 과학의 기본적 지식을 시대순으로 살펴보았으며, 물리, 화학, 생물, 천문 그리고 수학 등 과학의 다양한 분야에서 동시대에 활동했던 과학자들을 위주로 한 여러 에피소드를 담고 있다. 일반인에게도 과학의 전 분야를 쉽게 접근할 수 있도록 구성하였으며, 구체적이고 전문적인 내용은 각 학과의 전공에서 다루게 되므로, 본 교재에서는 원리와 개념에 충실하였고, 전문적인 수식(數式)은 가급적 피하여 집필하였다. 과학의 출발점이라고 할 수 있는 인류 고대의 문명시대로부터 수의 출현과 문명의 발생, 전기와 의약품의 발명, 20세기의 위대한 과학자 중 한 인물인 아인슈타인 그리고 21세기 과학의 현재에 이르기까지 인류 과학의 발전과 역사를 사회적 배경과 더불어 오늘날 우리에게 미치는 영향력에 대해서도 알아보았다.

    순수 교양과목으로서 인류의 자연과학의 역사를 일목요연하게 정리함으로서 과학을 기피하는 사람들에게도 쉽게 접근하고자 하는 것이 저자의 의도이자 바램이다.

    마지막으로 「쉽게 읽는 과학이야기」를 통하여 독자들에게는 과학적 지식을 높이는 데에 다소나마 도움이 되고, 과학의 역사를 알게 되는 계기가 되길 바란다. 이 교재의 편찬을 위해서 수고해 주신 북스힐 조승식 사장님 외 임직원 여러분들께 진심으로 감사의 말씀을 전한다.

2016. 8
저자 최 재 희

차례

1장 고대 문명의 과학

1.1 고대의 주요 문명

1. 이집트 문명

 '오리엔트(Orient) 문명'이라고도 하는 이집트 문명은 기원전 3000년경 이집트 나일강 하류에 위치한 오리엔트 지역에서 발생하기 시작하였다. '해뜨는 동쪽'이라는 의미를 지닌 오리엔트 문명은 나일강과 인접한 곳에 위치하고 있었으므로 강의 잦은 범람으로 인한 피해가 발생하였으나 범람했던 강물이 빠져나간 후에 강 상류에서 밀려온 풍부한 광물질 덕분에 강 하류 부근에서는 비옥한 토양이 형성되었다. 이곳에서 농사를 짓기 위해 점점 사람들이 모여 들게 됨에 따라 관개(灌漑, irrigation) 농업을 위한 강력한 통치 권력과 실용적인

그림 1.1 고대 주요 4대 문명의 발상지

기술의 필요 및 발달의 결과 이집트 문명이 발생할 수 있었다. 이집트 문명은 메소포타미아 문명과 거의 동시대에 함께 발전했으며, 유럽의 고대 문명인 고대 그리스와 로마 문화 형성에 이바지하기도 했다.

이집트 문명은 사후 세계에 인간의 진정한 행복이나 평화가 있다고 믿었던 영혼불멸의 내세적 신앙의 성격을 지녔으며, 그들의 종교는 다신교였으나 그중에서도 최고신은 태양신이었다. 미라(mummy)나 피라미드, 스핑크스 및 사자의 서(死者의 書, Book of the dead) 등은 그들의 내세적 신앙에서 비롯된 것임을 잘 알 수 있는 흔적들이다. 특히 '사자의 서'는 죽은 사람의 부활과 영생을 위한 주술성이 강한 일종의 안내서이며, 미라와 함께 매장되는 두루마리 형태로 기록된 장례문서(葬禮文書)이다. 현존하는 사자의 서 중에서 기원전 1240년에 기록된 아니의 파피루스(papyrus of Ani)가 대표적인데, 이는 1888년에 그리스의 옛 도시인 테베(Thebai)에서 발견되어 현재 영국 박물관에 소장되어 있다. 여기에는 서기관이었던

그림 1.2 아니의 파피루스

그림 1.3 스핑크스(sphinx): 왕의 권력을 상징하기 위하여 왕궁이나 신전 앞에 세운 석상

아니(Ani)와 그의 아내가 저승을 여행하고 신 앞에 서는 장면을 묘사한 그림이 담겨 있을 뿐 아니라 죽은 사람의 영생을 염원하고, 신을 칭송하는 찬가들의 내용이 기록되어 있다.

당시 이집트는 사면이 사막과 바다로 막힌 폐쇄적인 지형이었기 때문에 오랫동안 통일 왕조를 유지할 수 있었으며, '태양신의 아들'이라는 의미를 가진 파라오(Pharaoh)가 절대적인 권력을 행사했다. 또한 정치와 종교가 결합된 신권 정치가 발달했는데, 이는 파라오가 신을 대신하여 통치하는 정치 형태를 의미했다.

나일강의 범람으로 인한 피해 방지를 위하여 그들은 미래를 정확히 예견할 필요성을 느꼈고, 정기적인 변화를 나타내는 하늘의 움직임에 관심을 두고 관찰한 결과, 역법(曆法)을 계산하기에 이르렀다. 특히 이집트인들은 태양신을 숭배했기에 태양을 중심으로 계산하는 태양력을 만들었는데, 이는 현재의 달력과 같이 1년을 365일로 계산하였다.

뿐만 아니라 이집트인들은 나일강 유역에서 생산되는 파피루스(papyrus) 나무의 줄기를 잘라서 그 껍질을 벗긴 줄기의 흰 속을 가늘게 찢어 건조시킨 후 매끄럽게 만든 파피루스를 오늘날의 종이(paper) 용도로 사용하였다. 그들은 자신들의 문자인 신성문자(神聖文字) 또는 '히에로글리프(Hieroglyph)'라고도 하는 상형문자를 신전의 벽이나 무덤 내부 또는 파피루스에 기록하기도 하였다.

실용을 목적으로 했던 이집트인들은 그들의 학문에서도 토목기술이나 측량술 또는 기하학 분야에 많은 관심을 쏟았고, 사용했던 셈법은 10진법(decimal system)이었다. 사람의 손가락 개수와 같은 10을 단위로 자릿수를 올리는 10진법은 현재까지도 사용되고 있는 셈법이기도 하다. 한때 찬란한 문명의 꽃을 피웠던 이집트 문명은 기원전 7세기경 아시리아(Assyria)의 침입으로 인해 쇠퇴하기 시작해서 기원전 6세기경 페르시아(Persia)에 의해 멸망하게 되었다.

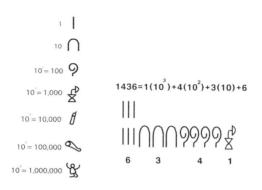

그림 1.4 히에로글리프

1) 미라

미라는 포르투갈어 '미라(mirra)'에 해당하는 프랑스어 'momie'가 중국어로 전사(轉寫)되면서 형성되었다고 한다. 이는 건조한 상태로 장기간 거의 원형으로 보존된 영구사체를 의미한다. 열쇠모양으로 가늘게 구부러진 금속 막대기를 죽은 사람의 귓구멍 속으로 넣어 뇌의 골수를 꺼내고, 칼로 사체의 배를 갈라서 창자를 꺼낸 후 빈 공간을 향료로 채우고, 사체의 수분을 제거하기 위하여 소다 용액에 사체를 두 달 이상 담근다. 이러한 과정을 거친 사체는 수분함량이 50% 이하가 되는데, 세균의 증식이 현저하게 감소하게 되므로 더 이상의 부패는 그 진행을 멈추게 된다. 이후 흡습성이 좋은 흙이나 모래 위에 사체를 눕히고, 건조하고 통풍이 잘 되는 장소에서 보관하는 방식을 취한다.

미라는 이집트인들의 영혼불멸 신앙을 엿볼 수 있는 장례풍습이기도 하다. 이는 살아있는 사람들이 죽은 사람의 사체를 잘 보존하면 육체를 떠났던 영혼이 언젠가는 다시 그 육체로 깃들 것이라는 그들의 내세적 신앙에 기인한다고 볼 수 있다.

그림 1.5 쿠푸(Khufu)왕 피라미드(돌 270만 개, 203계단, 한 변의 길이 230.7 m, 높이 146.7 m)

2) 린드 파피루스

린드 파피루스(Rhind Papyrus, BC. 2000)는 1858년 스코틀랜드 출신의 골동품 수집가이자 고고학자인 린드(Alexander Henry Rhind)에 의해 세상에 알려지게 되었다. 린드는 이집트에 머무르는 동안 테베(Thebes)에 있는 작은 고대 건물의 폐허 속에서 발견되었다는 상당히 커다란 파피루스 하나를 이집트 남부 룩소르(Luxor)에서 구입하였다. 린드가 사망한 이후 그가 구입했던 파피루스는 영국 박물관에 보관되어 있는데, 이는 현재까지 알려져 있는 가장 오래된 수학서이다. 이집트어로 기록된 이 파피루스는 1877년 독일의 고고학자 아이젠롤레(A. Eisenrolle)에 의하여 현대어로 번역되면서 그 내용이 세상에 알려지게 되었다. 이에 따

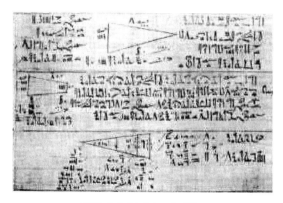

그림 1.6 아메스 파피루스

르면 이 고문서는 이집트의 서기(書記)인 아메스(Ahmes)가 예전부터 알려져 있던 수학에 관한 지식들을 기록한 수학책이었던 것이다. 따라서 린드의 파피루스를 '아메스의 파피루스'라고도 한다. 원래 길이가 약 5 m, 폭이 약 30 cm이었던 이 문서는 찢겨져서 한 부분이 분실되었으나, 반세기가 지나서 뉴욕의 역사학회 장서 속에서 우연히 발견되었다.

아메스의 파피루스에는 분수 표기법, 분수 계산이 응용된 여러 산술 문제, 1개의 미지수를 가지는 1차 방정식 및 2차 방정식에 귀속되는 문제, 농경지 면적과 관련된 여러 가지 기하문제 등이 기록되어 있다. 뿐만 아니라 원의 면적을 계산할 때에는 원주율 π를 3.1604…로 사용하였는데, 이는 고대 메소포타미아나 고대 중국이 오랫동안 3으로 사용했던 π값에 비교한다면 상당히 정밀한 수치라고 할 만하다.

또한 숫자를 표기할 때에 당시 고대 이집트에서는 '호러스(Horus)의 눈' 또는 '우자트(udjat)'라는 히에로글리프는 독수리 신인 호러스의 눈을 나타냄과 동시에 문자를 만드는 각 부품이 분수를 나타내고 있다(그림 1.7).

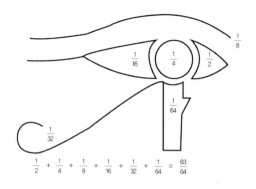

$$\frac{1}{2} + \frac{1}{4} + \frac{1}{8} + \frac{1}{16} + \frac{1}{32} + \frac{1}{64} = \frac{63}{64}$$

그림 1.7 호러스의 눈

3) 로제타스톤

1798년 군인들을 중심으로 하여 고고학자, 언어학자 및 민속학자 등의 지식인들 총 175명을 포함한 프랑스의 원정대를 이룬 나폴레옹(Napoléon I, 1769~1821)은 영국의 인도 무역로를 차단하기 위하여 이집트로 원정을 떠나게 되었다. 이듬해 1799년 나폴레옹 원정군이 알렉산드리아에서 동쪽으로 약 60 km 떨어진 로제타 마을에서 요새를 쌓을 때 한 병사가 발견한 길이 114 cm, 너비 74 cm, 두께 28 cm인 검은 돌이 바로 로제타스톤(Rosetta Stone)이다.

로제타스톤은 기원전 196년 이집트의 파라오인 당시 13세 나이의 프톨레마이오스(Ptolemaios) 5세의 후원으로 제작되었는데, 이는 국가의 질서를 확립하고 안정된 왕권을 위하여 공을 세운 사제들에 대한 감사의 뜻을 기념하고자 하는 목적으로 그들의 업적을 칭송하는 내용을 담고 있는 비석이다. 비문에 기록된 문자들은 크게 세 종류, 즉 첫째 단 14행은 이집트 문자인 '히에로글리프'라고 하는 상형문자로, 둘째 단 32행은 민중문자로 그리고 셋째 단 54행은 그리스 문자로 표기되어 있다.

하지만 로제타스톤에 새겨진 비문의 내용을 파악하는 데에는 다소 어려움이 있었다. 나폴레옹과 함께 원정에 나섰던 언어학자들은 상당한 고대 그리스어 실력이 있었으므로 고대 그리스어로 기록된 비문의 내용은 수월하게 해독할 수 있었으나, 이미 5세기 중엽 무렵에 사멸된 상형문자로 기록된 내용을 해독할 수 있는 학자는 없었기 때문이다. 이러한 이유로

그림 1.8 로제타스톤(114.4×74×28 cm, 760 kg)

영국과 프랑스 학자들은 국가의 자존심을 내걸고 상형문자로 기록된 비문의 내용을 먼저 해독하기 위해 부단한 노력을 펼쳤다.

1819년 영국에서는 영국 출신의 물리학자인 토마스 영(Thomas Young, 1773~1829)이 그리스 문자와 상형문자를 대조하면서 해독에 전념하였으나 상형문자가 표음문자이며, 이는 파라오의 이름이라는 것을 밝혀내는 그 이상의 진전은 이루지 못하였다. 비슷한 시기에 프랑스에서는 샹폴리옹(Jean Francois Champollion, 1790~1832)을 필두로 하여 본격적인 해독작업이 한창 진행 중이었다. 어려서부터 이집트 문명에 관심이 많았던 샹폴리옹은 1822년 이집트의 상형문자가 표음문자이면서 동시에 표의문자임을 알아내기에 이르렀다. 이후 상형문자의 해독이 성공하게 되자 유럽에서는 고대 이집트 학문과 동방에 많은 관심을 갖게 되었고, 많은 학자들이 유적 발굴에 힘써서 고대 이집트의 역사를 연구하면서 신비에 가려져 있던 고대 이집트 문명이 제 모습을 드러낼 수 있었다.

2. 메소포타미아 문명

고대 주요 4대 문명 중에서 이집트 문명만큼이나 오래되었고, 다른 문명의 근간이 메소포타미아 문명이라고 할 수 있다. '메소포타미아(Mesopotamia)'라는 말은 '두 강 사이의 땅'이란 뜻으로 비옥한 반달 모양의 티그리스강(Tigris River)과 유프라테스강(Euphrates River) 유역을 중심으로 번영한 고대 문명이다. 이 지역은 강의 잦은 범람이 불규칙적이었으므로 치수(治水)와 관개농업 등의 대규모 사업이 필요했다. 따라서 사람들이 모여들게 되면서 여러 도시 국가들이 등장하였고, 교역과 상업 활동이 활발해졌다.

'갈대가 많은 지역'이라는 뜻인 '수메르(Sumer)'는 강의 잦은 범람으로 대홍수가 일어나 치수가 어려웠던 만큼이나 치수가 절박했던 곳이기도 하다. 홍수가 농토와 인근 도시를 휩쓸고 지나가 버리는가 하면 견디기 힘들 정도의 더위로 인해 많은 어려움을 겪어야 했던 바로 이 지역에서 메소포타미아 문명이 시작되었다. 수메르인들은 기원전 3000년대 말 경에 인류 최초로 점토에 쐐기문자(설형문자)를 새겨 사용하기 시작했다. 그들은 점토를 이용하여 신전을 쌓기 위한 벽돌을 만들었으며, 부드러운 점토판에 갈대를 펜으로 이용하여 쐐기문자를 사용하였던 것을 보면, 수메르 문명이 점토 문명의 기초가 되었다는 의미이기도 하다.

메소포타미아 지역에서도 농업상 필요에 의해 역법, 천문학 및 수학 등의 실용적인 문화가 발달하였고, 태양의 운행을 바탕으로 하던 이집트인들과는 달리 달의 차고 기우는 모양을 바탕으로 한 태음력을 제작·이용하게 되었다. 이 태음력은 1년을 12개월로, 1개월을

그림 1.9 점토판에 새긴 문자

30일로 나누고 3~4년에 한 번씩 윤달을 마련한 것으로서 후세에 널리 사용되었다. 7일을 1주일로 정하고, 1일을 24시간으로 나눈 것도 그들에게서 비롯되었다.

뿐만 아니라 천문학의 상당한 발달로 인해 일식이나 월식이 있을 시기를 미리 알기도 했다. 주로 60진법(sexagesimal system)에 따른 수학이 발달하였고, 곱하기와 나누기는 물론 분수 계산도 가능했다고 한다. 그들은 시간이나 각도를 측정하는 데에도 60진법을 응용하여 1시간을 60분, 1분을 60초 그리고 원의 각도를 360°로 나누었다.

메소포타미아 문명 당시 형성된 도시들은 점토로 제작된 벽돌을 이용하여 쌓은 높은 담으로 둘러싸여 있었기에 각 도시들은 독립성이 강한 편이었지만, 이러한 도시국가의 형태가 연합·통일되어 있었다. 그들의 사회는 종교와 정치가 일치하는 제정일치의 형태였으며, 최고의 통치자가 제사장을 겸하기도 했다. 또한 그들은 우주가 형성되는 그 시기부터 각 도시를 할당받아 다스린다고 여겼던 도시의 주신(主神)을 믿었기 때문에, 도시의 중심부에 웅장한 규모의 신전과 '성탑(聖塔)' 또는 '단탑(段塔)'이라고도 불리는 '지구라트(Ziggurat)' 신전을 세웠다. 이는 고대 메소포타미아의 여러 지역에서 발견되는 신전으로서 하늘에 있는 신들과 지상의 인간들을 연결하기 위한 목적으로 지표면보다 높게 설치된 건축물이다. 후에 그들은 더 높은 신-인간의 연결통로를 원했으므로 지구라트의 높이는 더욱 높아지게 되었다. 이는 이집트 문명의 피라미드와 견줄 수 있는데, 피라미드 내부의 통로가 직선 구조를 갖는 것에 반해 지구라트 통로는 지그재그 구조를 취하고 있다.

그들은 해·달·별 등의 천체가 인간의 운명을 지배한다고 믿었기 때문에 천체의 움직임을 관측함으로써 앞날을 예견하려는 점성술이 크게 성행하였고, 점성술은 천문학과 역법의

그림 1.10 지구라트

발달을 촉진시키는 계기가 되었다. 하지만 이 지역은 폐쇄적 지형인 이집트와는 달리 개방된 지형이었기 때문에 주변지역 외세의 침입으로 인하여 메소포타미아인들은 불안하였고, 도시와 왕국은 혼란스러울 정도로 흥망이 되풀이 되었다. 따라서 권력의 중심은 바빌로니아 제국, 아시리아 제국과 신바빌로니아 제국으로 빈번히 이동되었다.

3. 인더스 문명

인더스(Indus) 문명은 최초에 발견된 유적의 이름을 따서 '하라파 문명(Harappa civilization)'이라고도 한다. 이는 기원전 3000년경부터 약 1,000년 동안 인더스강 유역에서 청동기를 바탕으로 번영하였으며, 주로 메소포타미아 문명의 영향을 받았다. 4대 문명 중 가장 넓은 지역에 분포해서 형성된 인더스 문명은 언제 그리고 어떻게 패망하게 되었는지는 아직까지도 불확실하다. 농경지를 중심으로 비교적 제한된 지역에서 문명이 형성되었던 메소포타미아 문명이나 이집트 문명과는 달리 광범위한 지역에 걸쳐 성립된 인더스 문명은 강 유역이나 산간 지역 그리고 해안 지역 등의 다양한 자연 환경 조건에서 그 문명의 특성이 형성되었다. 대표적인 유적은 당시 2대 도시였던 하라파와 모헨조다로(Mohenjo Daro)이며, 당시 그들은 정교한 청동기와 칠무늬 토기를 제작하였고 저울 및 상형문자를 새긴 인장을 사용하기도 했다.

모헨조다로와 하라파를 포함하여 그 외에 발굴된 마을이나 도시들도 전반적으로 메소포타미아의 영향을 받긴 하였으나 그들만의 다양한 특징들을 서로 공유하는 것으로 볼 때, 그들은 광대한 지역에서 형성된 문명들을 통합했던 것으로 추정된다. 그렇기 때문에 매우 광

그림 1.11 인장

대한 지역에 걸쳐 나타나는 문화적 통일성을 지닌 인더스 문명은 고도의 중앙집권이 지배했을 것이라는 짐작이 타당하다.

또한 인더스 문명은 고대 문명들 중에서 가장 정교한 배수로와 하수구 시설을 갖춘 문명일 뿐만 아니라 질서정연한 도시 계획도 다른 문명에서는 찾기 어려운 또 다른 특징이라고 할 수 있다. 당시 약 5,000명 이하의 인구가 거주하는 마을의 집들에서는 격자 모양으로 짜인 구조를 볼 수 있는데, 이는 마구잡이식의 제멋대로 팽창되었던 메소포타미아 도시의 마을들과는 대조를 이루고 있다. 이러한 도시 계획은 인더스 문명의 주요 도시 중 하나인 모헨조다로의 유적에서 확인해 볼 수 있는데, 전반적으로 도시는 목욕탕이나 광장 등의 공공 건물들이 들어선 성채와 시민들이 거주하던 도시, 두 부분으로 크게 구분지어 형성되어 있다. 목욕 문화에 대한 인더스 사람들의 관심으로 형성된 목욕탕 시설은 그들의 종교적 생활과 관련지어 생각해 볼 수 있을 것이다. 말린 벽돌을 사용했던 메소포타미아의 건축물들과는 달리 주로 구운 벽돌로 쌓아올린 높은 탑이 있는 요새가 성채 주변 지역들에서 발굴되었다.

넓은 지역에서 성행했던 문화가 한 순간 동시에 사라진 것은 아니겠지만 인더스 문명의 몰락에 대한 몇몇 견해들 중에는 인더스 사람들이 감당해내기 어려운 환경의 압박이 있었을지 모른다는 견해가 있다. 이는 모헨조다로의 인장을 통해 추측해 볼 수 있는데, 오늘날과는 다른 생태계를 묘사하는 모습, 즉 현재 그 지역에 살지 않는 동물들인 호랑이, 코뿔소, 코끼리나 악어 등이 인장에 새겨져 있는 것이다. 아마도 이는 당시 그들이 지나친 방목이나 삼림 개간 등의 행위로 환경을 크게 변화시켰다는 의미로 해석될 수 있는데, 이러한 요인들은 농업의 효율 감소로 이어지면서 정착했던 지역에서 더 이상 거주할 수 없게 되자 마침

그림 1.12 모헨조다로

내 생존에 더 적합한 새로운 지역으로 이주하게 되었을 것이다. 최근 한 연구에 따르면, 인위적으로 초래된 환경 변화보다 훨씬 강한 변화인 장기간에 걸친 대규모의 홍수로 인한 침수에 그 원인을 두고 있기도 하다. 또한 모헨조다로는 기원전 2000년 중엽에 외부의 침입을 당했을 때 외부로부터 최후의 공격을 받기 이전에 이미 경제·사회면에서 매우 쇠퇴해 있었는데, 대홍수로 도시가 물속에 가라앉기도 했으며 가옥은 매우 엉성하고도 허술하게 지어졌고 인구는 지나치게 많았다. 따라서 최후의 타격이 갑작스럽다고 보이지만, 모헨조다로는 이미 쇠퇴의 길에 들어서고 있었던 것이다.

4. 황하 문명

중국의 황하강 중류와 하류 지역에서 발생한 황하 문명은 이집트, 메소포타미아 및 인더스 문명과 마찬가지로 황하강의 빈번한 범람으로 인해 비교적 농사에 적합한 비옥한 토지가 형성되어 신석기 시대부터 문명의 중심지로 부각되었다. 강수량과 삼림이 많았던 양쯔강 유역에 비하여 황하강 유역은 대륙성 기후로 건조하고 비옥한 황토지대를 형성하고 있었다. 그러나 청동기, 국가 및 문자의 발생 등의 요소, 즉 문화의 가치 체계의 바탕이 되는 물질적이고 기술적인 측면을 고려한 문명의 성립이라는 의미에서 황하 문명의 시작은 다른 주요 문명보다 다소 늦은 기원전 2000년경에 형성되었다고 판단된다.

중국 문자의 가장 오랜 조형(祖形)은 갑골문자이다. 1899년 왕의영(王懿榮)이 말라리아라고도 하는 학질을 앓고 있을 때 감기에 효험이 있다는 용골(龍骨)이 든 약을 복용하던 중 용골에 새겨져 있는 미지의 문자 같은 것을 발견하였다. 그는 이 용골들이 고대 상(商)나라 때에 점을 치고 미래를 예견하는 일에 사용되었으며, 그것에 새겨진 미지의 문자는 고대 중국의 문자임을 밝혀냈다. 왕의영은 다량의 용골을 수집하여 1,500여 조각의 유물을 발견해 내기도 했다. 그 후 베이징이 서양 세력에 의해 점령당하자 자살을 택했던 왕의영의 뒤를 이어 제자인 유악(劉鶚)은 용골에 새겨진 문자인 갑골문자를 계속 연구해 나갔다. 유악이 수집한 갑골문자의 도록(圖錄)을 「철운장귀(鐵雲藏龜)」라는 책에 기록하게 되면서 본격적인 갑골문자에 대한 연구가 시작되었다.

갑골문자는 귀갑(龜甲)이나 주로 소와 같이 큰 짐승의 견갑골 등에 새겨 놓은 문자로서, 정확한 명칭은 '귀갑수골문자(龜甲獸骨文字)', 흔히 줄여서 '갑골문', '갑문' 또는 '계문'이라고 하며, 발견된 지역의 이름을 따서 '은허문자'라고도 일컫는다. 거북은 중국 고대로부터 용(龍), 봉(鳳), 린(麟)과 더불어 4영(四靈)으로 분류되는 영험한 동물이었는데, 조각칼을 사용하여 딱딱한 귀갑이나 동물의 뼈에 문자를 새겨 놓은 까닭은 아마 종교적인 이유 또는 장기간의 보존을 위한 목적으로 판단하는 견해도 있다.

그림 1.13 갑골문자

과거에는 황하 문명이 이집트 문명, 메소포타미아 문명 그리고 인더스 문명과 함께 고대 주요 4대 문명으로 분류되었지만, 현재는 중국 각 지역에서 발견되는 장강 문명, 홍산 문명 등 다양한 문명이 존재하므로 주요 4대 문명을 다룰 때에 황하 문명 대신 '황하 및 장강 문명'이라고 하는 것이 더 일반적이다.

1.2 고대 그리스 문명

그림 1.14 고대 그리스의 지형(기원전 5세기)

고대 그리스는 아테네(Athene) 지역을 중심으로 기원전 800년경부터 고대 로마의 지배를 받기 전인 200년경까지 약 1,000년 간 지중해를 중심으로 번성했던 문화를 지니고 있는 국가이다. 높은 산과 많은 섬들로 이루어진 그리스는 인근 지역들과의 교류가 해상(海上)을 통하지 않고서는 쉽지 않았다. 그렇기 때문에 하나의 커다란 영토에서 형성된 나라들과는 달리 '폴리스(Polis)'라고 하는 작은 도시국가가 형성되었으며, 수많은 도시국가들 중 가장

그림 1.15 고대 그리스 올림픽 대회

발달한 곳이 바로 아테네였다. 대부분의 도시국가들은 도시 한 가운데에 위치한 높은 언덕에 '아크로폴리스(acropolis)'라는 신전을 세웠고, 그 신전 아래에는 토론과 상업활동을 하는 장소인 '아고라(agora)'도 있었다. 도시국가들은 같은 신을 숭상하여 동족의식이 강했으며, 4년마다 한 번씩 올림피아 제전을 개최하기도 하였는데, 이는 운동경기를 통해 올림푸스(Olympus)의 신들에게 제사를 지내는 것이었다. 올림피아 제전의 5종목인 달리기, 창던지기, 원반던지기, 멀리뛰기와 레슬링 경기에서 이긴 우승자는 월계관을 받았다.

이와 같이 당시 그리스 사람들은 부분적으로는 결합을 이루었으나 독립성이 강해서 도시국가를 중심으로 하는 통일된 국가를 형성하지는 않았으며, 필요에 따라 여러 도시국가들 간에 동맹을 맺는 형식을 취하였다. 이러한 도시국가 체제는 거대한 영토 내에서 형성되었던 제국 또는 왕국에서는 찾아볼 수 없는 그리스만의 독특한 특징이다.

그림 1.16 아테네의 아크로폴리스에 위치한 파르테논(Parthenon) 신전

고대 그리스 문명은 인간중심적이었다고 단언할 수 있을 것이다. 그들의 세계관이 반영된 그리스 신화를 보면 잘 알 수 있는데, 그리스 사람들은 자신들의 영웅을 신격화했을지라도 그들에게서 절대 복종을 강요당하지 않았으며, 신과 인간의 조화를 상징적으로 표현하기도 했다. 그리스 신화에 등장하는 다양한 신화적 인물들과 그 관련 내용들은 현재까지도 전승되어 서양 언어에 고스란히 담겨있다. 가령 대륙의 이름인 아시아(Asia)와 유럽(Europe)이 그러하다. 그리스 신화에 등장하는 프로메테우스(Prometheus)의 아내의 이름이 '아시아'이며, 제우스(Zeus)에게 속임을 당하여 크레타 섬으로 유배된 여왕의 이름이 '유로파(Europa)'라는 것을 감안한다면 아시아와 유럽 대륙의 이름이 어디에서 유래했는지 알 수 있을 것이다. 뿐만 아니라 고대 그리스 신화는 고대 그리스 종교의 한 부분을 이루기도 했다.

그림 1.17 기원전 6세기경 건축된 최초의 극장(그리스 아테네)

일반적으로 고대 그리스는 서구 문명의 기틀을 다지고 풍부한 문화를 남긴 것으로 알려져 있다. 그리스 문명은 후에 알렉산더에 의해 오리엔트 문명으로 융합되어 헬레니즘 문화로서 특히 로마 제국에 커다란 영향을 끼쳤으며, 언어, 정치, 교육 제도, 철학, 과학 및 예술에 업적을 남겼을 뿐 아니라 18세기와 19세기 유럽과 아메리카에서 일어난 르네상스(Renaissance) 운동의 원천이 되었다.

1.3 점성술과 천문학

점성술(Astrology)은 그리스어로 'astro(별, star)'와 'logy(학문, science)'의 합성어로 '별에 관한 학문'을 의미하므로 천체에 대한 관심과 지식을 전제로 한다. 사실 과학이 이렇다 할 발달을 이루기 시작하는 17세기 이전에는 점성술과 천문학은 거의 같은 단어로 통용되었기에 천문학자가 점성술사였고, 점성술사가 곧 천문학자이기도 했다. 굳이 점성술과 천문학의 차이를 밝힌다면 점성술은 다분히 주술적이며 철학적이었던 것에 반해, 천문학은 좀 더 과학적이며 객관적이라고 말할 수 있겠다.

우리가 보통 '점성술'이라고 언급할 수 있을 정도의 체계화된 방법은 고대 바빌로니아(Babylonia)와 중국에서 시작되었다. 별의 모양이나 밝기 또는 별자리 등을 고려하여 한 나라의 안위와 개인의 길흉화복을 점치는 술법은 고대 이집트와 메소포타미아 등의 영향을 받아 후에 고대 그리스나 로마에서 점성술로 정착되었다.

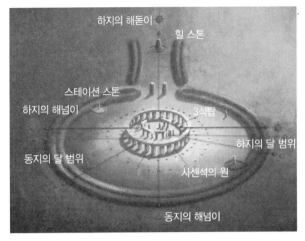

그림 1.18 스톤헨지   그림 1.19 힐스톤

영국 남부에 자리하고 있는 '거석주(巨石柱)'라고도 하는 스톤헨지(stonehenge)는 환상열석(環狀列石)의 유적으로 높이 8 m, 무게 50 t인 거대 석상 80여 개로 이루어져 있다. 스톤헨지가 '위에 올려놓은 돌'을 의미한다는 점을 감안한다면, 이 석재물의 구조 방식을 어림잡을 수 있을 것이다. 스톤헨지에는 두 종류의 석재인 셰일(shale)과 블루스톤이 사용되는데, 셰일 서클은 스톤헨지의 바깥쪽 원을, 블루스톤 서클은 그 안쪽 원을 이루고 있다. 30개의 셰일로 이루어진 바깥쪽 원 위에는 크기가 작고 모양이 불규칙한 블루스톤을 원모양으로 가로 눕혀 배치하였다. 그리고 그 중앙에는 편평한 제단석이 놓여 있으며, 셰일 서클 바깥쪽으로 떨어진 곳에 '힐스톤(Hill Stone)'이라는 돌이 우뚝 섰다. 스톤헨지가 고대의 태양 신앙과 결부되고, 하지(夏至)의 태양이 힐스톤 위에서 떠올라 중앙제단을 비추었던 시기가 방사성 연대측정 결과와 유사한 시기인 기원전 1850년경이라고 추정된다.

'천문학(Astronomy)'이란 단어는 그리스어로 'astro(별, star)'와 'nomy(법칙, law 또는 rule)의 합성어이다. 이는 우주 전체에 관한 연구 및 우주 안에 있는 여러 천체들에 관한 연구로서 자연과학의 한 분야를 차지하고 있다. 천문학은 점성술, 달력의 제작 및 항해 등에 이용되기 때문에 실용적인 필요성에서 발달되었다고 볼 수 있으며, 시간과 공간에 관한 가장 기본적인 관측을 하는 학문이라고 말할 수 있다. 따라서 천문학은 인류의 문명이 시작되는 고대 문명 시대부터 점성술이나 달력의 작성과 연관을 가지고 발달되었으므로 자연과학 가운데 가장 먼저 형성된 학문이기도 하다. 이후 천체에 대한 관심이 증가하면서 동시에 또 다른 대륙에 대한 위치 확인을 위한 항해에 이용되는 망원경의 발명이 있었던 17세기 이후로 천문학은 커다란 발달을 이루게 되었다.

2장 고대 그리스의 과학

2.1 탈레스의 과학

1. '비례의 신' 탈레스

그림 2.1 탈레스

탈레스(Thales, BC 624~BC 546)는 그리스 이오니아 해안의 밀레토스(Miletos) 마을에서 태어났다. 소금이나 올리브기름을 파는 상인이기도 했던 그는 그리스 최초의 철학자이자 7현인의 제1인자이며, 밀레토스 학파의 시조이고, 아리스토텔레스에 의해 '철학의 아버지'라고 불리기도 했다. '만물의 근원(Arche, 아르케)'을 추구한 철학의 창시자로서 그는 사방이 물로 둘러싸인 섬에서 자란 환경의 영향을 받아 생명을 위해서 필요 불가결한 '물'을 만물의 근원으로 여겼으며, 변화하는 만물 속에서 일관되는 본질적인 것을 추구하였다. '만물의 근원은 물이다'라는 과학적 명제는 당시 자연을 바라보던 사람들의 시각을 샤머니즘 신앙에 의

존하지 않고, 자연법칙으로 접근하여 세상에 대한 해석 방법을 바꾸었다는 이유로 아리스
토텔레스로부터 과학적 방법으로 해석한 '최초의 과학자' 또는 '자연철학의 개척자'라는 평
가를 받게 되었다. 따라서 탈레스 이후 수많은 고대 그리스 학자들은 만물의 근원에 대한
연구에 관심을 기울였으며, 다양한 부류의 철학들이 등장하기에 이르렀다.

바다 건너 선진문물을 접할 수 있는 이집트나 메소포타미아 지역에 올리브기름을 파는
상인이었던 아버지를 따라서 탈레스는 어느 날 지중해 건너 이집트에 갈 수 있는 기회를
얻게 되었다. 평소 고대 이집트 문명과 유적에 관심이 많았던 탈레스는 이집트 땅에 도착하
자 피라미드를 향해 달려갔다. 자신의 눈앞에 펼쳐진 웅장하고 거대한 피라미드를 바라보
며 탈레스는 그 높이를 측정하고 싶은 호기심이 일었다. 때마침 자신의 등 뒤편에서는 해가
비치고 있었다. 그리고 탈레스의 눈앞에 비치는 것은 자신의 그림자, 자신의 손에 쥔 지팡
이와 지팡이의 그림자 그리고 눈앞에 서있는 피라미드와 그 그림자였다. 그는 그림자의 길
이를 근거로 간단한 비례식을 활용하여 피라미드의 높이를 측정했다고 한다. 즉 자신의 지
팡이의 그림자 길이와 피라미드 그림자 길이는 자신의 지팡이의 실제 길이와 피라미드의
실제 길이의 비례 방법이었다. 탈레스는 땅에 막대를 세우고 그 막대 그림자와 막대 길이가
같아지는 순간 피라미드 그림자 길이가 실제 피라미드 높이와 같다는 생각을 해냈던 것이
었다. 그런 이유에서인지 훗날 탈레스는 '비례의 신'이라고 불리기도 했다.

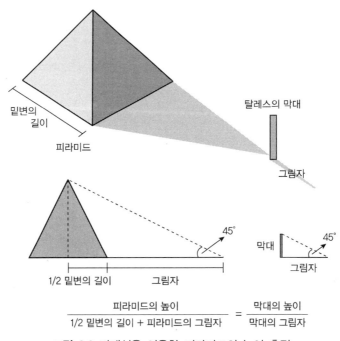

그림 2.2 비례식을 이용한 피라미드의 높이 측정

또한 탈레스는 기원전 585년 5월 28일 일식(日蝕, Solar eclipse)이 일어날 것을 예언함으로써 세상 사람들을 놀라게 하였다. 당시 달에 의해 태양의 일부 또는 전체가 가려진다는 것을 예언하는 일은 감히 상상조차 할 수 없는 일이었기 때문이다. 그의 예언대로 일식은 일어났다. 그리하여 탈레스는 단지 수학이 그 모습을 갖추기도 전에 수학을 학문의 수준으로 이끌어낸 수학자로서 뿐만 아니라 천문학자로서도 그 명성이 그리스 전역에 떨쳐지게 되었다.

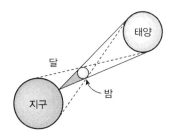

그림 2.3 일식: 지구 – 달 – 태양

2. 이오니아 학파

그리스의 식민지인 소아시아 서해안 중부 이오니아 지방에는 고대 그리스의 여러 식민지인 그리스령이 있었다. 육지와 바다를 끼고 동방의 선진 제국과 교류하였던 이 지역은 고대 이집트 문명의 영향을 받아 일찍부터 선진문물을 접하는 기회가 많았다. 여느 고대 그리스 현자들이 그랬던 것처럼 탈레스도 이집트에서 무역을 통해 선진 지식을 배워왔기 때문에 실용적인 수학과 천문학을 바탕으로 하여 기하학에 대한 개념을 정립하였다. 이집트에서 고향인 이오니아로 돌아온 탈레스는 그곳에 학교를 세우고 많은 제자들을 양성하여 기하학을 본격적으로 연구하기 시작하였다. 그의 제자들 중에는 몇몇의 유명한 수학자들이 있는데, 아낙시만드로스, 아낙사고라스, 아낙시메네스 등이 그들이다. 이 지역에서 탈레스를 중심으로 하는 그리스 최고(最古)의 철학자들을 통틀어서 '이오니아 학파(Ionian School)'라고 일컫는다. 그들의 철학은 자연을 주제로 삼는 자연철학이었는데, 하나의 근본적인 물질을 찾고, 그를 근간으로 해서 자연의 내력을 주제로 삼았으므로 본질적으로는 일원론(一元論)이라 할 수 있을 것이다. 동시에 그들이 추구하던 자연철학은 '근본물질은 살아있고 스스로 운동하고, 변화하여 만물을 생성한다'는 내용을 기본으로 하고 있기 때문에 물활론에 발을 딛고 서 있다고도 볼 수 있다. 주요 인물들로는 아낙시만드로스, 헤라클레이토스 등이 있으며, 그들의 출신지의 이름을 따서 '밀레토스 학파(Milesian school)'라고도 부른다. 탈레스를 중심으로 한 기하학에 관한 그들의 업적은 다음과 같다.

① 지름은 원의 면적을 이등분한다.
② 이등변 삼각형의 두 밑각은 같다.
③ 두 맞꼭지각은 같다.
④ 두 쌍의 각과 그들의 사잇변이 같은 두 삼각형은 서로 합동이다.
⑤ 지름에 대한 원주각은 직각이다.

탈레스는 위의 정리(定理, Theorem)에 대한 명쾌한 증명을 제공함으로써 고대 그리스 기하학의 공로를 쌓는 데에 커다란 영향력을 미쳤을 뿐만 아니라 이를 실생활에 응용하기에도 힘썼다.

1) 아낙시만드로스

그림 2.4 아낙시만드로스

탈레스의 제자인 아낙시만드로스(Anaximandros, BC 611~BC 546)는 이오니아 학파의 학자로서 대담한 사색을 통하여 물리학적인 관찰과 합리적인 사고를 근거로 자연주의 우주론을 세운 최초의 인물이다. 천문학 연구로도 유명한 아낙시만드로스는 합리주의자로서 대칭을 추구했고, 기하학과 수학적 비례를 도입하여 천체 지도를 작성하기도 했다. 그 결과 그의 이론은 이전의 다분히 신비적인 우주관에서 벗어날 수 있었고, 이후의 천문학 발전에도 기여하게 되었다. 아낙시만드로스의 이론에서 주목할 만한 새로운 점은 '지구가 우주의 다른 부분에 매달려 있거나 떠받쳐져 있다'는 기존의 생각을 거부했다는 것이다. 그 대신 지구가 아무런 받침대 없이 우주의 중심에 자리 잡고 있으며, 지구는 어떤 방향으로든 움직이지 않고 정지해 있는 원통형이라고 주장했다. 바로 그 원통형 지구 주위를 해·달·별이 돌고 있으며, 그 편평한 지구 표면 위에 사람들이 살고 있다고 확신하면서 아낙시만드로스

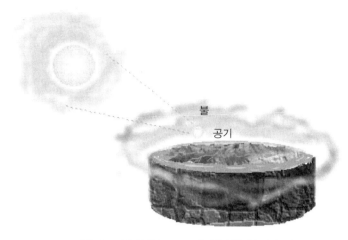

그림 2.5 아낙시만드로스가 생각한 원통형 지구

그림 2.6 아낙시만드로스가 고안한 최초의 세계지도

는 탈레스의 우주론을 토대로 최초의 세계지도를 제작했다.

뿐만 아니라 수학 분야에서 아낙시만드로스는 이전부터 사람들의 많은 관심을 끌었던 기하학의 3대 난제 중 하나, 즉 자와 컴퍼스만으로 어느 한 원과 동일한 면적을 가진 정사각형을 작도하는 원적문제(Squaring the circle)를 해결하려고 많은 시간을 보냈다.

아낙시만드로스는 우주가 '아페이론(apeiron)'이라고 하는 '무한한 것'으로부터 생겨나며, 계속해서 끊임없이 나고 죽는 과정을 계속할 것이라고 주장했다. 이는 만물이 아페이론에서 생겨나고, 죽어서 다시 아페이론으로 돌아간다는 의미로서 자연에 대한 최초의 언급이기도 하였다. 탈레스가 만물의 단일한 근본 재료가 '물'이라고 한 것에 반해 아낙시만드로스는 더욱 근본적이고 형이상학적이며 1차적인 것을 추구했다. 왜냐하면 '세계를 구성하는 근본 재료가 있다'는 탈레스의 주장에는 동의했지만, 아낙시만드로스는 그 근원을 '물'이라고 주장한 탈레스의 견해와는 달리 물 또한 다른 물질들과 마찬가지로 제1실체에서 생겨난 하나의 물질이라고 생각했기 때문이었다. 아낙시만드로스의 사고는 만물의 근본 물질을 눈에 보이는 어떤 물질들에서 취하려 하지 않고 좀 더 추상적 사고를 통해 추구하려는 경향을 지니고 있었으므로 그의 스승인 탈레스에 비해 더욱 깊은 사고의 형식을 택했다.

아낙시만드로스는 독특한 우주 진화론을 주장하면서 '세계가 근본 물질로부터 어떻게 생성되어 나왔는가'라는 문제에 대해 질문하고 답했다. 그의 답은 이러하다. 본래 모든 생명체들은 바다에서 살고 있었으며, 시간이 지나감에 따라 바다 속 생명체들의 일부가 육지로 나와 살기 시작했다는 것이다. 이러한 생명체들과 마찬가지로 인간도 바다 생물체에서 진화하여 육지에서 적응하며 살게 되었다고 하는 그의 생각은 오늘날 다윈(Charles Darwin, 1809~1882)의 가설과 유사한 면이 있다.

2) 아낙시메네스

고대 그리스의 이오니아 학파의 철학자이자 탈레스와 아낙시만드로스의 뒤를 이어 만물의 근원을 '공기(air)'라고 생각했던 인물이 아낙시메네스(Anaximenes, BC 585~BC 526)이다. 그는 공기가 차가워지면 물이나 눈이 되고, 빽빽해지면 압축되어 흙이나 땅이 되며, 공기가 뜨겁고 엷어지면 불이나 천체가 된다고 주장했으며, 공기가 이러한 방식으로 우주를 지탱하고 있다고 믿었다. 아낙시메네스가 주장한 만물의 근원인 공기는 탈레스의 '물'보다는 다소 추상적이며, 스승인 아낙시만드로스의 '아페이론'보다는 다소 물질적이며 구체적이었다. 또한 그는 무한히 많은 공기에서 모든 생명과 만물이 생겨나며, 호흡을 통해 공기는 생명체들의 영혼에도 영향을 미치고 있다고 생각했던 것이다. 아낙시메네스는 존재하는 사물의 생성과 변화를 발견했고, 그 생성과 변화의 바탕에는 그것들을 움직이게 하는 원동력인 '혼'이나 '숨(pneuma)' 등이 있다고 말했다. 이처럼 아낙시메네스는 아낙시만드로스와 탈레스 두 인물이 미처 설명하지 못했던 물질의 변화 과정을 공기로 설명했다.

그림 2.7 아낙시메네스

아낙시메네스는 양적 변화에 따라 세계를 설명하려고 하였으며, 이후 아낙사고라스, 원자론자 및 자연학자 등에게 많은 영향을 주었다. 그리고 그는 지구와 천체 모두를 편평한 평면으로 여겼으며, 태양이나 그 밖의 여러 별들은 지구의 중심으로 그 주변을 회전한다고 생각하였다.

3) 아낙사고라스

'자연철학(Philosophy of Nature)의 시조'로 불리기도 하는 아낙사고라스(Anaxagoras, BC 500~BC 428)는 탈레스－아낙시만드로스－아낙시메네스로 이어지는 이오니아 학파의 대표 철학자들 중 한 인물이면서 레우키포스(Leukippos, BC 500~BC 440), 엠페도클레스(Empedocles, BC 490~BC 430), 데모크리토스(Demokritos, BC 460~BC 370)와 같은 원자론자들의 계보를 잇는 고대 그리스의 자연철학자이기도 하다. 하늘을 관찰하는 데 많은 시간을 할애한 아낙사고라스에게 당시 사람들은 그를 '예언자'라고 할 정도였다고 한다.

'태양은 신이 아니다'라고 말했던 아낙사고라스는 아낙시메네스의 영향을 받아 천체의 모든 현상을 과학적이고 합리적인 방법으로 해석했다는 이유로 고대 그리스 사람들 사이에 많은 반발을 일으키기도 했다. 당시 그리스인들은 자연을 신의 깊은 의지가 담긴 대상으로 생각했을 뿐 아니라 종교적 의미를 더해 신성한 형상으로 여겼기 때문이었다. 이 일로 인하여 그는 신성모독죄로 재판에 회부되었고, 동시에 정치적 문제가 얽힘으로서 결국 사형선고를 받게 되었다. 비록 그가 일부 사람들에게 반감을 불러일으켰다고 하더라도 아낙사고라스는 '아테네에 철학을 도입한 자'라는 별칭을 갖는 데에 이의 없을 정도로 아테네 사람들에게 많은 영향을 끼쳤다.

그 시기에 '모든 만물은 끊임없이 변화한다'고 주장했던 헤라클레이토스 학파와 그들에 반대하여 '변화라는 것은 실제로는 허상이며, 이 세계는 단 하나의 존재로 되어 있다'고 믿

그림 2.8 아낙사고라스

었던 엘레아 학파(Eleatic School) 사이에서 두 입장을 절충하려는 시도가 나타나기 시작했다. 바로 기계론자들과 아낙사고라스의 철학이 그러한 시도를 했던 것이다. 이 세상을 운동과 물질을 토대로 하여 기계적으로 설명하려 했던 철학자들인 기계론자들은 세상이 변하고 있다는 점에 대해서는 헤라클레이토스를 본받아 운동을 통해 그것을 설명하려 했다. 이러한 기계론적인 철학은 이후 서구 사상사에서 계속 등장하는 큰 흐름이 되었다. 하지만 아낙사고라스의 철학은 변하지 않는 무엇인가가 있다는 점에서는 엘레아 학파를 계승하여 물질의 개념을 제시했다. 그는 정신과 물질에 구분을 두었고, 만물의 제1원리를 정신으로 삼았을 뿐만 아니라 자신의 철학에서 만물의 근원을 '누스(Nous, 정신)'라 하였고, 신을 우주에 가해진 최초의 활력이라고 생각하기도 했다. 그의 사상을 한마디로 표현하자면, '정신이 물질에 질서를 부여한다'는 것이다. 그는 기계적 인과율을 넘어서는 것들을 알아내고자 시도하였고, 이후 철학사에 많은 영향을 미치게 되었다.

오늘날 부분적으로 남아 있는 그의 유명한 저서 「자연에 관하여」에서 아낙사고라스는 태양을 붉고 뜨거운 돌이라고 주장하고, 달은 지구처럼 흙과 돌로 이루어져 있으므로 산과 들이 있고 생물과 사람들이 살고 있다고 했다. 또한 그는 달이 태양 아래에 있다는 것을 발견하고 일식에 대한 올바른 주장을 하였다. 태양과 별은 불인데, 태양과 달리 우리가 별들의 열기를 느끼지 못하는 것은 너무 먼 거리에 떨어져 있기 때문이며, 달빛은 태양빛이 반사된 것이라고 생각했다.

2.2 피타고라스의 과학

1. 피타고라스와 피타고라스 학파

탈레스를 중심으로 하는 이오니아 학파가 합리적이고 실용적인 것들을 추구했다면, 이후 등장하는 피타고라스(Pythagoras, BC 580~BC 500)를 중심으로 하는 피타고라스 학파(Pythagorean School)는 이에 다분히 종교적 신비주의가 가미되었다고 할 수 있다. 피타고라스 학파는 그리스 철학의 대표적인 분파로 이오니아 학파에 이어 두 번째로 등장했다.

이오니아 연안의 사모스 섬(Samos Island)에서 태어난 피타고라스는 스승 탈레스의 권고에 따라 이집트로 유학을 떠나게 되었다. 그 기회를 통해 그는 수학의 시야를 넓힐 기회를 갖게 되었고, 이후 고향에 돌아와서 종교색이 짙은 학교를 세워 많은 사람들을 가르쳤으나

그림 2.9 피타고라스

얼마 되지 않아 정치적인 오해와 박해를 받게 되어 학교를 더는 지탱할 수 없게 되었다. 이를 견디지 못한 피타고라스가 고향 사모스 섬을 떠나서 새롭게 정착한 곳은 그리스 식민지인 크로톤 섬(Croton Island)이었다. 그곳에서 피타고라스는 당대 최고의 운동선수인 밀로(Milo)를 만나게 되면서 밀로의 후원으로 학술 연구 단체이면서 동시에 수도원 성격을 띤 최초의 철학공동체인 피타고라스 학파를 설립할 수 있었다. 피타고라스 학파가 설립되자 약 600여 명의 제자가 몰려들었다. 그들은 피타고라스의 수업을 충분히 이해했을 뿐 아니라 나름대로 새로운 정리를 만들어내곤 하였다. 이 학회에 가입하려면 자신이 가지고 있는 모든 재산을 학회에 헌납해야 했고, 대신에 그 사람이 학회를 탈퇴할 때에는 자신이 헌납했던 재산의 2배를 되돌려 받을 수 있었다. 또한 탈퇴한 사람의 업적이 있을 경우에는 그를 기리기 위하여 기념비를 건립해 주었으며, 학회는 남녀평등의 원칙을 바탕으로 했으므로 소수의 여성들도 공부할 수 있었다. 그 여성 제자들 가운데에는 후에 피타고라스의 아내가 된 테아노(Theano)가 있었는데, 그녀는 바로 피타고라스의 후원자인 밀로의 딸이었다.

피타고라스는 '철학자(philosopher)'라는 말을 만들어서 학파의 교육이념으로 지정하고, 모든 사물을 자신이 연구하는 정수의 규칙에 결부시켜 나가면서 정수 연구에 더욱 심취하게 되었다. 그가 아는 수의 세계에는 오로지 '정수(integer)'만 존재하였으므로 피타고라스가 생각한 만물의 근본은 '수(number)'이며, 수의 관계에 따라서 질서 있는 '코스모스(cosmos)'가 형성될 뿐 아니라 '수학은 영혼 정화의 수단'이라 주장하였다. 수를 만물의 원리로 삼은 그의 생각은 수학 및 천문학 발달에 좋은 거름이 되었다.

2. 피타고라스의 정수론

1) 만물의 근원, 수

피타고라스는 수의 역할을 중요시하여 만물의 근원을 '수'라고 생각했다. 그는 단순히 수치 계산이 아닌, 수 그 자체의 성질에 관한 정수론에 상당한 관심을 가지고 있었던 것이었다. 이 부분에서 우리는 '수(number)'와 '숫자(numerals)'를 구분할 필요가 있다. 숫자는 수를 나타내는 데 사용하는 기호, 즉 0, 1, 2, …, 9로 나타내고, 수는 이를 포함한 크기, 양 및 순서 등을 나타내는 것을 의미한다. 가령 꽃 두 송이나 책 두 권은 모두 '둘'에 해당하는 수를 말하고, 이를 인도-아라비아 숫자로 표현한 것이 숫자 '2'가 되는 것이다. 따라서 '수'는 '숫자'에 비하여 비물질적인 의미를 내포하고 있다. 피타고라스는 수를 모든 물질이 존재하는 물질적 원리나 근원으로 여겼던 것이다. 따라서 세상에 존재하는 모든 사물들을 수로 표현할 수 있었다. 즉 수가 물질세계를 구성하고 있다는 의미가 된다. 나아가서 피타고라스 학파는 수와 도형을 연결시키는 시도를 했다. 모든 도형을 이루는 점, 선, 면, 입체도 물질적이다. 물질세계는 점, 선, 면, 입체로 이루어져 있기 때문이다. 여기에서 피타고라스는 점, 선, 면, 입체가 각각 수 1, 2, 3, 4에 해당한다는 주장을 내세웠다. 또한 점의 개수를 이용하여 배열할 때에 1, 3, 6, 10, …과 같이 정삼각형으로 배열 가능한 수들을 '삼각수(triangular number)', 1, 4, 9, 16, …과 같이 정사각형으로 배열 가능한 수들을 '사각수(square number)'라 이름 붙였다. 도형의 모양에 점의 개수를 결부시키는 형상수(figure number)의 연구 가치가 그리 대단한 것은 아니겠지만, 피타고라스의 정수와 관련된 다양한 시도는 정수론 연구에 커다란 영향을 미치게 되었다. 그에 따르면 결국에 모든 물질들은 수로 나타낼 수 있으며, 수로 이루어져 있다는 의미가 된다.

피타고라스는 자연수의 성질들 중 간단한 성질, 아름다운 성질, 조화로운 성질을 가졌다고 생각되는 수에 이름을 붙여주었다. 바로 홀수, 짝수, 소수, 완전수, 부족수, 친화수 등이 이에 해당한다.

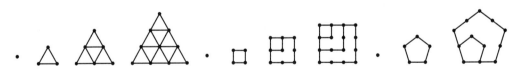

그림 2.10 삼각수(좌), 사각수(가운데), 오각수(우)

① 완전수

완전수(perfect number)란 '자기 자신을 제외한 자신의 약수들의 합이 자기 자신이 되는 양의 정수'이다. 예를 들어 6의 약수는 1, 2, 3, 6이다. 이때 자기 자신 6을 제외한 약수들의 합은 $1 + 2 + 3 = 6$이 된다. 또한 28의 약수는 1, 2, 4, 7, 14, 28이고, $1 + 2 + 4 + 7 + 14 = 28$이므로 6과 28은 완전수가 된다. 특히 6은 최초의 완전수로서 이는 하나님이 천지를 창조한 기간 6일과 같다는 데에 그 의미가 크다. 완전수라는 명칭은 유클리드에 의해 명명된 것이다.

② 과잉수

과잉수(abundant number)란 '자기 자신을 제외한 자신의 약수들의 합이 자기 자신보다 큰 수'이다. 예를 들어 12의 약수는 1, 2, 3, 4, 6, 12이다. 이때 자기 자신 12를 제외한 약수들의 합은 $1 + 2 + 3 + 4 + 6 = 16$이 된다. 또한 18의 약수는 1, 2, 3, 6, 9, 18이고 $1 + 2 + 3 + 6 + 9 = 21$이므로 12와 18은 과잉수이다.

③ 부족수

부족수(deficient number)란 '자기 자신을 제외한 자신들의 약수의 합이 자기 자신보다 작은 수'이다. 예를 들어 4의 약수는 1, 2, 4이고 자기 자신 4를 제외한 약수들의 합은 $1 + 2 = 3$이다. 10의 약수는 1, 2, 5, 10이고 $1 + 2 + 5 = 8$이므로 4와 10은 부족수이다.

④ 친화수

친화수(friendly number) 또는 우정수란 '친구는 제2의 나'라는 개념을 그 바탕에 두고 있다. 피타고라스는 친구와 자신과의 관계는 220과 284의 관계와 같다고 했다. 즉 친화수란 '자기 자신을 제외한 정수 p의 약수들의 합이 q가 되고, 자기 자신을 제외한 정수 q의 약수들의 합이 p가 되는 한 쌍의 두 정수, p와 q'를 가리킨다. 가령 220의 약수는 1, 2, 4, 5, 10, 11, 20, 22, 44, 55, 110이고, 이 약수들의 합은 $1 + 2 + 4 + 5 + 10 + 11 + 20 + 22 + 44 + 55 + 110 = 284$가 된다. 또한 284의 약수는 1, 2, 4, 71, 142이고, 이 약수들의 합은 $1 + 2 + 4 + 71 + 142 = 220$이 된다. 즉 220은 자기 자신을 제외한 약수들의 총합이 284가 되고, 284는 자기 자신을 제외한 약수들의 총합이 220이 된다. 바로 220과 284는 첫 번째 친화수가 되는 것이다. 현재까지 발견된 친화수는 220, 284와 같이 짝수의 쌍이거나 홀수의 쌍이라는 특징을 갖는다. 당시 피타고라스 학파는 우정이 변치 않기를 바라는 의미에서 친화수를 적어 하나씩 나누어 갖기도 했다고 전한다. 이후 두 번째와 세 번째 친화수 쌍이 페르마(Pierre de Fermat, 1601~1665)와 데카르트(René Descartes, 1596~1650)에 의해 각각 발견되었으며, 18세기에는 오일러(Leonhard Euler, 1707~1783)가 62번째 쌍의 친화수까지 발견하였다.

2) 피타고라스의 정리

직각삼각형의 세 변의 길이에 관한 '직각삼각형에서 밑변의 길이(a)의 제곱과 높이의 길이(b)의 제곱의 합은 빗변의 길이(c)의 제곱과 같다'는 피타고라스의 정리(Phythagorean Theorum)는 우리가 익히 알고 있는 수학의 대표적인 공식들 중 하나이다(그림 2.11). 이는 직각삼각형의 두 변의 길이를 알면 그로부터 나머지 한 변의 길이를 계산할 수 있음을 알려주고 있다. 직각삼각형의 세 변의 길이 사이에 $a^2 + b^2 = c^2$인 관계가 성립한다. 단, 피타고라스의 정리는 유클리드 공간 위의 임의의 직각삼각형에 대해서만 성립할 수 있다.

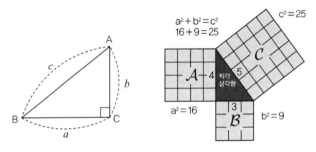

그림 2.11 피타고라스의 정리

피타고라스는 정수 연구에 빠져서 모든 사물을 정수의 규칙에 결부시키려 하였다. 즉 정수와 정수의 비로 모든 기하학적 대상을 표현할 수 있다고 믿었던 것이다. 따라서 그가 아는 수의 세계에는 단지 정수만 존재했고, 정수 이외의 수를 언급하지 않아도 모든 것이 정수로 표현될 수 있었다. 그도 그럴 것이 당시 '무리수'는 생겨나기 이전 상황이었기 때문이다. 그러던 어느 날 피타고라스의 제자들 중 한 사람인 히파수스(Hippasus)는 직각삼각형에서 직각을 낀 두 변의 길이가 각각 1 cm일 때 빗변의 길이를 정수로 표현할 수 없다고 생각하게 되었다.

'유리수(rational number)' 또는 '유비수(有比數)'란 정수 p와 정수 q를 비(ratio)로 나타낼 수 있는 수인 반면, '무리수(irrational number)' 또는 '무비수(無比數)'란 정수 p와 정수 q를 비로 나타낼 수 없는 수를 의미한다. 이후 피타고라스학파는 한 변의 길이가 1 cm인 정사각형의 대각선 길이가 $\sqrt{2}$가 되고, 이는 비로 나타낼 수 없는 수임을 증명하게 되었다. 유일한 수로서 정수만을 인정했던 그들의 수의 세계에 드디어 정수가 아닌 무리수가 등장하게 되었던 것이다.

2.3 헤라클레이토스의 과학

1. 만물의 근원, '불'

이오니아 지역 에베소(Ephesus) 출신의 철학자 헤라클레이토스(Herakleitos, BC 544~BC 484)는 수수께끼와 같은 인물로 알려져 있다. 고귀한 가문에서 대어났던 헤라클레이토스는 자신의 지위와 모든 재산을 동생에게 넘겨주고 산 속에서 은둔하며 살았다. 하지만 사실 그는 매우 거만하고 건방지기 짝이 없었다고 한다. 가령 무지하고 가난한 사람들을 비웃는가 하면, 지혜 있는 현자들이나 학자들을 욕하기도 했다고 하니 그에게는 우리가 이해하기 어려울 정도의 걷잡을 수 없는 극단적인 성격이 있었다고 짐작해 볼 수 있다. 그래서인지 그의 죽음도 이해하기 어려우리만큼 황당하고 다소 우스꽝스럽기도 하다. 나이 들어 그가 수종(水腫)에 걸리자 외양간으로 가서 소똥에 스스로를 묻고 생을 마감했다고 한다.

그가 남긴 100여 개가 넘는 많은 단편들 중 대부분은 인간의 어리석음과 현자들에 대한 비판의 내용을 담고 있다. "사람들은 서투른 시인들을 믿고, 천민들을 스승으로 삼는다"고 비웃고, "피타고라스는 허튼 소리를 하는 사람들의 원조"라는 말을 했다고 하니 어둡고 냉소적인 철학자임에 분명하다. 그의 생각을 한 마디로 표현하기 어려울 뿐만 아니라 그의 철학은 난해하였고, 그의 말은 암시적 의미를 지녔기 때문에 사람들은 그를 '어둠의 철학자', '난해한 철학자' 또는 '은둔자'라고 부르기도 했다.

이전의 여러 철학자들의 주장과는 달리 헤라클레이토스는 전혀 다른 새로운 주장을 한 사람이기도 하다. 그의 주장은 '모든 것은 유전되며, 고정되어 있는 것이 아니라 흐른다. 즉 만물은 흐르고 변하므로 영원한 것은 없으며 한결같은 존재로 머물러 있지 않다'는 것이다. 그러므로 시작과 끝이 없이 움직이면서 흐르고 있는 만물의 이러한 움직임의 원동력을 '에

그림 2.12 헤라클레이토스

네르기(energy)'라고 불렀으며, 이는 운동성을 내포하고 있다. 즉 만물은 변화하고 생성한다는 원리이다. 이러한 이유 때문에 그는 변하지 않는 것을 추구하는 철학 사상을 거부하였다.

밀레토스 학파나 피타고라스학파와 마찬가지로 헤라클레이토스가 만물의 근원이라 여겼던 것은 '불'이었다. 타오르고 움직이며 빛나는 불의 모습을 '변화하는 흐름 그 자체' 또는 '끊임없이 상승하고 하강하는 운동체'라고 생각했던 것이다. 그가 말하는 불의 개념은 밀레토스 학파의 자연철학처럼 만물을 구성하는 물질적 원소를 지칭하는 것이 아니라 세계를 움직이는 원리를 의미한다.

2. 헤라클레이토스의 철학

아마도 헤라클레이토스의 철학적 격언인 '우리는 같은 강물에 두 번 발을 담글 수는 없다'는 그의 격언들 중 가장 유명한 말일 것이다. 강물은 끊임없이 흐른다. 우리가 첫 번째 발을 담그는 강물은 강물에 발을 담그는 순간 이미 하류로 흘러갔다. 그래서 방금 전에 발을 담근 그 강물은 두 번째 발을 담근 그 강물이 아니다. 이를 일반화해서 한 마디로 표현한다면 '만물은 유전한다'라는 의미의 격언으로 대체될 수 있다. 다시 말해서 발을 담그고 있는 강물만이 변화하는 것이 아니라 그 강물에 발을 담그는 나, 즉 첫 번째 강물에 발을 담그는 나와 두 번째 발을 담그는 나 자신은 이전의 나와 동일한 내가 아니라는 의미이기도 하다.

헤라클레이토스의 철학의 특징을 한 마디로 압축한다면 '역설(paradox)'이다. 가령 '삶과 죽음, 깨어남과 잠듦, 젊음과 늙음은 같은 것이다'가 그러하다. 얼핏 보기에는 서로 대립하는 개념들인 듯하지만, 실제로는 둘이 아니라 하나라는 것이 그의 주장이다. 그에게 세계는 서로 대립한 채로 싸우면서 동시에 서로 융합하는 것, 즉 서로 다투고 있는 만물 사이의 조화에 있다. 모든 생성과 운동을 규정하는 역동적 질서를 그는 보여주고자 했던 것이다. 이렇듯 서로 대립하는 것의 조화와 융합에 대해서 "신은 낮이며 밤이고, 겨울이며 여름이고, 전쟁이며 평화이고, 포만이며 굶주림이다. 신은 그렇게 변화한다"라고 헤라클레이토스는 말한다. 낮과 밤, 겨울과 여름, 전쟁과 평화 및 포만과 굶주림은 서로 갈등하지만 그것은 실제로 모두 같은 것이다. 여기에서 그는 신의 이름으로 그 원리에 대한 설명을 덧붙인다.

그렇다면 우리는 '신은 변화하는 존재인가 아니면 불변의 존재인가?'라는 질문을 할 수 있다. 비유를 통한 그의 설명은 이러하다. 향료를 불에 넣어 태우면 향료에 따라 각각 다른 향기가 풍겨진다. 이때 향료를 태우는 불은 그 향기에 따라 다른 이름으로 불린다. 우리가 경험하는 것은 불이 아니라 향이라는 것이다. 그렇다면 '향과 불 사이의 구분은 뚜렷한가?' 또는 '대립자들을 하나로 품었다고 여겨지는 신은 대립자들과 구분이 되는가?'라는 질문에 그는 '그렇다'라고 답한다. 이 생성과 변화를 지배하는 영원한 법칙을 헤라클레이토스는 '로고스(logos)'라 불렀다. 그의 주장에 따르면, 로고스는 서로 대립되는 것 사이의 근본적인 관계에서 잘 드러난다.

헤라클레이토스에게 로고스는 모든 것이 변화하고 생성하는 것처럼 보이는 이 세계에 질서를 부여하는 조화의 원리다. 로고스는 변화하는 그 어떤 것이 아니라 영원히 존재하는 것이다. 로고스는 서로 반대되는 것들이 분리되고 서로 대체되는 관계를 지칭하며, 또 대립과 통일을 지배하는 원리를 가리킨다. 모든 생성과 변화를 규정하는 질서를 의미한다. 그래서 그는 "나에게 귀를 기울이지 말고 로고스에 귀를 기울여 '만물은 하나이다(hen panta einai)'라는 데 동의하는 것이 지혜롭다"라고 말했다.

밀레토스 학파의 핵심 개념이 만물의 근원인 '아르케(Arche)'라고 한다면, 그리고 피타고라스학파의 핵심 개념이 수로 표현할 수 있는 '코스모스(Cosmos)'라고 한다면, 헤라클레이토스 철학의 핵심 개념은 '로고스(Logos)'라고 할 수 있다.

2.4 아리스토텔레스의 과학

1. 아리스토텔레스의 생애

그림 2.13 아리스토텔레스

아리스토텔레스(Aristoteles, BC 384~BC 322)는 그리스 식민지인 마케도니아의 스타게이로스(Stageiros)에서 태어났다. 그의 아버지 니코마코스(Nikomachos)는 마케도니아 왕의 시의

(侍醫)였으며, 아리스토텔레스가 17세가 되던 해 학업을 위해 아리스토텔레스를 플라톤 (Platon, BC 427~BC 347)의 아카데미아(Academia)가 있는 아테네로 보냈다. 아리스토텔레스는 그곳에서 스승 플라톤의 사후까지 약 20년간을 보낸 후 마케도니아로 돌아와서 왕자의 스승이 되었다. 약 7년간 아리스토텔레스의 가르침을 받은 이 왕자는 훗날 역사상 유명한 알렉산더(Alexander) 대왕이 된다. 아리스토텔레스는 스승 플라톤의 가르침과 알렉산더 왕자의 개인 스승을 담당한 이후 아테네 동쪽에 '리케이온(Lykeion)'이라는 학교를 개설하여 많은 제자들을 배출하였는데, 이들이 '페리파토스 학파(peripatetics, 소요학파, 逍遙學派)'의 기원이 된다. 그는 플라톤의 비물체적인 이데아(Idea)의 견해를 비판하고 자신의 독자적인 입장을 취하였지만, 플라톤의 사상에서 완전히 벗어나지는 못해서 관념론과 유물론 사이에서의 입장을 취하게 되었다.

우리에게 익숙한 인물인 플라톤은 소크라테스(Socrates, BC 469~BC 399)의 제자로서 그의 가장 유명한 개념은 '이데아(Idea)'이다. 그가 말하는 이데아는 시간과 공간을 초월해서 영원히 불변하는 존재인 이상적 형상을 의미하는 반면, 세상에 존재하는 눈에 보이는 모든 사물은 단지 이데아를 모방한 것에 지나지 않고 순간적이며 덧없는 존재에 불과하다는 것이다. 따라서 플라톤에게 세계란 두 영역으로 구분되어 존재한다. 즉 인간의 감각으로 느껴지는 보이는 일상의 세계와 시간과 공간을 초월해서 존재하므로 인간의 감각으로 느껴질 수 없으며, 영원과 완전한 질서가 존재하는 세계, 바로 두 가지이다. 다시 말해서 일상의 세계에는 그 어떤 것도 영원히 동일성을 유지하지 못하는 반면, 영원의 세계는 안정적이고 불변의 세계이므로 진정한 실재인 것이다.

스승 플라톤과 제자 아리스토텔레스는 세계가 이성적 계획의 산물이고, 철학자는 보편적인 것을 연구해야 하며 개별적이고 우연적인 것을 연구하는 것이 아니라는 데에서는 그 의견을 같이 하고 있다. 그러나 아리스토텔레스는 이데아의 영역과 물질의 영역을 분리했던 플라톤의 주장에서 그 의견을 달리하여 형상인 이데아가 물질 속에 존재한다고 주장하였다. 전반적으로 볼 때, 플라톤이 감각의 역할을 무시하고, 수학적인 면을 중시했다고 한다면 이와는 달리 아리스토텔레스는 감각과 경험을 강조하였다. 아리스토텔레스의 경험주의적 자연관의 밑바탕에는 '자연에는 질서가 있다'는 생각이 깔려 있었다.

이후 한때는 제자이자 왕자였던 알렉산더 대왕의 전제적 정치 자세에 대해 아리스토텔레스는 원칙적으로 반대했지만 아리스토텔레스가 왕자를 가르쳤다는 사실을 못마땅하게 여긴 아테네 시민들은 점차 그를 신뢰하지 않게 되었다. 그리하여 알렉산더 대왕이 죽은 후 곧 아테네가 반(反)마케도니아파의 지배 상태에 놓이게 되자 아리스토텔레스는 불경죄로 기소되었다. 그 후 그는 아테네를 떠나 유랑 생활을 하다가 62세의 나이로 세상을 마감했다.

2. 아리스토텔레스의 과학

아리스토텔레스는 고대의 위대한 철학자이자 과학자이다. 형식 논리학의 창시자이고 철학의 여러 분야에 걸쳐 그 내용을 풍부하게 했으며, 과학에 있어서는 열거하기에도 어려울 정도의 많은 공적을 가지고 있다. 오늘날에는 아리스토텔레스 사상의 대부분이 시대에 뒤떨어진 것으로 여겨지지만, 우리가 기억해야 할 것은 그의 업적에는 '합리적 접근'이라는 기본 사상이 놓여 있다는 점이다. 이는 하나의 결론을 끌어내기 위해서는 경험적인 관찰과 합리적인 추론 모두를 활용해야 한다는 것을 의미한다. 이러한 태도는 전통주의, 주술적인 미신, 신비주의에 반대하는 자세로서, 그 후 서양 문명에 많은 영향을 미치게 되었다.

아리스토텔레스는 생물학을 비롯한 실용 과학에 많은 관심을 기울였을 뿐 아니라 특히 철학적 사색에 흥미를 가지고 연구에 몰두했다. 그의 저서는 대략 총 170여 권 이상으로 알려져 있는데, 그의 양적인 방대함과 동시에 학문의 질적인 수준 또한 대단하다. 특히 과학 관련 저서는 당시 과학에 관한 백과사전으로 통용될 정도였다고 하니 아리스토텔레스의 학문의 깊이를 가늠해 볼만도 하다. 그의 학문 영역은 천문학에서부터 동물학·지리학·물리학·해부학·생리학 등에 이르기까지 매우 다양한 과학 분야에 걸쳐 있었다. 뿐만 아니라 과학 이외의 분야인 윤리학·심리학·형이상학·경제학·신학·정치학·수사학 등에 이르는 아리스토텔레스의 저서를 보면 그의 관심 영역을 충분히 짐작할 수 있다.

아리스토텔레스는 회교 철학에까지도 큰 영향을 미쳤다고 전해진다. 중세 이슬람의 철학자 중에서 가장 유명한 아베로에스(Averroes, 본명 이븐 루슈드, Ibn Rushd, 1126~1198)는 회교 신학과 아리스토텔레스의 합리주의를 통합하여 새로운 철학을 창시하려고 시도했으며, 아리스토텔레스의 저서에 주석을 붙이는 일에 몰두하기도 했다. 또한 중세의 유태인 사상가로서 가장 영향력이 컸던 마이모니데스(Maimonides, 1137~1204)도 아리스토텔레스의 철학과 유태교와의 통합을 시도했다. 이러한 시도 중에서 가장 이름 있는 저서는 토마스 아퀴나스(Thomas Aquinas, 1225~1274)의 「신학 대전(Summa Theologiae)」이다. 이 책에서 아퀴나스는 신의 존재 증명을 위하여 합리적 추론으로 접근하면서 신앙과 이성의 조화를 추구하였으며, 아리스토텔레스의 사상을 여러 차례 인용하기도 했다.

아리스토텔레스의 영향을 받은 중세의 학자들은 너무 많아 나열할 수 없을 정도이다. 그러한 이유로 아리스토텔레스에 대한 칭송과 존경이 중세에 이르러서는 우상 숭배에 가까울 정도였다.

1) 아리스토텔레스의 생물학

경험주의적인 자연관과 자연의 질서를 강조했던 아리스토텔레스는 과학의 여러 분야 중 특히 생물학 분야에서 많은 저작 활동을 하였다. 현존하는 그의 저서 가운데 1/5 이상이 생물학 분야이며, 대표 저서로는「동물의 발생에 관하여」와「영혼에 관하여」가 있다. 그가 이렇게 생물학에 많은 연구를 한 이유는 생물들은 생명이 없는 물체들에 비해 형상과 최종원인(final cause)에 대해 훨씬 더 많은 증거를 제공해주기 때문이었다. 생물학을 연구하는 동안 그는 '목적론적 인과관계(causal relation)'라고 하는 새로운 유형의 인과관계에 많은 관심을 갖게 되었다. 목적론적 인과관계란 가령 어떤 기계의 작동을 멈추게 하려면 멈춤 버튼을 눌러야 한다는 방법을 알게 되는 과정에 관한 문제이다. 아리스토텔레스에 따르면, 식물이나 동물 등의 생명체는 자연적 목표나 목적을 가지고 있기 때문에 이 목적을 충분히 알아야만 생명체의 구조와 성장을 설명할 수 있다고 생각했다. 그의 생물학 분야 연구 가운데에서도 특히 동물학 연구는 동물해부를 실시해서 해당 분야의 지식을 얻었다고 한다.

2) 아리스토텔레스의 우주관

아리스토텔레스는 플라톤과 달리 초월적 이데아를 인정하는 관념론자는 아니었지만 다분히 관념론적 입장을 드러내고 있다. 또한 그의 자연에 대한 담화에서는 유물론적 입장도 취하고 있다. 이렇듯 관념론적이며 유물론적 견해를 고수하는 아리스토텔레스는 인간의 인식이 감각에 의존하지 않고 정신의 작용만으로도 진리 추구를 목표로 하였으며, 동시에 귀납적이면서 연역적 입장의 중요성도 강조했다.

아리스토텔레스의 우주관은 주로 형이상학적 원리와 고대 문명의 중심이었던 메소포타미아와 이집트의 천체관측이 그 토대를 이루고 있다. 그는 '우주의 시작과 끝이 존재하지 않는다'는 것을 주장했는데, 이는 중세에 이르러 신이 우주를 창조했다고 믿는 기독교 신학과 충돌하는 요인으로 작용하기도 했다. 아리스토텔레스의 영원한 우주 체계에는 달을 경계로 하는 천상계(superlunar)와 지상계(sublunar)의 엄격한 구분이 있었다. 그가 생각하는 천상계는 불변하고 완전하며, 지상계는 변화하고 불완전하며 생성과 소멸이 있다. 또한 천상계와 지상계라는 두 세계를 구성하고 있는 원소도 각기 다르다고 생각했다. 지상계는 물, 불, 흙 그리고 공기, 4가지 원소로 구성되지만, 천상계는 무게도, 색깔도, 냄새도 없는 완벽한 물질인 제5원소 에테르(aether)로 구성된다고 주장했다. 뿐만 아니라 이 두 세계에서의 운동을 명백히 구분 지었는데, 천상계에서는 원운동이, 지상계에서는 가벼운 것은 본연의 위치로 올라가고 무거운 것은 아래로 내려가는 직선운동이 자연스러운 운동이라고 여겼다.

그가 의미하는 자연스러운 운동이란 물체가 지닌 '본래의 속성'인 반면에, 비자연스러운 운동은 반드시 외부에서 '운동 원인이 접촉'해서 작용해야 한다고 구분지었다.

하지만 과학이라고 할 만한 체계조차 전무했던 당시 사람들의 눈에는 발을 딛고 서있는 지구라는 땅덩이를 중심으로 하늘의 모든 천체들이 움직인다고 여겼던 것은 어찌 보면 지극히 당연한 착각임에 틀림없다. 이렇게 부동의 지구를 중심으로 달, 수성, 금성, 목성, 토성, 태양 등이 원궤도를 돌고 있다는 내용의 지구중심설 모델을 처음으로 제시한 인물이 바로 아리스토텔레스이다. 그의 천동설 모델은 극히 단순해서 오늘날 우리 눈에 비치는 문제점은 한 두 가지가 아니다. 천동설로 설명될 수 없는 대표적 현상으로는 행성들의 '역행'이 있다.

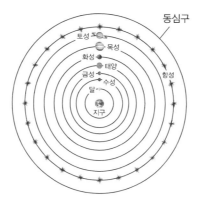

그림 2.14 아리스토텔레스의 천동설

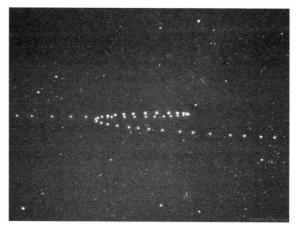

그림 2.15 행성의 역행

이후 아리스토텔레스의 우주관 체계를 이슬람의 철학자들은 그대로 수용하게 되었다. 변화가 심하고 타락한 지상계와 순전하고 불변한 천상계의 구도를 그렸던 종교인들의 이해와 그의 우주관이 적절히 맞물리면서 중세 우주론을 형성하기에 이르렀다. 하지만 아리스토텔레스의 우주체계는 16세기에 들어서면서 도전을 받기 시작했다. 태양중심설의 주장을 위해 인류는 아주 긴 세월을 보내면서 코페르니쿠스의 등장을 기다려야만 했다.

3) 아리스토텔레스의 자연철학

아리스토텔레스의 자연철학은 근대과학과 비교해 볼 때 유사한 점도 있지만, 전반적인 자연관에는 많은 차이를 나타내고 있다. 그의 철학은 변화와 원인을 강조한다는 측면에서 목적론적이라고 할 수 있다. 그리고 자연에는 질서가 있고 분류를 통해 그것을 찾아낸다는 체계적인 측면도 있다. 또한 플라톤의 철학과 달리 사실과 관찰에 의존하기 때문에 경험적인 성격도 가지고 있다. 그러나 고대 그리스 세계에서 자연은 관찰의 대상이지 조작의 대상이 아니었기에 여기서 말하는 '경험적'이라는 것은 근대적 의미의 '실험적'이라는 것과는 다소 거리가 있다.

한편 아리스토텔레스는 자연학과 수학이 다른 범주에 속한다고 보았기에, 그의 자연학은 비수학적인 특징을 가지고 있었다. 그리스 자연철학에서는 전반적으로 자연과 인공의 엄격한 구별이 있어서 본질적인 것과 현상적인 것의 뚜렷한 구별이 있었으며, 과학과 기술은 구별되어 있었다. 또한 그리스 과학에는 훗날 근대과학의 대표적인 특징을 구성하는 수학적, 경험적 및 기계적인 면들이 모두 존재하고 있었다. 즉 플라톤과 피타고라스에게서의 수학적 성격, 아리스토텔레스에게서의 경험적 성격, 그리고 레우키포스(Leukippos, BC 500~BC 440)와 그의 제자 데모크리토스(Democritos, BC 460~BC 370)에게서의 유물론적 및 기계적 성격은 고대와 중세를 통해 각각 따로 내려오다가 16~17세기에 합쳐져서 근대과학이 출현하게 된 것이다.

3. 아리스토텔레스의 4원소설

1) 4원소설

자연현상들에 대한 과학적 원리를 찾고자 하는 시도에서 '만물은 무엇으로 이루어져 있는가?'라는 질문에 처음으로 답을 제시한 사람은 탈레스이다. 그러한 이유 때문에 그를 '학문의 시조'라고 부르기도 한다. 탈레스는 만물의 근원을 '물', 아낙시메네스는 '공기', 헤라

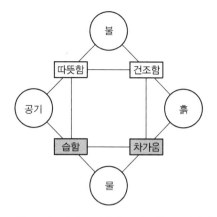

그림 2.16 아리스토텔레스의 4원소 가변설

클레이토스는 '불', 엠페도클레스(Empedocles, BC 490~BC 430)는 '물, 공기, 불에 흙을 더한 네 가지 원소'로 이루어져 있으며 한 원소에서 다른 원소로의 변함은 없다고 주장했다. 이후 아리스토텔레스는 네 가지 원소가 각각 지닌 따뜻함, 차가움, 건조함, 습함의 적절한 조합으로 인해 서로 다른 원소로 변할 수 있다고 주장하였다.

중세시대 사람들은 아리스토텔레스의 학문적 주장을 절대적으로 옳다고 믿었기 때문에 4원소설은 당연한 사실로 받아들여졌을 뿐만 아니라 연금술사들은 값싼 금속을 금으로 바꾸려고 하는 연금술에 매료되기도 했었다. 이후 값싼 금속으로 금을 만들려는 연금술은 중세 아랍 및 유럽 화학자들의 주된 관심사항이었다. 아리스토텔레스의 4원소 가변설에 따르면, 모든 물질은 네 가지의 원소가 각각 적절한 비율에 맞추어 조합되어 있다는 것이다. 따라서 값싼 금속에서 네 가지 원소의 비율만 맞춘다면 값비싼 금을 만들 수 있다고 믿었다. 물론 연금술사들이 금을 만드는 데에는 실패를 거듭했으나 그 과정에서 여러 새로운 화학약품과 기구가 개발되고 증류나 추출과 같은 화학적 방법들과 화학 물질들의 성질이 밝혀지는 뜻하지 않은 결실을 얻기도 했다. 하지만 물질세계를 지배하는 근본 원리를 밝히는 데에는 성공하지 못했다. 또한 불을 원소로 잘못 인식함으로써 화학 반응의 하나인 연소 과정을 제대로 이해하지 못하게 되면서 연소를 설명하는 '플로지스톤설(Phlogiston theory)'이 유행하게 되었다.

2) 4원소설의 오류

아리스토텔레스 이후 4원소설은 2,000여 년 동안 지지를 받았으나 지난 19세기 초반에 완전히 폐기되었다. 4원소설에 관한 오류의 발견은 '일정한 온도에서 주어진 기체의 부피와 압력은 반비례한다'는 법칙을 발견한 영국의 과학자 보일(Robert Boyle, 1627~1691)에게서 시작되었다. 보일은 '원소란 기본적인 물질로서 더는 쪼갤 수 없다'라고 주장하면서 불은 원소가 아니며, 공기는 순물질이 아닌 혼합물이라고 여겼다. 1766년 영국의 과학자 캐번디시(Henry Cavendish, 1731~1810)는 금속과 산을 반응시키면 가연성 공기인 수소가 발생하고, 이는 공기와 반응해 물이 되는 것을 발견했다. 이로써 물은 원소가 아닌 화합물이며, 공기는 혼합물이라는 것이 명백히 밝혀지게 된 것이었다. 1770년 라부아지에(Antoine Laurent Lavoisier, 1743~1794)는 '연소는 물질이 산소와 반응하는 것'이라는 사실을 입증함으로 사실상 플로지스톤설이 잘못된 이론으로 판명되었다.

2.5 그 외 학자들

1. 엠페도클레스

그림 2.17 엠페도클레스

아테네와 스파르타(Sparta)는 고대 그리스의 대표적인 폴리스(Polis, 도시국가)이다. 아테네인들과 스파르타인들은 각각 서로 다른 종족으로 구성되었는데, 아테네인들은 이오니아 종족에, 스파르타인들은 도리아 종족(Dorians)에 속한다. 아테네는 바닷가와 인접한 곳에 위치하였기 때문에 해상 무역을 주요 산업으로 삼았던 것과 달리 스파르타는 내륙에 위치하였기 때문에 농업을 주요 산업으로 삼았다. 문화와 예술이 부흥했던 아테네에서 알 수 있듯이 이오니아인들은 학문과 예술을 사랑하여 우수한 많은 철학자와 예술가들을 배출하였고, 새로운 곳에 대한 모험심이 강한 편이어서 주변에 여러 식민도시를 세워 그리스 본토로부터 다른 지역으로 자신들의 세력을 확장해 나갔다. 반면 도리아인들은 전사 기질이 강한 종족이지만, 보수적이며 폐쇄적인 성향이 있어서 세력 확장을 하는 이오니아인들과는 달리 대부분 본토에 머물 뿐 다른 땅에 식민도시를 세우는 일이 드물었다. 도리아인들의 그 드물었던 한 식민도시에서 철학자이자 정치가이며 의사인 눈에 띄는 한 인물이 등장하는데, 그가 바로 엠페도클레스(Empedocles, BC 493~BC 433)이다.

엠페도클레스는 이탈리아 시실리아섬(Sicilia Island) 서쪽 해안가에 위치한 아그리겐토 (Agrigento)에서 태어났다. 그는 피타고라스의 제자였는데, 스승의 학설을 몰래 훔친 사실이 드러나자 파문을 당하고 그 후로 피타고라스 학파의 미움을 받게 되었다. 탈레스, 아낙시메네스, 헤라클레이토스 그리고 크세노파네스(Xenophanes, BC 560~BC 470)의 만물의 근원은 각각 '물', '공기', '불' 그리고 '흙'이었다. 이러한 여러 종류의 일원론을 종합한 인물이 엠페도클레스다. 그는 만물이 물·불·흙·공기의 네 가지 원소로 이루어졌다는 주장으로 유명한데, 세상의 모든 사물이 이 네 가지 원소의 비율에 따라 여러 다양한 형태를 갖게 된다는 것이다. 여기에서 어떠한 사물도 새롭게 탄생되거나 완전히 소멸되지는 않아서 '언제나 변함없다'고 생각했다. 그의 이러한 사상은 '영혼이 윤회한다'는 생각으로 굳어지게 되면서 특히 그가 육식을 반대했던 이유가 여기에 있었다. 육식을 한 사람의 몸에 언젠가는 동물의 영혼이 존재할 수도 있다는 것이다.

네 가지 원소의 결합과 분리 과정을 통해 만물이 형성되는 그의 4원소설에 따르면, 만물을 형성하는 데에 필요한 힘은 그 원소들 사이에 작용하는 사랑과 미움이라는 것이다. 엠페도클레스의 4원소설은 이후 2,000여 년 동안 서구 세계의 기본적 물질관으로 계승되어 왔다. 따라서 그는 오늘날 물리학의 근본가설을 세운 사람이라고 볼 수 있다.

또한 엠페도클레스는 그의 저서 「의론(醫論)」이라는 책을 집필한 유명한 의사로 잘 알려져 있다. 그가 의사로서 남긴 업적 중에서 죽은 여인을 살려냈다는 이야기가 있다. 판타아 (Pantea)라는 여자는 맥박이 멈추고 숨을 쉬지 않는 상태로 7일이나 지났는데 엠페도클레스가 진찰하자 그녀가 살아났다는 것이다. 이 후 그에게는 '마법사'라는 별명이 붙게 된다.

우둔한 대중을 경멸하고 소수의 우수한 자가 통치해야 한다고 주장했던 헤라클레이토스와는 달리 민주정치를 선호한 엠페도클레스의 삶을 가장 극적으로 표현한 사건이 하나 있다. 바로 그의 죽음이 그것이다. 그는 자신이 '신'적 존재임을 제자들에게 확실히 보여주기 위하여 활화산인 에트나산(Etna Mount) 정상에 있는 분화구에 스스로 몸을 던져 생을 마감했다고 한다.

그림 2.18 에트나산(Etna Mount)

2. 히포크라테스

그림 2.19 히포크라테스

　그리스와 터키 사이에 위치한 에게해(Aegean Sea)의 남동쪽 코스섬(Kos Island)에서 태어난 히포크라테스(Hippokrates, BC 460~BC 375)는 대대로 내려오는 성직자이자 의사 집안 출신이었다. 그의 할아버지와 아버지는 전설 속의 명의인 '의학의 신'이라 불리는 아이스쿨라피우스(Aesculapius)를 섬기며 의사로서 신전을 돌보는 일에 종사하였다. 그러한 성장 배경에서 히포크라테스는 할아버지와 아버지로부터 실제적이며 전문적인 의학 관련 지식을 배울 수 있었다. 당시 사람들은 아이스쿨라피우스 신전에 와서 기도와 제사를 올리면서 치료를 받으면 자신의 병이 치료가 될 것으로 믿었기에 많은 환자들이 항상 그곳을 찾았다.

　히포크라테스는 인접한 그리스나 이집트를 여행하면서 선진문물과 의술에 대한 많은 지식을 쌓은 후 고향인 코스섬으로 돌아와 사람들에게 의술을 가르치는 학교를 세웠다. 제자들을 가르치고 여러 환자들을 치료했던 자신의 풍부한 경험을 바탕으로 의학 관련 서적을 집필하기도 하였다. 특히 그는 환자들의 질병의 원인을 파악하는 데 많은 시간을 할애했으며, 합리적인 사고력과 관찰을 중시하였다. 「히포크라테스 전집(Corpus Hippocraticum)」에서는 히포크라테스의 이론이나 주장을 기술하고 있을 뿐 아니라 그의 가르침을 받은 제자들과 후대 의학도들에 의한 내용도 담고 있다. 또한 히포크라테스의 두 아들도 집안 대대로의 가업인 의사 직임을 수행하게 되었다.

히포크라테스의 주장은 이러하다. 체액론에 토대를 두고 있는 인체의 생리나 병리에 관한 그의 생각에 의하면, 인체는 물·불·흙·공기의 네 가지 원소로 구성되어 있고, 그에 상응하는 점액·황담즙·흑담즙·피, 네 가지에 의한 네 가지의 체액이 있다는 것이다. 그의 4체액설은 엠페도클레스가 처음으로 주장했던 4원소설에 그 근거를 두고 있는데, 이들 네 가지 체액이 조화를 이룰 때를 '에우크라지에(eukrasie)'라 일컫고, 조화를 이루지 못할 때를 '디스크라지에(dyskrasie)'라는 병이 든 상태라고 설명했다.

뿐만 아니라 히포크라테스는 환자들을 돌보고 치료하면서 경험했던 여러 현상들 중 발열을 병이 나아가는 과정에 있는 반응현상이라 생각하였고, 질병 상태에서 치유되는 과정을 '피지스(physis)'라고 불렀다. 그런 이유로 그는 병을 낫게 하기 위해서는 '피지스'를 돕거나 '피지스'를 방해하지 않는 것을 치료의 원칙으로 삼게 되었던 것이다.

2,000여 년 동안 철학 사상에 아리스토텔레스가 지대한 영향을 끼쳤듯이 '의학의 아버지'라 불리는 히포크라테스는 의학 사상에 가장 많은 영향을 끼쳤던 학자였다. 그는 "인생은 짧고, 예술(art)은 길다"라는 유명한 말을 했지만, '예술(art)'은 사실 '기술(art)'로 번역되

그림 2.20 히포크라테스의 4체액설(좌)과 그 모델

었어야 했다고 한다. 따라서 '인생은 짧고, 의술은 길다'라는 해석이 더 적절한 해석인 것이다. 환자를 대하는 의사의 기본적 자세와 의료윤리에 관한 규정을 담고 있는 히포크라테스 선서는 크게 두 부분, 즉 의사와 의사 사이의 관계를 규정하는 부분과 의사와 환자 사이의 관계를 규정하는 부분으로 구분된다.

그림 2.21 히포크라테스 선서

3. 플라톤

그리스 아테네의 귀족 가문에서 성장한 플라톤(Platon, BC 427~BC 347)에게 가장 중요한 영향을 끼친 사람은 그의 스승 소크라테스(Socrates, BC 470~BC 399)였다. 40세 무렵 플라

그림 2.22 플라톤

톤은 아테네 근처에 아카데미아(Academia) 학교를 설립하였고, 철학의 전반적인 분야에 관심을 가지고 있었으며, 특히 윤리학, 신학 및 정치학 등에 초점을 두고 연구하였다. 그의 철학은 주로 피타고라스와 헤라클레이토스 등으로부터도 영향을 받았으나, 당시 만물의 근원은 '원자(atomos)'라고 주장했던 유물론자인 데모크리토스(Democritos, BC 460~BC 370)의 사상과는 대립을 이루었다. 플라톤 철학 이론의 핵심은 '이데아(Idea)' 이론이다. 그에게 있어 세계는 완전한 개념을 포함하는 이데아의 영역과 이데아가 불완전하게 복제되는 물질의 영역으로 분리되어 있다. 즉, 비물질적이고, 감각으로 느낄 수 없는 존재의 영역인 이데아의 영역과 가시적이고 감각으로 느낄 수 있고 변화의 영역인 물질의 영역이 그러하다.

전체적으로 볼 때 플라톤의 자연관은 목적론적 경향을 띠고 있었다. 플라톤에 의하면, 조물주는 아주 지적인 설계에 의해 무질서로부터 조화와 질서를 갖춘 합리적인 세계를 계획적으로 창조하였다고 볼 수 있다. 이런 그의 자연관은 유대－크리스트교의 창조 신화와 비슷해 보이지만, 조물주가 우주를 만들기 전에 이미 원래 재료가 있었고, 재료들의 불완전성에 대해서는 조물주도 어쩔 수 없었다는 점에서는 다소 차이가 있다. 또한 플라톤은 천문학 분야에서 등속원운동을 중시해서 우주의 모양이나 천체의 운동을 원으로 설명하였는데, 이는 원이 가장 완전한 도형이기 때문에 조물주가 원모양을 선택했다고 생각했던 것이다.

그림 2.23 소크라테스 조각상 앞의 플라톤

4. 데모크리토스

그리스의 철학자로서 원자론 발전에 중요한 역할을 했던 반면 데모크리토스(Democritos, BC 460~BC 370)의 생애에 관해 알려져 있는 것은 대부분 전설뿐이다. 당시 이오니아 지방의 고대 철학 사상이 지배했던 곳인 그리스에 위치한 아브데라(Abdera)에서 데모크리토스는

그림 2.24 데모크리토스

태어났다. 이런 환경은 그의 성장과 사상 형성에 많은 영향을 주게 되었다. 부유한 집안에서 자라난 이후 부모로부터 상당한 유산을 받은 데모크리토스는 페르시아, 이집트 및 인도로 여행을 다니며 다양한 경험을 하면서 약 109세의 일기로 생을 마감했다고 전한다. 이러한 이유 때문인지 그는 철학뿐만 아니라 문학, 천문학, 수학, 물리학, 의학 및 윤리학 등 다방면에 관심과 연구를 했으므로 사람들로부터 '박학자'라고 불렸다.

데모크리토스의 물리학과 우주론은 스승 레우키포스(Leukippos, BC 500~BC 440)의 이론을 체계화한 것이다. 레우키포스는 단지 직관에 의존해서 더 이상 나누어지지 않는 궁극적으로 작은 입자가 존재해야 한다고 생각했다. 이는 마치 멀리서 보면 해변은 연속적인 것처럼 보이지만 가까이서 보면 해변은 작은 모래 입자로 구성되어 있는 것과 같은 이치이다. 데모크리토스는 이러한 스승의 생각을 확대했으며, 그는 이 작은 입자를 '$\alpha\tau o\mu o\varsigma$(아토모스; 더는 쪼갤 수 없는 입자)'라고 불렀다. 원소의 작은 입자 단위를 오늘날 '원자(atom)'라고 부르는 것은 여기에서 유래한 것이다. 또한 그는 각 원자의 모양과 크기는 독특할 것이라 생각했으며, 실제 물질은 다양한 원자의 혼합물일 것이라 주장했다.

데모크리토스는 세상의 변화하는 물리적 현상을 설명하기 위해 공간 또는 빈 공간도 실재 존재와 동등한 권리를 갖는다고 주장했다. 그의 원자론에 따르면, 빈 공간은 무한한 공간인 진공이며, 물질계, 즉 존재를 이루고 있는 무수한 원자들이 이 진공 속을 움직이고 있다. 또한 원자들은 영원하고 눈에 보이지 않으며, 더 이상 나눌 수 없을 만큼 작다. 원자는 모양·배열·위치·크기만 다를 뿐 성질은 모두 같다. 이처럼 원자는 양적으로만 다를 뿐이고 질적인 차이는 원자의 윤곽과 결합 상태의 차이가 우리 감각에 주는 인상 때문에 생겨나는 겉보기의 차이에 불과하다.

따라서 실제로 존재하는 것은 원자와 공간뿐이다. 이를테면 물의 원자와 쇠의 원자는 동질이지만, 물의 원자는 매끄럽고 둥글기 때문에 서로를 고정시키지 못하고 작은 공처럼 굴러다니는 반면, 쇠의 원자는 거칠고 들쭉날쭉하고 울퉁불퉁하기 때문에 서로 맞물려 단단한 덩어리를 이룬다. 모든 현상은 동질의 영원한 원자로 이루어져 있기 때문에, 절대적인 의미에서는 새로 생겨나거나 사라지는 것은 아무 것도 없다. 그러나 원자로 이루어진 복합체는 양이 늘어날 수도 혹은 줄어들 수도 있다. 원자가 원인이 없고 영원한 것처럼 운동도 원인이 없고 영원하다. 이와 같이 데모크리토스는 기계적인 체세의 고성된 필연적 법칙을 제시했다.

3장 실험정신의 과학

3.1 유클리드의 과학

1. 유클리드의 생애

이집트의 통치자였던 프톨레마이오스(Ptolemaios) 왕조는 도시 알렉산드리아에 최초의 대학인 알렉산드리아 대학을 세우고 많은 지식인들을 불러 모았다. 이는 오늘날의 대학과 유사한 형태의 교육기관으로서 이후 1,000여 년의 긴 시간 동안 그리스인들의 학문의 중심지로서 그 역할을 담당했던 곳이기도 하다. 기하학의 창시자이며 수학의 역사에 중요한 업적을 세운 유클리드(Euclid, BC 330~BC 275)는 알렉산드리아 대학에서 수학을 지도하기 위해 왕의 부름을 받았던 것으로 추측되며, 그는 이곳에서 수학을 강의하던 중 그 유명한 「원론(Element)」을 집필하게 되었다. 이 책이 유명한 이유는 바로 오늘날 우리가 배우는 기하학에

© Books'Hill

그림 3.1 유클리드

관한 거의 모든 기초 내용을 담고 있기 때문이다.

유클리드의 「원론」은 총 13권으로 구성되어 있는데, 당시 축적된 모든 수학 지식을 원뿔곡선, 구면기하학 등과 같은 주목할 만한 내용과 자신이 발견한 내용을 통합하여 기술했다. 총 13권으로 구성된 내용 중에서 제1권~제4권까지는 2차원 기하학에 관한 내용을, 제5권에서는 비율과 비례 등의 기초적인 수론을, 제6권에서는 도형에다 제4권의 내용 적용을, 제7권~제10권까지 다시 수론을, 제11권~제13권까지는 3차원 기하학에 관한 내용을 기록하고 있다.

당시 토지 분배나 측량 등의 현실적인 문제를 해결하는 도구로써 기하학의 지식을 활용했던 이집트나 바빌로니아 사람들과는 달리 그리스 사람들은 학문의 본질적 접근에 더 많은 관심을 갖고 있었다. 그도 그럴 것이 그리스인들은 생명에 직결되는 의식주 문제가 어느 정도 해결된 상태였기 때문에 현실의 세계가 아닌 관념의 세계에서 더욱 본질적인 것, 즉 이데아를 추구할 수 있는 도구를 필요로 했던 것이다. 따라서 현실 세계에서 요구되는 실생활의 기술이나 계산술인 '로기스티케(Logistike)'를 노예들이나 지위가 낮은 사람들이 다루어야 하는 천한 기술 정도로 하찮게 여겼던 반면, 순수한 수(number)에 관한 지식을 다루는 '마테마티케(mathematike)'를 더 높이 평가하고 추구했다. 하지만 그들의 이러한 성향이 수학의 학문적 체계를 담고 있는 「원론」이라는 명작을 탄생하게 했을지도 모를 일이다.

그림 3.2 유클리드의 「원론」

기하학 연구에 여념이 없었던 유클리드에게 어느 날 한 제자가 찾아와 "스승님, 현실에 직접적인 연관도 없는 논리로 구성된 기하학을 배우고 난 후 이런 것들을 어떻게 활용해 볼 수 있을까요?"라고 물었다. 이에 유클리드는 곁에 있던 다른 제자를 향하여 "이 사람에게 동전 몇 개를 주어 보내라. 이는 자신이 배운 것을 가지고 그 무엇인가를 반드시 얻어내야 할테니까"라고 답했다. 이는 널리 알려진 유클리드의 일화이기도 하다. 유클리드는 학문의 세계와 현실의 세계 사이에 분명한 선을 그었던 것 같다. 학문은 그 자체로 순수하며 그로 인해 현실에서 어떠한 이득이 창출되지 않더라도 추구할 충분한 가치가 있다고 생각했던 모양이다.

'학문에는 왕도가 없다'는 말을 우리는 종종 듣는다. 이 유명한 말의 근원을 거슬러 올라가면 거기에서 이집트 왕자인 프톨레마이오스 1세의 스승이었던 유클리드를 만나게 된다. 어느 날 유클리드와의 기하학 공부에 지친 왕자는 그에게 "기하학을 더 쉽게 터득할 수 있는 지름길은 없습니까?"라고 물었다. 이에 유클리드는 단호하게 "기하학에는 왕도가 없습니다"라고 일축했던 것이다.

2. 유클리드 기하학

고대인들은 발을 딛고 살고 있는 이 지구가 평면이라고 생각했다는 것을 우리는 잘 알고 있다. 그래서인지 한때 그들은 자신이 살고 있는 육지나 바다 멀리 떨어진 곳의 끝부분에는 낭떠러지가 있을 것이라 추측하기도 했던 것이다. 하지만 이는 비단 고대인들의 생각으로 국한되지는 않은 것 같다. 이러한 생각이 우리의 일상에서도 마찬가지로 적용되기 때문이다. 물론 그렇다고 해서 지구가 둥글다는 사실을 모르고 있는 것도 아니다. 사실상 지구는 곡률을 지닌 구형으로 휘어져 있으나, 지구 표면의 작은 부분을 우리는 평면이라고 간주하기도 한다.

기하학에는 유클리드 기하학과 비유클리드 기하학, 두 분야로 대별된다. 하지만 유클리드의 공리가 직관적인 명백함을 드러냈고, 절대적인 의미에서 참으로 여겨졌기 때문에 유클리드 기하학은 2,000여 년 동안 '유클리드'라는 수식어를 굳이 필요로 하지는 않았다. 유클리드 기하학은 유클리드가 자신의 대표 저서인 「원론」에서 기술한 내용을 담고 있는데, 보통 우리가 배우는 평면에서의 기하학이 바로 이에 해당된다. 곡률이 '0'일 때 1차원 유클리드 공간은 직선, 2차원 유클리드 공간은 평면, 그리고 3차원 유클리드 공간은 공간이 된다.

이후 모순이 없는 비유클리드 기하학이 생겨나기 시작했는데, 이는 '직선을 그릴 수 없는 공간을 생각하다 형성된 기하학'이라고 흔히 말한다. 여기에서 우리는 유클리드 공간에서의 사실이 그대로 적용되지 않는 몇 가지 의문을 만나게 된다. 가령 '삼각형의 내각의 합은 180°이다'라는 것은 누구나 알고 있는 사실이다. 그런데 정말로 그럴까? 우리가 책상 위에 그린 삼각형의 내각의 합은 당연히 항상 180°이다. 하지만 책상보다 더 큰 면적을 생각해 보자. 넓은 축구장에 그린 삼각형의 내각의 합도 180°일까? 나아가서 미국 대륙만한 넓은 곳에 그려진 삼각형의 내각의 합을 생각해 보자. 여전히 삼각형을 그린 공간은 평면이며, 삼각형의 내각의 합은 180°라고 답할 수 있을까? 또한 한 점에서 출발하여 양쪽으로 끝없이 늘인 곧은 선인 직선은 결코 만날 수 없지만, 만일 직선을 곡면 위에 그린다면 상황은 달라진다.

기하학을 군이 유클리드 기하학과 비유클리드 기하학으로 구분 짓는 데에는 이들의 분명한 차이점이 있기 때문일 것이다. 다시 말해서 유클리드의 공리가 성립하지 않는 공간에서의 기하학이 비유클리드 기하학이 된다는 의미이다. 새로운 기하학인 비유클리드 기하학이 발표된 이후 아인슈타인(Albert Einstein, 1879~1955)은 우리의 상상과는 달리 우주가 평평하지도 않고, 중력에 의해서 휘어 있음을 증명하게 되었다. 그의 일반상대성이론에서 다루고 있는 공간에 대한 기초 이론이 비유클리드 기하학에서 태어나게 된 것이다.

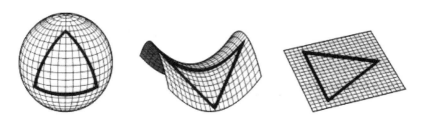

그림 3.3 양(+)의 곡률 삼각형 내각의 합은 180° 이상(좌), 음(−)의 곡률 삼각형 내각의 합은 180° 미만(중), 평면에서의 삼각형 내각의 합은 180° (우)이다.

3.2 아르키메데스의 과학

선조들의 지적 산물을 집대성한 복합체가 유클리드의 「원론」이라고 한다면, 수학분야의 지식에 대한 새로운 기여는 아르키메데스(Archimedes, BC 287~BC 212)의 대부분의 논문들이라고 해도 과언은 아닐 것이다. 고대 그리스에서 가장 위대한 수학자이자 물리학자로 손꼽히는 아르키메데스는 이탈리아 시실리아의 시라쿠사(Siracusa)에서 기원전 287년 경 천문학자 피라쿠스(Piracus)의 아들로 태어났다.

1. 아르키메데스와 지렛대

아르키메데스에 얽힌 여러 일화들 중에는 대부분이 그의 기술적 재능과 그 응용에 관련하고 있다. 어느 날 지렛대의 원리를 발견한 아르키메데스는 시라쿠사의 히에론(Hieron) 왕앞에서 "나에게 긴 지렛대와 지렛목만 있다면 지금 당장 지구라도 들어 움직여 보일 수 있다"고 장담했다는 일화는 우리에게도 잘 알려진 친숙한 내용이기도 하다.

그림 3.4 아르키메데스

이에 왕이 해변 모래밭에 올려놓은 군함에 무기와 갑옷으로 무장한 군사들을 가득 타게한 후 아르키메데스에게 "이것을 물에 띄워보라"라고 하였다. 그러자 아르키메데스는 지렛대를 응용한 도르래를 사용하여 왕의 요구를 간단히 해결하였다.

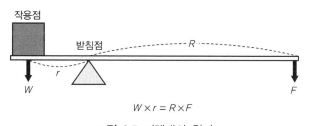

$$W \times r = R \times F$$

그림 3.5 지렛대의 원리

또한 아르키메데스가 발명한 수차(水車)는 양수기의 원리를 적용한 것(그림 3.6)으로 기다란 원통 속에 나선 모양으로 감긴 막대를 비스듬히 세워 놓은 후 원통의 한 쪽 끝을 물에 잠기도록 한다. 이때 원통의 반대편에 달린 손잡이를 회전시키면 물이 나선형 막대를 타고위로 올라오게 된다. 이를 '아르키메데스의 스크루펌프(screw pump)'라고도 한다.

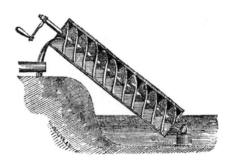

그림 3.6 아르키메데스가 고안한 양수기

　이렇듯 지식을 기술로 응용했던 아르키메데스는 제2차 포에니전쟁(BC 218~201) 당시 70세의 고령이었지만, 자신의 나라가 처한 위기를 모면할 수 있도록 각종 투석기, 기중기 등 지렛대를 응용한 신형 무기를 고안하여 커다란 공을 세우기도 했다.

　시라쿠사가 함락되던 날, 아르키메데스는 해변의 모래 위에 자신이 생각한 도형을 그리며 기하학 연구에 몰두하고 있던 중이었다. 마침 그의 뒤에서 다가오는 한 사람의 그림자가 자신이 그리고 있는 도형에 어둡게 드리우자 "물러 서거라! 내 도형이 흐트러진다"고 소리쳤다. 하지만 그림자의 주인공인 로마 병사는 땅에 그림을 그리고 있는 그가 아르키메데스인지 알 리가 없었기에 그 자리에서 바로 아르키메데스의 목을 칼로 내리쳤다. 인류 역사상 가장 위대한 과학자들 중 한 인물이기도 한 그의 주요 저서로는 「역학적 정리들에 대한 방법」, 「구(球) 제작에 관하여」 등이 있다.

　아르키메데스가 세상을 떠나고 난 후 건립하도록 유언된 그의 묘에는 뜻밖에도 구에 외접하는 원기둥의 도형이 새겨져 있었다. 이것은 그가 고심 끝에 발견한 정리(定理) "구에 외접하는 원기둥의 부피는 그 구 부피의 1.5배이다"라는 것을 나타낸 것이었다.

그림 3.7 모래 위에 도형을 그리고 있는 아르키메데스

그림 3.8 구에 외접하는 원기둥의 부피

2. 아르키메데스와 부력

아르키메데스의 아버지인 피라쿠스는 이집트로 유학을 갔다가 돌아온 아르키메데스를 왕에게 인사시키기 위해 함께 궁으로 향했다. 그때 마침 왕은 새로 만든 왕관이 순금으로 만들어졌는지, 아니면 다른 물질과 섞였는지 궁금해 하던 중이었다. 젊은 아르키메데스에게 왕은 자신의 문제해결을 부탁하였고, 아르키메데스는 자신에게 이틀의 시간을 달라고 왕에게 요청했다.

다음 날, 왕으로부터 문제 해결을 부탁받은 피라쿠스와 아르키메데스는 골똘히 깊은 생각을 하던 중 잠시 휴식을 위해 아버지는 아들에게 목욕을 제안했다. 피라쿠스가 욕조에 들어간 후 이어 아르키메데스도 욕조에 몸을 담갔다. 그 순간 아버지의 욕조의 물과 달리 자신의 욕조의 물이 넘치는 것을 보고, 아르키메데스는 "유레카(Eureka, '알았다' 뜻의 그리스

그림 3.9 부력의 원리를 발견한 아르키메데스

어)"를 외치면서 욕조 밖으로 뛰쳐나왔다. 이 일화는 누구에게나 알려진 것으로서 아르키메데스라는 인물을 떠올린다면 동시에 생각나는 사건이기도 하다. 아르키메데스는 문제 해결을 고심하던 중에 사람이 물에 들어가면 사람 몸의 부피만큼 물이 넘쳐흐른다는 것을 깨달았던 것이다. 다시 말하자면, 물체의 부피(사람의 몸)와 무게(흘러넘치는 물)와의 관계를 발견한 것으로, 이를 '부력(buoyancy)의 원리' 혹은 '아르키메데스의 원리(Archimedes' principle)'라고 한다.

왕의 고민을 해결할 수 있는 방법을 알아낸 아르키메데스는 그 길로 곧장 왕에게 나아갔다. 왕이 보는 앞에서 아르키메데스는 물이 가득 차 있는 같은 크기의 그릇 두 개를 준비하고, 하나의 그릇에 왕관을 넣고, 나머지 하나의 그릇에 왕관과 같은 무게의 순금 금화를 넣었다. 각 그릇에서 흘러나온 물의 양이 같은 것을 확인한 아르키메데스는 왕관과 순금 금화의 중량과 부피가 일치한다는 것을 증명해 내었다. 이는 왕관과 금화 모두 동일한 물질인 순금으로 만들어졌다는 것을 추론한 셈이었다.

아르키메데스의 원리는 다음과 같다. 순금의 밀도는 은이나 구리 등과 같은 금속의 밀도에 비해 더 크므로 같은 질량의 금, 은 및 구리가 있을 때 금의 부피는 이들의 부피에 비해 더 작다. 따라서 금 이외의 은이나 구리가 섞여 있는 왕관이라면 그 질량은 순금으로 만든 동일한 크기의 왕관의 질량에 비해 더 가벼울 것이다. 이를 근거로 할 때 아르키메데스는 당시 왕의 왕관 그리고 그와 동일한 질량의 순금을 각각 물속에 담근 후에 넘쳐나는 물의 부피를 측정하려 했던 것이다.

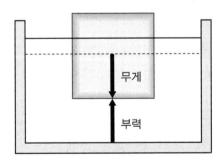

그림 3.10 아르키메데스의 원리: 물체의 물에 잠긴 부분은 동일한 부피에 해당하는 물을 밀어내고 동시에 밀려난 물 무게와 같은 크기의 부력을 받게 된다.

3. 아르키메데스와 원주율 π

1) 파이(π)데이

원은 '한 평면 위의 한 정점(원의 중심)에서 일정한 거리에 있는 점들의 집합'으로 정의 내려진다. 이때 원의 크기와는 상관없이 원의 둘레의 길이와 지름은 항상 일정한 비를 이루는데, 이 값을 '원주율'이라 하고 '둘레'를 뜻하는 그리스어 '$\pi\epsilon\rho\iota\mu\epsilon\tau\rho o\varsigma$(페리메트로스)'의 머리글자인 '$\pi$'로 표기한다. 이는 18세기 스위스의 수학자 오일러(Leonhard Euler, 1707~1783)가 처음 사용한 것에 근거를 두고 있으며, 프랑스의 수학자 자르투(Pierre Jartoux, 1668~1720)는 원주율을 기념하기 위하여 '파이데이'를 제정했다. 원주율이 3.141592…라는 점을 감안한다면 파이데이의 날짜와 시간을 쉽게 짐작할 수 있을 것이다. 세계 각국의 수학과에 속한 수학자들 및 이에 관심 있는 사람들은 파이데이의 기념행사를 거행하기 위하여 파이(π) 모양과 원주율의 수를 기록한 파이(pie)를 만들어서 나누어 먹기도 하며, 그 모임의 정확한 시간은 3월 14일 오후 1시 59분에 시작된다고 한다.

2) π의 값을 구한 아르키메데스

아르키메데스가 원주율에 관심을 보였던 첫 번째 인물은 아니다. 그 흔적을 거슬러 올라가 보면 기원전 2000년경 고대 바빌로니아인들과 이집트인들은 원주율을 $\frac{25}{8} = 3.125$ 정도, 이집트인들은 $\frac{256}{81} = 3.16049...$ 정도의 계산을 해내었을 뿐 아니라 고대 인도인들도 3.1416을 원주율로 여겼다. 기원전 1650년경 최초의 수학자로 알려진 고대 이집트의 서기(書記) 아메스(Ahmes)는 한 변의 길이가 8인 정사각형의 면적(8×8)은 지름이 9인 원의 면적인 $\left(\pi \times \left(\frac{9}{2} \right)^2 \right)$과 같다는 사실을 발견 후 이를 근거로 계산한 결과 3.16049… 정도의 원주율을 얻을 수 있었다고 전한다. 이들 원주율의 공통된 값은 3과 4 사이에 해당한다는 것을 알 수 있다. 이렇듯 당시 고대인들은 정확한 계산 수치를 알아내는 것이야말로 이 세상

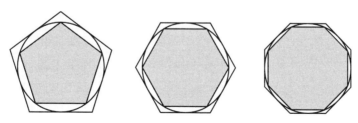

그림 3.11 원에 내접 및 외접하는 다각형

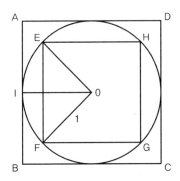

그림 3.12 원에 내접 및 외접하는 정사각형

에 존재하는 사물과 자연 속에 숨겨진 모든 비밀에 대한 답을 얻을 수 있다고 생각했기 때문에 원주율의 정확한 수치를 알아내고자 많은 노력을 기울였던 것이다.

아르키메데스도 보다 더 정확한 원주율을 구하기 위하여 많은 노력을 했던 인물들 중 한 사람으로 원에 내접하면서 동시에 외접하는 정다각형을 이용하여 원의 둘레의 길이를 계산해 내었던 것이다(그림 3.12). 가령 반지름이 1인 원에서 선분 OF와 선분 OE의 길이가 각각 1, 이때 내접하는 정사각형 한 변의 길이는 $\sqrt{2}$ 이므로 내접하는 정사각형의 둘레는 $4 \times \sqrt{2}$ 가 된다. 또한 선분 OI의 길이가 1, 원에 외접하는 정사각형 한 변의 길이는 각각 2가 되므로 외접하는 정사각형의 둘레는 4×2 이다. 따라서 원의 둘레는 내접하는 정사각형의 둘레보다는 크고, 외접하는 정사각형의 둘레보다는 작으므로 '$4 \times \sqrt{2}$ < 원의 둘레 < 4×2'에 해당된다. 나아가서 아르키메데스는 원에 내접 및 외접하는 정96각형을 그린 후 원의 둘레

를 더욱 정확하기 구하려는 시도를 계속하던 중 이를 근거로 원주율의 근삿값(3.1408 < 원주율 < 3.1428)을 계산해 내기에 이르렀다. 뿐만 아니라 그는 「원의 측정에 관하여」라는 저서에서 '$\frac{223}{71}$ < 원주율 < $\frac{22}{7}$'을 밝혔으며, 소수점 둘째 자리까지 정확한 원주율을 구하였으므로 이를 '아르키메데스의 수'라고 명명하게 되었다.

이후 독일의 수학자 루돌프(Ludolph van Ceulen, 1540~1610)는 일생 동안 아르키메데스의 다각형법을 이용하여 원주율을 계산한 것으로 잘 알려져 있는데, 320억 개 이상의 변의 수를 가진 다각형을 이용하여 소수점 이하 35자리까지 정확하게 계산해 내었다고 한다. 자신의 묘비에 원주율을 새겨 넣어 달라는 루돌프의 유언대로 그의 묘비에는 원주율이 새겨졌고, 독일에서는 지금도 원주율을 '루돌프의 수'라고 부른다.

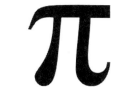

그림 3.13 원주율 3.1415926535……

3.3 에라토스테네스의 과학

1. 에라토스테네스와 그림자

© Books'Hill

그림 3.14 에라토스테네스

에라토스테네스(Eratosthenes, BC 275~BC 194)는 이집트 서쪽에 위치한 그리스 식민지 키레네(Kyrene)에서 태어났으며, 아르키메데스로부터 존경을 받은 것으로도 유명한 천문학자이자 역사학자, 수학자, 지리학자, 철학자 및 시인이다. 여러 분야에서 두각을 드러내었던 그의 재능과 관심은 광범위하고 다양했으며, 열정을 쏟았던 거의 모든 분야에서 에라토스테네스는 단연코 으뜸이었다. 하지만 그의 재능과 능력이 탁월할 수 있었던 것은 끊임없는 독서 덕분이었다. 알렉산드리아의 왕실 부속학술연구소의 도서관장이 된 에라토스테네스는 어느 날 파피루스 책에 다음과 같은 내용이 적혀 있는 것을 보았다.

"나일강의 첫 급류 가까운 곳에 위치한 남쪽 변방인 시에네(Syene) 지방에서는 매년 6월 21일이 되면, 지면에 수직으로 꽂은 막대기의 그림자가 생기지 않는다. 그리고 태양이 하늘 높이 뜨는 한낮 무렵에는 근처에 있는 사원 기둥들의 그림자의 길이

가 점점 짧아지면서 정오에는 짧아진 그림자조차도 아예 드리우질 않을 뿐만 아니라
같은 시각 우물 속을 들여다보면 수면 위로 태양의 모습이 그대로 비추인다."

책의 내용처럼 사물의 그림자가 드리우지 않는다는 것은 태양이 바로 머리 위에 있다는 뜻이었다. 그의 실험정신은 여기에서부터 출발한 것이었다. 평범하게 보여서 간과할 수 있을 듯한 책의 내용들을 에라토스테네스는 세심하게 살피고 유심히 관찰함으로써 세상을 깜짝 놀라게 할 발견을 하게 되었다. 그것이 바로 지구의 둘레 측정과 지구가 둥글다는 것을 증명해내는 결과였다.

에라토스테네스는 파피루스 책에 기록된 내용이 사실인지 밝혀내고 싶었던 것이었다. 그는 실험 정신이 강한 학자였기에 직접 그림자의 길이를 측정해 보기로 결심했다. 6월 21일 정오가 되자 에라토스테네스는 자신이 살고 있던 알렉산드리아 지역의 지면에 막대를 수직으로 꽂고 그 막대의 그림자가 드리우는지를 실험하게 되었다. 하지만 막대의 그림자는 드리웠다. 책에 기록된 시에네 지역에서는 그림자가 생기지 않는다는 것과 다른 결과였던 것이다. '어떻게 같은 시각 시에네와 알렉산드리아의 지면에 각각 꽂아 놓은 막대기의 그림자가 서로 다를 수 있을까?'라는 의문에 사로잡힌 그는 그림자가 드리워지는 이유가 궁금했다. 에라토스테네스는 책과 다른 관찰 결과를 어떻게 해석해야 하는가를 고심하게 되었다. 이를 해결하기 위해서 그는 평면인 땅바닥에 당시 고대 이집트의 지도를 그려 놓은 후 같은 길이인 두 개의 막대를 준비하였다. 막대 중 하나는 알렉산드리아에, 다른 하나는 시에네의 지도 지면에 수직으로 세워 놓고 각각의 막대가 그림자를 전혀 드리우지 않는 시간이 있을 것이라고 예상했다. 이는 지구가 평면이라는 사실을 전제한다는 의미가 되는데, 만약

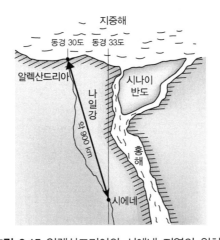

그림 3.15 알렉산드리아와 시에네 지역의 위치

두 막대가 동시에 똑같은 길이의 그림자를 드리운다면 그것은 지구가 평면이라는 사실을 확인하는 것이 되고, 태양광선이 두 막대를 비스듬히 비출 때, 그 비추는 각도가 두 지역에서 똑같다는 뜻이 된다. 그러나 사실 같은 시각에 시에네 지역에서와 달리 알렉산드리아 지역에서의 막대에 그림자가 생기는 것은 무엇 때문일까?

에라토스테네스가 관찰 결과를 해결하기 위해 고심한 끝에 얻어낸 답은 바로 지구의 표면이 평면이 아닌 곡률을 지닌 곡면이라는 것이었다. 그렇기 때문에 두 지역의 곡률의 차이가 클수록 각각 그림자 길이의 차이도 클 것이라는 생각이었다. 태양은 지구에서 아주 먼 거리에 떨어져 위치하기 때문에 그 광선이 지구의 지표면에 닿을 때에는 어느 지역에서나 평행하게 비춘다. 따라서 곡률의 차이에 따라 서로 다른 각도로 땅 위에 세워진 두 지역의 막대의 그림자 길이는 각각 다를 수 있게 된다. 에라토스테네스는 여기에서 그치지 않고 이 생각을 더욱 발전시켰다. 그는 두 막대의 그림자 길이 차이를 측정한 후 알렉산드리아와 시에네는 지구 표면을 따라 약 7.2° 정도 떨어져 있어야 한다는 계산에 이르게 되었다.

이제 에라토스테네스는 자신의 계산 결과인 7.2°를 바탕으로 연구를 이어나가게 되었다. 만일 두 지역에 세운 막대의 끝을 지구 중심까지 연장한다면 두 막대의 사잇각은 7.2°가 될 것이고, 또한 지구가 곡률을 지닌 둥근 모양이라면 지구 전체는 360°가 될 것이다. 이때 두 지역의 사잇각에 해당하는 7.2°는 360°의 $\frac{1}{50}$ 정도의 값이 된다. 그렇다면 두 지역의 실제 거리를 측정한다면 지구 전체의 둘레를 계산해낼 수 있다는 결론에 이르게 되는 것이었다. 에라토스테네스는 두 지역 간의 실제 거리를 자신의 걸음수로 측정하여서 시에네와 알렉산드리아는 약 800 km 정도 떨어져 위치한다는 것을 알아내었다. 이는 지구 전체 둘레의 $\frac{1}{50}$ 에 해당하는 값이므로 지구의 둘레는 800 km의 50배인 40,000 km이었으며 당시로서는 상당히 정확한 계산이었다. 이것이 바로 에라토스테네스가 예측한 지구의 둘레이다.

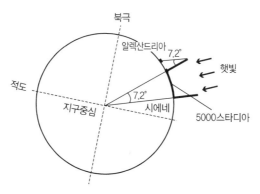

그림 3.16 알렉산드리아와 시에네의 거리

그리스 지리학을 집대성한 그의 저서 「지오그래피카(Geographica)」에는 지리학사, 수리지리학 그리고 세계지리 총 세 영역으로 구성되는데, 여기에서 지리상의 위치를 표시하기 위해 위도와 경도 개념을 처음으로 사용한 것으로 유명하기도 하다.

에라토스테네스는 자신이 알게 된 사실을 직접 체험하고 관찰하고 확인하고자 하는 의욕이 강한 사람이었다. 그를 통해 처음으로 알게 된 지구의 둘레는 단지 그의 실험 정신에서 비롯된 것이라고 해도 과언은 아니다. 아마도 그는 최초로 지구라는 한 행성의 크기를 정확하게 계산해 낸 인물일 것이다. 젊은 시절 많은 연구와 독서 때문이었을까? 에라토스테네스는 노년에 들어 시력을 거의 잃었다고 한다. 더 이상 책을 읽을 수 없게 된 그는 먹는 것을 그만두고 차라리 죽기를 원했다.

2. 에라토스테네스와 소수

주변의 사물에도 무심히 지나치지 않았던 에라토스테네스는 길을 지나가다 우연히 체(sieve)로 곡식을 거르는 사람들의 모습을 보게 되었다. 그는 곡식을 체로 걸러내듯이 모든 수(number)에서 소수(prime number)만을 걸러낼 수 있는 체와 같은 일정한 규칙이 있다면 소수만 남게 될 것이라고 생각했다. 소수란 2, 3, 5, 7, 11…과 같이 '1과 자기 자신만으로 나누어 떨어지는 1보다 큰 양의 정수'를 말한다. 소수를 찾아내기 위해서 그는 1을 제외한 자연수를 차례대로 써내려간 후 먼저 2를 제외한 2의 배수를 지운다. 다음에는 3을 제외한 3의 배수, 4를 제외한 4의 배수 순서로 수를 하나씩 지워나갔다. 이런 식으로 계속 지운다면 마치 체로 걸러내듯이 마지막에 남게 되는 수가 있을 것이다. 이는 바로 1과 자기 자신만으로 나누어떨어지는 수인 소수이다. 에라토스테네스가 고안해 낸 소수를 찾는 방법을 '에라토스테네스의 체'라고 부르기도 한다.

█ 3.4 ▸ 그 외 학자들

1. 아리스타르코스와 태양중심설

사실 천체에 많은 관심을 가지고 꾸준한 관찰과 관측에 수학을 적용하여 이성적·논리적 추론을 한 첫 번째 인물은 아마도 아리스타르코스(Aristarchos, BC 310~BC 230)일 것이다.

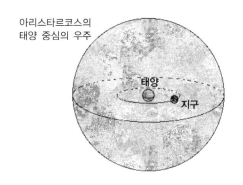

그림 3.17 아리스타르코스의 태양중심설

고대 그리스 출신의 천문학자로서 아리스토텔레스 학파에서 공부하였으며, 이후 알렉산드리아의 도서관 사서로 일하기도 했다. 기원전 280년경 아리스타르코스는 지구보다 10배 정도 크다고 판단되는 커다란 태양이 훨씬 작은 크기의 지구 주위를 돌고 있다는 것에 의문을 갖기 시작했다. 따라서 그는 우주의 중심은 태양이며, 그 태양 주위를 지구가 지축을 중심으로 일주운동을 하며, 별들과 행성들도 돌고 있다고 가정하였고, 지구는 하루에 한 번씩 자전을 하며 동시에 공전을 한다고 주장하게 되었다. 놀랍게도 오늘날 우리가 알고 있는 태양계의 구조와 거의 흡사하다. 즉 아리스타르코스가 지동설을 주장하기 위해서는 지구 운동의 중심에 태양이 자리 잡고 있었으므로 그의 지동설은 태양중심설이었다. 하지만 당시 플라톤과 아리스토텔레스 등의 지구중심설인 천동설이 지배적이었을 뿐 아니라 아리스타르코스의 태양중심설 주장은 너무도 혁명적인 발상이었기에 어느 누구도 그의 의견에 동의하지 않았다. 후에 히파르코스에 의해 전면적으로 부정되면서 코페르니쿠스보다 무려 1,700여 년이나 앞선 고대 그리스의 천문학자인 아리스타르코스의 지동설은 그대로 역사 속에 사라지게 되었다. 인류는 중세시대의 코페르니쿠스의 출현을 기다려야만 했다.

'수리지리학의 아버지'라고 불리는 아리스타르코스는 유일하게 현존하는 그의 저서 「태양과 달의 크기와 거리에 관하여(On the Sizes and Distances of the Sun and Moon)」에서 삼각법을 이용하여 태양-달-지구의 상대적인 크기 계산법을 기록하였는데 내용은 다음과 같다.

우선 아리스타르코스는 지구에서 보이는 달의 모습이 정확히 반달일 때, 태양-달-지구가 직각삼각형을 이룬다는 가정에서 시작했다. 다시 말해서 선분 SM(태양-달을 잇는 선)과 선분 OM(지구-달을 잇는 선)이 직각을 이룰 때 선분 OS(지구-태양을 잇는 선)와 선분 OM의 사잇각을 측정한 결과 87°를 얻을 수 있었다(그림 3.18). 이와 같은 작도를 근거로 지구-태양의 거리는 지구-달의 거리의 19배라는 계산을 해내기도 하였다.

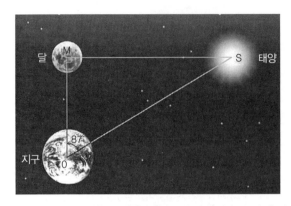

그림 3.18 삼각법을 이용한 태양-달-지구의 크기 측정

또한 그는 태양-달-지구의 공전 궤도가 일직선상에 놓여 태양이 달에 가려 보이지 않는 개기월식 때 달이 지구의 그림자를 통과하는 시간을 측정하였고, 지구의 그림자 크기를 계산하여 지구 지름이 달 지름의 3배에 해당하며, 태양은 지구보다 6~7배 정도의 크기라고 추정했다. 그의 계산 수치가 당시 관측기구의 부정확함으로 인하여 현재 우리가 알고 있는 태양-달-지구의 크기와는 다소 차이가 있기는 하지만, 수학적 계산법은 상당히 과학적이었다는 점이 높이 평가될 만하다.

2. 히파르코스와 세차운동

기원전 190년 에게해(Aegean Sea)에 위치한 로도스(Rhodos) 섬의 평범한 가정에서 히파르코스(Hipparkhos, BC 190~BC 125)는 태어났다. 당시 알렉산더 대왕이 지중해를 정복한 이후 그리스 과학의 중심지는 아테네에서 알렉산드리아로 옮겨가고 있었다. 평민 가정에서

그림 3.19 히파르코스

태어났지만 다행히도 읽고 쓸 줄 알았던 히파르코스는 어느 날 한 상인으로부터 책 몇 권을 얻게 되었다. 그 책은 다름 아닌 인류 최초로 지동설을 주장했던 아리스타르코스의 것이었다. 책의 내용에 심취한 히파르코스는 그 책을 여러 차례 정독하였고, 아리스타르코스의 주장을 지지할 만한 증거를 찾아내야겠다고 결심했다.

이후 히파르코스는 로도스 섬 해변 근처 산꼭대기에 천문대를 세우고, 그곳에서 천문학에 있어 수많은 우주의 신비를 캐내는 데 큰 역할을 했다. 달이 지구 지름의 36배 정도 떨어져 있다는 것을 발견하였다. 이는 아리스타르코스가 구했던 값을 수정한 것이다. 그러나 안타깝게도 그의 저서가 한 권도 남아 있지 않아 히파르코스의 연구업적은 300여 년 후에 등장하는 과학자 프톨레마이오스의 기록을 유추해서 평가할 수 있을 뿐이다.

기원전 134년 무척이나 밝은 별이 갑자기 출현하였다. 이때부터 사람들은 별들의 위치를 정확하게 나타낸 최신 관측기록을 만들기 시작하였고, 그들 중에는 히파르코스도 포함되었다. 그는 신성과 혜성을 관측하였고, 3년에 걸쳐 약 1,080개의 별의 위치를 그린 첨단 성도를 만들었으며, 관찰한 별들을 밝기에 따라 6개 등급으로 구분하였다. 또한 히파르코스는 프톨레마이오스 왕가의 적극적인 후원 덕택으로 알렉산드리아 도서관에서 고대인들의 관측기록을 면밀히 살펴볼 수 있었다. 그곳에서 그는 고대 바빌로니아인들과 이집트인들이 남긴 천체 관측 기록을 연구하는 동안, 기원전 700년경에 관측된 바빌로니아의 행성 운행표도 발견하게 되었다. 그리스 천문학이 현상을 단순히 기하학적으로 접근한 것에 반해 히파르코스는 이러한 자료들을 바탕으로 자신이 관측한 현상을 정밀과학으로 발전시키는 데에 한 몫을 담당했다.

1) 세차운동

어느 날 히파르코스는 사계절의 길이가 똑같지 않다는 사실을 발견했다. '춘분점, 하지점, 추분점, 동지점 사이의 각 기간이 다르고, 태양은 적도 북쪽에 187일간 위치하며, 남쪽에 178일간 위치한다'는 관측한 사실을 근거로 그는 바빌로니아의 천문기록과 그리스의 관측기록을 비교하면서 춘분점과 추분점의 위치가 서서히 변한다는 중요한 사실을 알아내었다. 그는 이 현상을 이해하기 위해서 태양을 중심으로 돌고 있는 지구의 궤도가 완전한 원이 아니라고 추론하였고, 지구를 중심으로 돌고 있는 달의 궤도도 완전한 원이 아니라고 생각했다.

황도 12궁(Zodiac)은 황도 전체를 12등분한 각각의 위치에 별자리의 이름을 붙인 것으로 춘분점은 물고기자리에 위치한다. 이는 고대 이집트인들이 태양이나 달 등이 별자리 사이

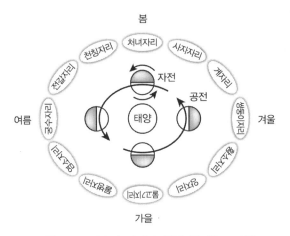

봄

처녀자리 사자자리
천칭자리 게자리
전갈자리 쌍둥이자리
여름 자전 겨울
궁수자리 황소자리
공전
태양
염소자리 양자리
물병자리 물고기자리

가을

그림 3.20 지구의 자전과 공전 및 황도 12궁

를 이동하는 것을 근거로 점성술을 위해 마련한 것이다. 히파르코스는 그중 처녀자리의 가장 밝은 별인 1등성 스피카(Spica)에 많은 관심을 가졌다.

처녀자리에 위치한 추분점은 히파르코스가 관측한 바에 따르면 스피카와는 약 6° 정도 떨어져 있었는데, 이와는 달리 170년 전에 측정된 스피카의 위치는 8°라는 것을 알아내었다. 춘분점을 중심으로 한 스피카의 각도 변화를 해석하기 위하여 그는 다음과 같은 추론을 전개하였다. 일식이나 월식은 천구에서 태양이 지나가는 길(황도)과 천구에서 달이 지나가는 길(백도)의 교차점에서만 나타나는 현상이므로 일식 및 월식은 달과 태양이 모두 황도

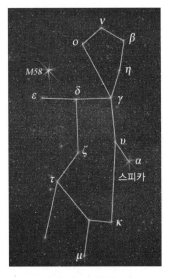

그림 3.21 처녀자리

위에 위치하고 있음을 의미한다. 그렇기 때문에 이 시기에 스피카와의 각거리(겉보기 거리, 관찰자로부터 멀리 떨어진 두 점을 관찰자와 연결할 때 생기는 사잇각)는 달−스피카−태양의 차이가 된다. 그런데 달−스피카−태양의 차이가 과거의 기록들과 다르다는 사실에 히파르코스의 궁금증은 계속 되었다. 그리고 그 답은 지구의 세차운동(precessional motion)에서 찾아내었다.

자전하는 모든 물체의 회전축은 원을 그리며 움직이는데, 이를 '세차운동'이라고 한다. 세차운동의 흔한 예로는 팽이의 움직임을 들 수 있다. 회전하던 팽이의 회전속도가 감소하면서 중력의 영향으로 인하여 팽이의 회전축은 원을 그리며 움직이게 된다. 이와 마찬가지로 지구는 자전축을 중심으로 자전을 하는데, 이때 태양과 달은 자전하는 지구에 중력(인력)의 영향을 미치고 있으므로 지구는 세차운동을 하게 된다. 그런데 중력은 두 물체 사이의 거리와 밀접한 관계가 있으므로 지구의 적도 부근은 상대적으로 더 많은 중력(인력)의 영향을 받게 된다. 따라서 지구의 모양은 완전한 구형이 아니라 적도 부근이 다소 부풀은 타원 모형인데, 이는 자전축의 기울기에 영향을 주게 되어 자전축은 회전하게 되는 것이다. 그 결과 매년 춘분점은 황도 위에서 매년 약 50.26″ 정도 서쪽으로 이동하며, 지구의 자전축은 대략 26,000년을 주기로 움직이게 된다.

지구의 세차운동이 지니는 의미는 태양중심설이 타당하다는 것이다. 그러나 히파르코스는 정작 세차운동을 밝혀냈지만 태양중심설을 적극적으로 지지하지는 않았으며, 당시 대부분의 학자들과 마찬가지로 지구중심설을 옹호했다. 이러한 상황과 관련지어 볼 때 당시에

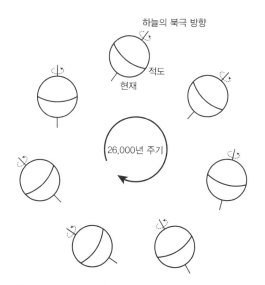

그림 3.22 26,000년을 주기로 하는 지구의 세차운동

는 '지구가 움직인다'는 생각에 반대하는 의견이 지배적이었으며, 많은 사람들이 아리스타르코스의 견해에 조금도 호의적이지 않았다는 것을 짐작해 볼 수 있다.

2) 이심원과 주전원

히파르코스는 행성의 움직임을 논리적으로 설명하기 위해서 이심원(Eccentric circle)과 주전원(Epicycle) 개념을 도입해서 해석하려고 시도했다. 그도 그럴 것이 천동설만으로는 설명하기 힘든 외행성들의 순행 및 역행을 합리적으로 규명할 필요가 있었기 때문이다. 즉 태양·달·행성의 운동에서 관측되는 대부분의 불규칙성을 이심원과 주전원 개념으로 설명할 수 있었다. 하지만 이 두 가지 개념은 모든 천체가 규칙적인 원운동을 한다는 주장을 그럴듯하게 잘 설명할 수 있다는 그릇된 신념을 바탕으로 하고 있다. 나아가서 두 개념들은 프톨레마이오스(Ptolemaeus, 85~165)에 의해서 더욱 체계화되는데, 이심원은 중심이 지구에 있는 거대한 원이고, 주전원은 그 중심이 이심원의 원주를 따라 회전하는 작은 원을 가리킨다.

그림 3.23에 의하면 행성들은 각각 일정한 크기의 주전원을 따라 일정한 속도로 돌면서 동시에 주전원의 중심인 이심원의 원 궤도를 따라 규칙적으로 회전한다. 여기에서 실제 행성들의 운동은 점선으로 나타나며, 지구는 이심원의 중심에서 조금 떨어진 곳에 위치하고 있다. 태양은 지구 둘레의 궤도를 등속으로 움직이는데, 지구가 원의 중심에 벗어나 있는 것으로 이심원과 주전원을 이용한 계산은 이론과 관측의 일치라는 점에서는 상당한 의미를 지닌다.

이후 히파르코스와 그의 상당한 영향을 받은 프톨레마이오스의 지구중심설은 서유럽의 과학에 전해졌지만, 15세기가 되어서 비로소 매우 오랜 기간의 관측 결과를 토대로 지구중심설이 너무 복잡해서 받아들일 수 없음을 알게 되었고, 코페르니쿠스는 태양이 우주의 중심이라고 주장했던 것이다.

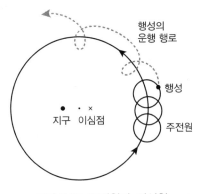

그림 3.23 주전원과 이심원

3. 헤론과 기중기

1) 기중기의 발명

고대 이집트 출신인 헤론(Heron, 62~150)은 당시 생각지도 못했던 창의성이 넘치는 발명가이자 수학자로 잘 알려져 있다. 19세기 영국에서 발명되어 보급되었던 증기기관차의 원형인 애오리필(aeoliphile)은 헤론의 대표적 발명품이다. 이는 수증기의 압력을 동력으로 이용하여 공기가 회전하도록 만든 기계이다. 그는 이러한 원리를 그리스의 신전 앞에 설치된 문에 적용하여 사람들이 신전을 출입할 때 문이 자동으로 열리고 닫히게 함으로써 주변 사람들을 놀라게 했다고 한다. 즉 신전을 관리하던 사람이 제사를 지내기 위해 신전에 불을 붙이는데, 이때 보이지 않는 한 곳에 마련된 솥에 담긴 물이 화력으로 데워지면서 증기를 발생하도록 했던 것이다.

또한 신전에 모인 사람들이 신전에 들어가기 전 자신을 깨끗하게 하려는 의미에서 한 컵 분량의 물로 손을 씻는 의식이 있었는데, 헤론은 기발한 창의력을 발휘하여 사람들이 동전 한 닢을 넣으면 한 컵의 물이 자동으로 나오는 기계를 만들었다. 일종의 자동판매기인 것이다. 이외에도 수많은 발명품들을 개발해 낸 헤론에게는 '기계 인간'이라는 별명이 붙여질 정도였다고 하니 그의 창의성을 충분히 짐작할 수 있을 것이다.

2) 헤론의 공식

1896년에 발견된 헤론의 기하학 관련 대표적 저서인 「도량(Metrica)」에는 주로 삼각형 및 사각형을 비롯한 다각형과 원, 타원, 원뿔 그리고 구의 면적을 구하는 방법들이 기록되어

그림 3.24 헤론이 고안한 회전장치, 헤론의 공

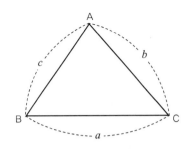

그림 3.25 헤론의 공식: 삼각형의 면적 구하기

있다. 우리가 익히 알고 있는 삼각형의 면적 구하는 공식의 원형은 헤론에 의한 것인데, 이 책에는 '헤론의 공식(Heron's formula)'도 포함되어 있다. 그는 삼각형 세 변의 길이를 직접 측정하여 삼각형의 면적을 계산할 수 있는 방식을 고안해내었다. 그에 의하면 삼각형 세 변의 길이를 각각 a, b, c라 할 경우(그림 3.25), $\triangle ABC = \sqrt{p(p-a)(p-b)(p-c)}$ 로 나타내며, 이때 $p = \frac{1}{2}(a+b+c)$이다. 이것이 헤론의 공식이다. 가령 한 변의 길이가 2인 정삼각형의 $p = 3$이므로 $\triangle = \sqrt{3 \times 1 \times 1 \times 1}$ 이므로 삼각형의 면적은 $\sqrt{3}$ 이다.

4. 갈레노스와 의학

© Books' Hill

그림 3.26 갈레노스

고대 그리스의 철학자이자 의학자인 갈레노스(Galenos, 129~201)는 히포크라테스 이후 가장 뛰어난 의학자이자 '고대 의학의 완성자'로 잘 알려져 있는 인물이다. 그는 당시 그리스와 이집트의 의학을 종합하여 의학의 과학적 체계를 튼튼히 세웠으며, 여러 동물들, 특히 원숭이를 대상으로 하여 인체 해부학을 정립하고, 해부 과정을 통해 신경계 기능에 대한 연구를 활발히 수행하였다. '서양의학의 아버지'라 불리는 히포크라테스(Hippokrates, BC 460 ~BC 375)의 체액병리설(물, 불, 흙 그리고 공기를 근간으로 하는 학설)을 기초로 하여 갈레노

스는 '4기질설(담즙질, 흑담즙질, 점액질 및 다혈질)'을 제시하였을 뿐 아니라 인체의 혈관에 관한 많은 연구를 하였으며, 혈액순환을 발견하기 위한 수많은 노력을 아끼지 않았다.

갈레노스는 과거 아리스토텔레스 시대에서부터 전해 내려오는 3계의 계통에 관한 이론을 한층 발전시켰는데, 이는 인체가 자연기운, 생명기운 및 동물기운 총 3계의 계통으로 연결되어 있다는 내용을 주로 하고 있다. 그에 따르면, 자연기운은 인체의 영양 공급과 성장에 관여하며, 생명기운은 생명 현상 유지에 관여하고, 그리고 동물기운은 인체에 다양한 감각과 지능을 제공하는 일에 관여한다는 것이다. 또한 인체의 호흡, 소화와 신경을 체계적으로 설명하려는 시도를 했는데, 인체 내 혈액은 음식물이 소화되어 이루어지는 것이라 생각했던 것이다. 이때 혈액은 정맥을 통하여 심장의 우심실로 들어가서 작은 구멍을 통과하여 좌심실로 이동한다고 여겼다. 하지만 당시 사체 해부는 엄격히 금지되었던 터라 자신의 이론을 확인해 보는 방법이라고는 동물의 해부 실험을 시행하는 것이 전부였다. 해부 실험은 인간과 유사하게 보이는 원숭이를 주 대상으로 하였으며, 이를 통해 뼈, 근육, 뇌신경 및 심장 등을 그려낼 수 있었다. 또한 혈액이 흐르는 혈관을 관찰한 결과 정맥과 동맥의 차이점을 발견할 수 있었다.

5. 디오판토스와 방정식

그림 3.27 디오판토스

'대수학의 아버지'로 불리는 디오판토스(Diophantos, 246~330)는 「산수론(Arithmetica)」이라는 저술을 통해 중세 말기 유럽 대수학의 발달에 지대한 공헌을 하였다. 그 무렵 그리스 시대에는 주로 기하학 연구가 활발하긴 하였으나 대수와 산수의 구분은 불분명하였다. 디오판토스가 약자 또는 문자를 대수학에 도입함으로 대수는 산수로부터 확실하게 구분되기 시작하였으며, 방정식과 같이 문자를 최초로 사용하기도 했다. 그의 저서 「산수론」에서는

그림 3.28 디오판토스의 저서 「산수론」 표지(1621년 출간)

'주어진 제곱수를 2개의 제곱수로 나누어라'와 같은 문제들을 다루고 있는데, 주로 1차 방정식에서부터 3차 방정식에 이르기까지의 정방정식과 부정방정식의 문제와 해법이 실려 있다. 후대 수학자인 페르마(Pierre de Fermat, 1601~1665)는 이 책을 읽고서 '페르마의 마지막 정리(Fermat's last theorem)'[1])에 대한 기초를 마련할 수 있었다고 전한다.

또한 디오판토스는 정수나 유리수만을 방정식의 해로 여겼기 때문에 오늘날까지도 정수 해를 구하는 방정식을 '디오판토스의 방정식'이라고 한다. 사후 묘비문의 내용으로도 유명한데, 이는 디오판토스가 방정식에 대한 관심이 얼마나 대단했었나를 짐작케 한다. 다음은 디오판토스의 묘비에 쓰인 내용이다.

> "보라 여기에 신의 축복으로 태어난 디오판토스 일생의 기록이 있다. 그는 일생의 1/6을 어린 소년의 시절로 보냈고, 일생의 1/12을 청년으로, 그 후 일생의 1/7을 보낸 후 결혼했다. 결혼 후 5년이 지나서 귀한 아들을 얻었는데, 그의 가엾은 아들은 아버지 나이의 절반 밖에 살지 못하고 먼저 죽었으며, 그런 슬픈 일을 겪은 그는 4년 동안 정수론에 전념하다가 그의 일생도 마쳤다."

이것을 방정식으로 풀어본다면, $\dfrac{x}{6}+\dfrac{x}{12}+\dfrac{x}{7}+5+\dfrac{x}{2}+4=x$ 의 식을 전개할 수 있으므로, 디오판토스는 84세에 사망하였음을 알 수 있다.

---

1) '페르마의 마지막 정리'는 '3 이상의 지수의 거듭 제곱수는 같은 지수의 두 거듭제곱수의 합으로 나타낼 수 없다'는 내용이다. 즉, a, b, c가 양의 정수이고, n이 3 이상의 정수일 때 항상 $a^n+b^n \neq c^n$ 이다.

4장 중세 암흑기의 과학

4.1 프톨레마이오스와 천동설

그림 4.1 프톨레마이오스

　고대 그리스의 천문학자이자 점성술사인 프톨레마이오스(Klaudios Ptolemaios, AD 85~165)는 이집트의 남부 지역에 위치한 테바이드(Thebaid) 출신이며, 이집트의 유명한 프톨레마이오스 왕가와는 무관하다고 한다. 다양한 분야에서 많은 업적과 저서를 남긴 프톨레마이오스는 이슬람과 유럽 과학에 많은 영향을 미쳤는데, 그중 그의 대표적인 저서 「알마게스트(Almagest)」는 아리스토텔레스의 천동설과는 달리 완전한 수리천문서로서 천문학을 집대성한 것으로 알려져 있다.

　프톨레마이오스는 고대 그리스의 학자들인 플라톤과 아리스토텔레스, 히파르코스 등이 주장해왔던 지구중심설인 천동설의 전통을 이어받아 자신이 관측한 자료들을 첨가하여 다

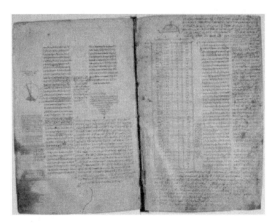

그림 4.2 프톨레마이오스의 『알마게스트(Almagest)』

소 수정된 천동설을 주장했다. 그는 히파르코스의 기하학적인 지구중심설을 적극적으로 수용하였지만, 보다 독창적인 수학적 방법을 모색했다는 데에 그 의미가 있다. 그의 천동설 모델은 저서 『알마게스트』에 기록되어 있는데, 특히 지구중심설로는 다소 설명이 불투명했던 외행성의 역행운동을 논리적으로 설명하기 위하여 히파르코스의 이심원과 주전원 개념을 수정·보완하게 되었다.

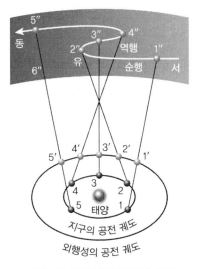

그림 4.3 외행성의 겉보기 운동

히파르코스의 천동설 개념을 살펴보면 지구가 우주의 중심에서 다소 벗어나서 위치하지만 천구의 중심이며, 이심을 중심으로 하는 이심원은 거대한 원이고, 주전원은 그 중심이 이심원의 원주 위에서 움직이는 작은 원이며, 동시에 태양·달·행성들은 자신의 주전원의

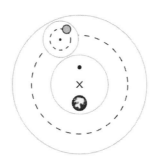

그림 4.4 프톨레마이오스의 우주모델 개념: 주전원과 이심원, 이심과 동시심

원주를 따라 움직인다. 그렇지만 여전히 모든 행성들에서 관측되는 여러 현상들을 설명하기에는 불충분했기 때문에 프톨레마이오스는 이러한 개념들에 '동시심(equant)'의 개념을 끌어들였다. 현대 과학에서는 폐어가 된 용어인 동시심은 일종의 가상점으로서 이심원의 원주 위에 위치하지만, 이심을 기준으로 했을 때 지구의 반대편에 있는 점이 되므로 지구−이심−동시심의 순서로 일직선에 자리한 개념이다. 프톨레마이오스에 의하면 동시심을 중심으로 하는 행성들의 주전원의 중심이 등속원운동을 하고 있지만 이심원에 대해서는 등속원운동을 하지 않는다고 가정했다.

이렇듯 다소 복잡한 개념들을 도입하여 완성된 그의 천동설은 여러 행성들의 겉보기 운동을 매우 정확하게 설명할 수 있게 되었다. 이후 16세기까지 오랜 기간 동안 지배적인 우주모델이 된 천동설은 행성들이 단순히 지구를 중심으로 원 운동을 하는 것에 그치지 않고 지구−태양을 연결하는 일직선상의 한 점을 중심으로 하는 주전원을 그리며 움직이고 있다.

그림 4.5에 따르면 특히 내행성의 경우, 단순히 지구를 중심으로 원궤도를 그리는 것에 그치지 않고 지구−태양을 연결하는 직선 위에 주전원의 중심이 위치하며, 주전원을 그리며 움직이고 있다. 이때 수성의 궤도에 비하여 금성의 궤도가 훨씬 크기 때문에 이들이 태양에서 가장 멀리 위치하게 되면 태양−지구−수성의 사잇각은 24°, 태양−지구−금성의

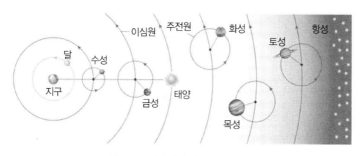

그림 4.5 프톨레마이오스의 천동설

사잇각은 48°가 된다. 천동설에 의한 태양계를 중심부터 본다면, 지구-달 수성-금성-태양-화성-목성-토성의 순서가 된다. 또한 태양계 내의 태양과 각 행성들의 위치는 지구-달-수성-금성-태양-화성-목성-토성의 순서가 되며, 항성들은 마치 행성들의 배경처럼 자리하고 있다. 하지만 완벽해 보이는 이 모델도 금성의 위상변화를 설명하기에는 역부족이었다. 인류는 갈릴레이의 등장을 기다려야 했다.

■ 4.2 중세 암흑기의 과학

한때 찬란한 문화와 철학을 꽃피웠던 고대 그리스가 쇠퇴했던 몇몇 이유들 중에서 하나를 꼽는다면, 그것은 아마도 혈통을 중시하였던 폐쇄적인 그리스가 자신의 식민도시들을 여러 지역에 건설한 후 이들을 하나로 융합하는 데에 실패를 그 이유로 들 수 있을 것이다. 이후에 등장하는 유럽의 중심을 이루었던 로마는 기술·철학·과학·문화 등 여러 분야에서 그리스를 능가하지는 못했다. 그렇기 때문에 그들은 고대 그리스의 문화와 언어를 배우면서 모방하려는 노력을 아끼지 않았다. 하지만 로마가 그리스를 뒤이어 강국이 될 수 있었던 것은 개방성과 실용성을 중시했기 때문이며, 그들이 정복한 여러 식민지들을 하나로 연결하기 위하여 사방으로 도로를 건설하고 법을 제정하여 질서 유지와 융합에 힘썼기 때문이다. 로마가 번영한 문화와 권력을 이루었다는 것은 분명한 일이지만 아쉽게도 탁월한 철학자들을 배출하지는 못했다. 이것이 로마의 한계였는지도 모를 일이다.

'암흑기' 또는 '암흑시대'라고도 하는 초기 유럽의 중세시대는 융성했던 로마제국이 476년 게르만족들의 침략에 의해 멸망하면서부터 시작되는 시기를 일컫는다. 유럽의 권력은 게르만족들의 손에 넘어갔으며, 로마시대의 수려한 건축물, 예술품들 그리고 과학의 전통 등은 파괴되어 사라지게 되었고, 급기야는 과학이나 학문의 발전이 그대로 멈추어버린 암흑의 시대가 다가온 것이었다. 기원전 1~2세기에 로마제국으로 흘러들어갔던 그리스의 철학과 과학은 이 시기에 가장 침체했으며, 학교 교육이 거의 사라졌을 뿐 아니라 사람들은 경제적으로 어려워지게 되었다. 또한 로마제국의 정치적 분열과 국교로서 기독교가 승리하게 됨에 따라 강렬한 종교적 신앙이 그 빈자리를 채우게 되면서 사회는 봉건적이며 교회 중심적으로 변모하게 되었다. 급기야는 혼란스러운 유럽을 통치하기 위해 사회와 문화를 하나로 융합하는 데에 놀랄만한 영향력을 지닌 교황 세력이 등장하게 되었다. 고대 그리스와 로마시대에는 인간 중심 문화가 팽배했다면, 중세시대에는 신본주의와 금욕주의를 추앙

하는 신(神) 중심 사회가 절대적으로 자리하게 되었다. 당시 만물은 신을 위해서 그 존재의 의미가 있었으며, 그렇지 않는 것들은 이단으로 여기기도 할 정도였다. 그렇기 때문에 유럽의 여러 학문의 발전과 진보는 제자리에서 멈추게 되어 오히려 쇠퇴일로에 놓이게 되었다. 더욱이 중세시대에 들어서 그리스의 과학은 신성을 부정한다는 이유로 교회로부터 많은 제약을 받았고, 로마시대의 찬란했던 건축기술은 점점 사라지게 되었다. 미약하게나마 학문 발전의 명맥을 이은 곳이 있다면 그것은 비유럽권의 아라비아와 인도 등의 과학 및 예술 분야일 것이며, 배척받던 여러 학문들 중 철학만은 여전히 살아남을 수 있었다. 그렇다고 하더라도 철학의 형태는 종교를 논리적·이성적으로 설명하기 위한 도구에 가까웠다고 해도 과언은 아닐 것이다. 그중에서도 고대 그리스 학자 플라톤과 아리스토텔레스의 사상을 계승한 새로운 철학, 즉 아우구스티누스(Aurelius Augustinus, 354~430)의 교부철학과 토마스 아퀴나스(Thomas Aquinas, 1225~1274)의 스콜라철학이 생겨나기도 했다.

하지만 당시 중세 유럽의 문화, 교육 및 사회적 상황은 암흑기였다고 하더라도 주로 비유럽권인 인도와 아라비아 지역에서는 과학 분야에서 상당한 발전의 흔적을 쉽게 찾아볼 수 있다. 이와 같이 이슬람 문명 지역에서 발전을 이룬 과학은 빈번한 문화적 접촉으로 인하여 유럽으로 전해지게 되었다. 주로 아랍어로 기록된 고대 그리스의 과학서적을 다시 라틴어로 번역하는 작업들이 성행하게 되자 유럽에서는 중세 대학이 탄생하게 되었다. 중세 시대의 대학은 신학이나 의학에 많은 노력을 할애하였으며, 이를 뒷받침 하는 도구로 과학을 택했던 것으로 판단된다. 과학은 일종의 제도적 장치였던 것이다. 대학에서 이루어진 학문의 주된 목적은 신학이었고, 과학은 신학의 영향력 아래에서 마치 시녀 역할을 하며 생존해 온 것처럼 보인다.

하지만 약 12세기 이후 웅크렸던 인간의 이성이 서서히 기세를 펴고, 동시에 인과 관계를 합리적으로 접근하려는 고대 그리스 과학을 대표하는 아리스토텔레스의 자연철학이 유럽으로 들어오면서 신학과 과학은 극심한 마찰을 겪게 되었다. 그러자 이 두 분야의 적절한 융합을 도모하려는 신학자들의 노력으로 인하여 아리스토텔레스의 자연철학은 신학으로 서서히 스며들었고, 이후 아리스토텔레스의 학문은 난공불락의 입지에 놓이게 되었다.

1. 아랍·이슬람의 과학

엄밀히 말하자면 '아라비아(Arabia)'와 동일한 의미로 사용되는 '아랍(Arab)'은 아라비아 반도에 위치한 지역 이름으로 아시아 대륙 남서부에 자리한 커다란 반도이다. 7세기 초 무렵에 예언자 무함마드(Muhammad, 마호메트, 570~632)가 이슬람교를 창시하였고, 이후 그의 추종자들인 아라비아인들이 유럽과 아프리카 지역을 정복·통일하여 아라비아 민족만의 고유한 문화라기보다는 여러 문화가 융합된 성격을 지닌 독특한 문화를 형성하게 되었다. 7~13세기경 이 지역에서 발전한 문화를 '이슬람(Islam) 문화', '사라센(Saracen) 문화' 또는 '아라비아 문화'라고도 한다.

그중에서도 이슬람 문화의 황금시대는 압바스 왕조(Abbasids)가 통치하던 750~1258년까지의 기간으로 이 시기에 이슬람 세계는 과학·철학·의학·예술 등의 지식과 교육의 중심지가 되었다. 이곳으로 모인 수많은 이슬람권의 학자들은 고대 이집트나 그리스 출신 학자들의 업적과 저서들을 아랍어로 번역하는 일에 몰두했다. 프톨레마이오스의 천동설이나 유클리드의 기하학을 포함한 그리스 과학 서적들이 주로 아랍어로 번역·연구되었던 대표적인 예이기도 하다. 심지어 그리스어로 저술된 서적을 시리아어로, 다시 시리아어에서 아랍어로 번역하기도 했으며, 세상의 중요한 지식들을 한데 모아서 더욱 발전시키는 일에 힘을 쏟았다. 그들의 이러한 노력이 인류 역사상 과학이 발전할 수 있도록 기여했을 뿐 아니라 이슬람 문화가 확고히 자리매김 하는 데에 커다란 몫을 감당하게 했을 것이다.

이와 같이 이슬람 문화가 황금시대를 영위하는 데에 노력을 아끼지 않았던 몇 명의 과학자들과 그들의 업적을 소개하고자 한다. 우선 수학 분야에서는 페르시아 출신의 수학자이자 '근의 공식의 창시자'인 알콰리즈미(Al-Khwarizmi, 780~850)가 있다. 당시 아랍의 수학은 인도의 대수학과 그리스의 기하학 등을 받아들여 이를 정리·발전시켜 유럽에 전하는 역할을 했다. 그는 인도의 십진법과 아라비아 숫자(엄밀히 말하면 인도 숫자)를 아랍에 도입하였는데, 특히 십진법은 사람의 열 손가락을 이용하는 계산방법이므로 누구나 쉽게 배울 수 있었기 때문에 쉽게 대중화될 수 있었다. 또한 '대수학의 아버지'라고 불리기도 했던 그는 최초로 사칙연산을 고안하고 숫자 '0'을 만들었는데, 'algebra(대수학)'과 'algorithm(알고리

그림 4.6 아라비아 반도

그림 4.7 알콰리즈미

즘)'이란 말은 그의 이름에서 유래했다고 알려져 있다. 알콰리즈미에 의해 아랍 세계로 도입된 십진법은 12세기 후반 프랑스의 스콜라 신학자이자 철학자인 아벨라르(Pierre Abēlard, 1079~1142)에 의해 유럽으로 전해지게 되었다.

의학 및 철학 분야에서는 유명한 아베로에스(Averroes, 본명 이븐 루슈드, Ibn Rushd, 1126~1198)는 철학자로서 신학과 법학을 공부했고, 철학과 의학 분야에도 상당한 관심과 재능을 보여주었다. 그중에서도 아리스토텔레스의 자연주의 철학사상과 과학이 유럽 문명의 토대가 되는 데에 기여한 바가 큰 그는 주로 아리스토텔레스의 여러 저서에 주석을 붙이는 일에 몰두하였다. 또한 유명한 의학서로서 생리·병리·해부·위생 등의 내용을 담고 있는 「의학개론」을 저술하였다. 천문학 분야에서도 두각을 나타낸 아베로에스는 프톨레마이오스의 「알마게스트」를 요약하면서 프톨레마이오스의 이심원과 주전원 개념을 반대하는 의견을 내놓기도 했다.

천문학 분야에서 그 업적이 빛난 인물인 알바타니(Al-Battani, 850~929)는 태양의 원지점(apogee) 경도가 프톨레마이오스 시대의 것에 비하여 약 16.47° 정도 변했다는 사실을 관측하였다. 이를 계기로 근일점과 원일점이 이동하였다는 것을 발견함과 동시에 금환일식의 가능성도 예측하였고, 태양년을 365일 5시간 46분으로 결정하였다.

물리학 분야 중 특히 광학이론에 큰 공헌을 한 이븐 알하이삼(Ibn Al-Haitham, 965~1039) 또는 라틴어식 이름으로는 알하즌(Al-Hazen)은 아랍의 광학을 체계화하는 데에 큰 기여를 하게 된 그의 저서 「광학의 서」에서 '우리가 물체를 볼 수 있는 것은 빛이 물체로부터 우리 눈에 들어오기 때문이다'라는 새로운 이론을 제시하기도 하였다. 또한 그는 '인간의 눈에서 나오는 빛으로 인해서 물체를 볼 수 있다'는 당시의 지배적인 '발광설'이 잘못되었음을 실험을 통해서 증명하기에 이르렀다. 이로써 알하이삼은 현대적 과학 연구방법을 시도한 최초의 이론물리학자로 알려지게 되었다. 무지개나 빛의 반사와 굴절 등에 관한 연구 결과를

그림 4.8 이븐 알하이삼

발표하면서 그의 영향력은 유럽까지 퍼지게 되었고, '제2의 프톨레마이오스'라고 불리기도 했다.

이와 같이 유럽의 과학이 중세 암흑기를 헤매고 있을 동안 아랍·이슬람의 과학이 고대 그리스 과학의 명맥을 이어가고 있었던 것이다. 암흑시대에서 르네상스 시대로 가는 길목에서 다리 역할을 한 아랍·이슬람 문명은 과학의 거의 모든 분야에 영향을 미쳤다고 해도 과언은 아닐 것이다.

2. 연금술과 중세의 화학

고대 메소포타미아와 고대 이집트에서도 금, 은, 철, 구리 등의 금속은 다양한 목적으로 사용되었고, 이후 광석에서 금속을 추출하여 합금 및 성형하는 기술이 상당히 발달되었음을 알 수 있다. 이러한 기술들이 이렇다 할 과학으로 발전되지는 않았다 하더라도 경험적 지식과 연금술은 오늘날 화학 발전에 밑거름이 되었다는 생각에는 의심의 여지가 없을 것이다.

'연금술(alchemy)'이란 인공적인 방법을 통하여 저급한 금속을 귀금속이나 금으로 전환하고자 하는 것인데, 고대 그리스 자연철학에 이집트나 메소포타미아 지역의 신비주의 사상이 더해지게 되면서 발달한 것으로 추측된다. 이후 연금술은 그 기술이 발달함에 따라 이론이 체계화되면서 화학 이전의 화학으로 그 기능을 담당하게 되었다.

연금술의 기원은 고대 이집트에서부터 그 흔적을 찾아볼 수 있는데, 연금술의 어원인 단어 'khem'은 당시 나일강 유역의 홍수로 인하여 범람했던 물이 다 빠지고 난 후의 '검은색의 비옥한 토양'을 뜻하고 있다. 여기에 아랍어의 정관사 '알(al)'이 첨가된 '알키미아(alkimia)'는 유럽으로 전해지면서 '알케미(alchemy, 연금술)'가 된 것으로 추정된다.

이후 8세기 무렵 아랍의 연금술사이자 '연금술의 창시자'라 불리는 이븐 하이얀(Abu

그림 4.9 이븐 하이얀

Musa Jābir Ibn Ḥayyān, 721~825)은 약 3,000여 권에 이르는 방대한 저술을 남겼는데, 그중 연금술에 관련된 저서를 통하여 연금술을 집대성했다는 평가를 받고 있다. 특히 화학 분야에 관한 20여 권의 저서는 이븐 하이얀을 역사상 가장 유명한 화학자로 인식하게 하는 데 충분한 역할을 했으며, 당시 연구를 위하여 그는 '실험'이라는 과정을 도입함으로써 화학 분야의 급속한 발전을 이루는 데에 크게 기여하였다. 그는 저서 「금속귀화비법대전」에 철이나 구리와 같은 여러 종류의 금속 제조법과 포도주를 만드는 방법 등을 기술하기도 하였다. 이 시기를 기점으로 하여 연금술은 더욱 성행하게 되었고, 이븐 하이얀 사후에 그의 저술들은 유럽의 연금술 발전에 영향을 미치게 되었다.

12세기 경 유럽 세계에 아랍의 연금술을 소개한 인물인 영국의 로버트는 '제1의 물질' 또는 '제1의 원소'라는 뜻을 지닌 '프리마 마테리아(Prima Materia, 모든 물질의 공통 속성)'를 추출해 내는 법을 알게 되면, 만물을 귀금속으로 변화시키는 것이 가능할 것이라고 여겼다. 당시 대부분 연금술사들은 '프리마 마테리아'에 현자의 돌(philosopher's stone)이 담겨 있다고 생각했다. '화금석(化金石)'이라고도 하는 현자의 돌은 신적 특성을 가진 '가장 완전하고 불변하며, 불멸하는 물질'로서 연금술사들은 이것이 지상의 불완전한 것을 완전한 모습으로 변화시키는 능력이 있다고 믿었던 것이다. 따라서 현자의 돌은 값싸고 저급한 금속을 귀금속으로 바꿀 수 있는 단순한 물질 그 이상이었다는 것을 알 수 있다.

영국의 철학자이자 신학자인 베이컨(Roger Bacon, 1214~1294)은 연금술에 관한 평가를 다음과 같은 비유를 들어 말한 바 있다. "연금술이란 죽음을 앞둔 아버지가 아들에게 '내 과수원 땅 속 어딘가에 금을 묻어두었다'고 말하는 유언에 비유할 수 있을 것이다. 금을 찾기 위한 아들은 아버지의 유언대로 과수원 땅의 이곳저곳을 파기 시작하면서 뿌리를 내리고 있는 과수 주변의 흙을 뒤엎게 되었다. 쉽사리 금을 찾을 수는 없었지만, 대신 한 차례 경작된 과수원의 땅에서 그 해에 생각지도 않았던 풍성한 수확을 얻게 되었다. 이처럼 저급

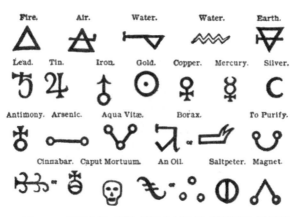

그림 4.10 연금술을 위한 연금술사들이 사용했던 기호들

한 금속에서 금을 만들고자 애썼던 연금술사들의 노력이 비록 금을 얻지는 못했다 하더라도 화학 분야에서 다양한 발명을 획득하게 되면서 인류에게 화학의 발전이라는 커다란 혜택을 가져다 준 결과를 낳았다."

3. 인도의 수학

세계 4대 주요 문명의 발상지 중 하나인 인도는 고대부터 '무한(無限, infinite)'에 대한 관심이 지대했는데, 그중 수학 분야에서는 무한수, 거듭제곱과 인수(factor) 등에서 그 흔적을 찾아볼 수 있다. 특히 인도 수학의 가장 위대한 공적을 꼽는다면, 단연 1~9까지 총 아홉 개의 숫자뿐만 아니라 '0(영, 零, zero)'을 이용한 십진법(decimal system)의 사용과 '음수(陰數, negative number)'의 발견 및 각 숫자의 위치에 따라 그 수가 나타내는 값이 달라지는 '위치적 기수법(記數法)'에 의한 수의 사용이다. 따라서 중세 인도 수학자들은 대수학에 많은 관심을 가졌으며, 부정방정식(indeterminate equations)과 급수(級數, series)의 해에 대한 상당한 연구를 진전시킬 수 있었다. 이것은 현대 수학의 토대가 되었다.

오늘날 우리가 알고 있는 '아라비아 숫자'라고 하는 체계 이전, 즉 약 2,000년 전 인도에서는 수직 및 수평으로 선을 그어 수를 표현했는데, 가령 2는 ═ 으로, 3은 ≡ 으로 나타냈다. 이후 주로 나무껍질에 숫자를 기록하기 시작하면서 ═ 는 ᄅ 으로, ≡ 은 ᄅ 으로 변모하는 과정을 거치게 되었고, 그 밖의 여러 숫자들이 만들어졌던 것이다. 이 숫자 덕분에 인도 사람들은 사칙연산, 제곱근과 세제곱근 등의 복잡한 셈까지도 가능했으며, 위치적 기수법은 후에 이슬람 문화권을 거쳐 유럽 전역에 보급되었다. 따라서 현재 아라비아 숫자라고

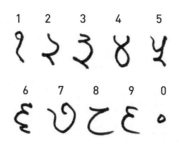

그림 4.11 인도 숫자(9세기)

불리기는 하지만 원형은 인도에서 시작되었으므로 '인도－아라비아 숫자'라고 하는 것이 더 타당할 것이다.

　이와 같이 인도의 수학이 상당한 발전을 하는 데에는 여러 학자들의 업적이 밑거름이 되었는데, 그중 고대 인도의 최초 천문학자인 아리아바타(Aryabhata, 476~550)는 인도 최고의 천문학 및 수학책으로 유명한 「아르야바티야(Aryabhatiya)」라는 자신의 저술을 통해 지구자전설을 주장한 바 있다. 당시 세상에 알려진 수학 지식을 정리・요약하여 기술한 「아르야바티야」는 천문학과 구면삼각법을 주 내용으로 다루고 있다. 또한 그는 정확한 파이(π) 계산을 위해 애를 썼는데 π를 $\frac{62,832}{20,000}$으로 계산해내기도 했다.

　인도의 천문학자이자 수학자인 브라마굽타(Brahmagupta, 588~660)는 '0'에 의한 사칙연산의 상세한 방법을 설명하였고, 1~9까지의 자리에 '0'을 위치시킴으로써 음수의 개념을 개발하였다. 그가 저술한 수학책에는 원금과 이자 계산에 관한 문제 뿐 아니라 오늘날 근의 공식과 유사한 2차방정식의 풀이법이 실려 있다. 브라마굽타는 1차 부정방정식 $ax + by = c$ (a, b, c는 정수)의 일반해를 구하고, 다시 2차방정식 $ax^2 + bx + c = 0 (a \neq 0)$의 근의 공식을 얻은 최초의 인물이기도 하다. 또한 628년경 천문학에 대한 자신의 연구 내용을 「브라마

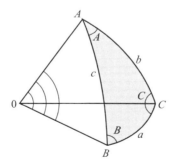

그림 4.12 구면삼각법(球面三角法, spherical trigonometry): 삼각법의 일종, 삼각함수를 이용하여 구면삼각형의 변과 각의 관계를 나타낸다.

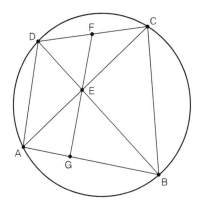

그림 4.13 브라마굽타의 공식(Brahmagupta's Formula): 원안에 내접하는 □ABCD의 두 대각
선이 직교할 때, 두 대각선의 교점에서 한 변에 그은 수선의 연장선은 대변의 길이를
이등분(F는 CD의 중점)한다.

시단타(Brahma Siddhanta)」라는 저서에 기록했는데, 여기에서 산술(arithmetic)과 부정방정
식을 다루기도 했다.

인도의 수학자이자 천문학자인 바스카라(Bhaskara, 1114~1185)는 2차방정식에서 음의 근
과 무리수의 근이 있으며 음수는 제곱근이 없다는 것을 증명하였고, 원주율 π의 값이 $\frac{3,927}{1,250}$
이라고 계산했다.

4.3 그 외 학자들

1. 피보나치

이탈리아의 상업도시 피사(Pisa)에서 태어난 피보나치(Leonardo Fibonacci, 1170~1250)는
어려서부터 수판(數板)을 이용한 계산법과 인도의 기수법(記數法)을 쉽게 접할 수 있었다.
아버지를 따라 상업상 지중해 연안의 여러 나라를 여행하면서 산수에 대한 지식과 아랍에
서 발달한 수학을 섭렵하였고, 1202년 자신의 대표적 저서이자 수학 저술들의 결정판인
「주판서(珠板書, Libre abaci)」를 발표하였다. 이를 통해 수학을 부흥시킨 인물로서 자리매
김하게 되었던 것이다. 피보나치의 저서 「주판서」의 서론에는 "인도의 아홉 개 숫자는 1,
2, 3, 4, 5, 6, 7, 8, 9이다. 아라비아에서는 이들 아홉 개 숫자에 '0'을 더하여 어떠한 수도
자유로이 표기할 수 있는 10진법을 사용하고 있다. 이러한 방법은 지금까지 사용하던 로마
의 기수법보다 훨씬 편리하고 우수하다"와 같은 내용이 실려 있다.

그림 4.14 피보나치

1) 피보나치 수열

우리 주변에서 흔히 볼 수 있는 꽃들은 각기 다른 꽃잎의 수를 가지고 있다. 가령 철쭉의 꽃잎 수는 1장, 등대풀 2장, 연령초 3장, 채송화, 딸기꽃 5장, 코스모스, 모란 8장, 금잔화 13장, 치커리, 장미 21장, 데이지 34장, 쑥부쟁이 55장 또는 89장, 다알리아 89장 등이 그러하다. 이렇게 다양한 꽃잎의 수를 나열하면, 1, 2, 3, 5, 8, 13, 21, 34, 55, 89…이다. 여기서 우리는 어떤 규칙, 즉 1과 2를 더하면 3, 3과 5를 더하면 8, 5와 8을 더하면 13이 되는 규칙으로서 제1항과 제2항의 합이 제3항을 만드는 매우 독특한 형식을 가지고 있다는 것이다. 피보나치는 여러 꽃들을 유심히 살펴보던 중 꽃잎 수의 규칙을 발견하였고, 이와 같은 수의 배열을 '피보나치 수열(Fibonacci sequence)'이라고 한다.

대다수 식물의 꽃잎 수나 분지(分枝) 수 및 잎의 수가 이와 같은 배열을 하는 이유는 최

그림 4.15 다양한 꽃잎 수(좌)와 분지 및 잎의 수(우)

소 공간 속에 최대의 꽃잎이나 잎, 가지 등이 존재해야 되기 때문이라고 해석된다. 즉 한정된 공간에서 살아남기 위한 식물의 질서를 지키는 본능이라 할 수 있겠다.

사실 피보나치 수열은 피보나치가 제안한 '한 쌍의 새끼 토끼가 새끼를 낳을 수 있는 데 걸리는 시간은 약 한 달이다. 만일 한 쌍의 새끼 토끼가 어른 토끼가 되어 한 달에 한 쌍의 토끼를 낳는다고 가정하자. 10개월 후에 토끼는 몇 마리가 될까?'라는 문제에서 탄생하게 되었다고 한다.

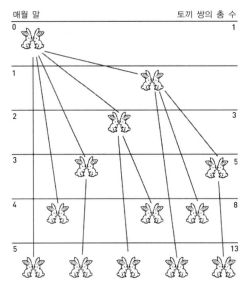

그림 4.16 토끼와 피보나치 수열

2) 황금비율

우리는 피보나치 수열에서 하나의 규칙을 발견할 수 있는데, 이 수열에서 제2항을 제1항으로 나눈 값, 즉 연속하는 두 항의 비가 거의 일정한 값을 갖는다는 것이다. 이를 '황금비'

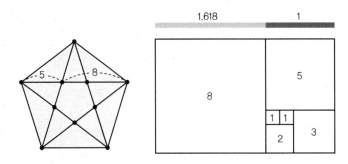

그림 4.17 황금비를 지닌 정오각형(좌)과 황금사각형(우)

또는 '황금비율'이라 한다. 황금비의 기원은 고대 피타고라스학파에게로 거슬러 올라가서 찾아볼 수 있다. 그들은 정오각형의 한 대각선이 다른 대각선에 의해 분할될 때, 내분되는 두 선분의 길이의 비가 황금비가 된다는 것을 발견하고, 정오각형으로 이루어진 별을 자신들의 상징으로 여기기도 했다.

수학적으로 황금비는 선분의 분할로 정의할 수 있는데, 그림 4.18과 같이 임의의 선분 AB를 점 C로 나눌 때, 내분한 선분의 비는 $x : 1$이 되도록 한다. 이때 $x > 1$로 하고, 선분 AB : 선분 AC = 선분 AC : 선분 CB의 관계가 성립되는 것을 '황금분할'이라 하고, x 값 1.618을 '황금비'라 한다.

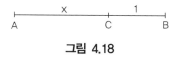

그림 4.18

황금비는 사각형에서도 적용됨을 알 수 있는데, 가로와 세로 길이의 비가 황금비를 이룰 때 외관상 안정감과 균형이 최상이라 할 수 있다. 피보나치 수열을 자연에서 발견했던 것처럼 황금비 또한 우리 주변에서 흔히 발견할 수 있는데, 계란의 가로와 세로 비율, 소라껍질이나 조개껍질의 줄무늬를 이루고 있는 비율이 이에 해당된다.

  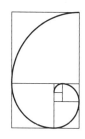

그림 4.19 황금비율의 예. 소라껍질

그림 4.20 황금비율의 예. 밀로의 비너스 상

2. 레오나르도 다빈치

그림 4.21 레오나르도 다빈치

　누구나 한 번쯤은 보았을 명화 '모나리자'의 화가로 그 이름이 세계에 널리 알려진 다빈치(Leonardo da Vinci, 1452~1519)는 과학과 의학 분야에서도 두각을 드러냈던 인물이기도 하다. 이탈리아의 한 작은 마을 빈치(Vinci) 출신인 레오나르도 다빈치는 '빈치 지역의 사람 레오나르도'라는 뜻이라고 한다. 유년시절 이렇다 할 정규교육을 받지 못한 다빈치는 다른 아이들과 달리 왼손잡이였다. 그의 특이할 만한 버릇은 글씨를 쓰는 방식이었는데, 그가 쓴 글씨를 사람들이 읽기 위해서는 거울에 비추어야 읽을 수 있었기 때문이다. 다시 말해서 다빈치는 거꾸로 된 글씨를 즐겨 썼다는 말이다. 또한 호기심이 많아서 주변 사물이나 자연의 움직임 등을 눈여겨보는 일에 심취하곤 했으며, 그 과정에서 떠오르는 생각들을 작은 노트에 기록해 두었다. 그의 생전에 남겼던 작은 노트와 쪽지에는 비행기, 잠수함 및 증기기관이 그려져 있었는데, 화가라는 다빈치의 명성과 달리 과학자로서의 면모도 짐작할 수 있는 부분이기도 하다.

　아버지의 바람대로 예술가의 길로 들어서기로 결심한 후 다빈치는 이탈리아에서 다비드(David)상(그림 4.22)의 조각가이자 화가로도 유명한 베로키오(Andrea del Verrochiio, 1435~1488)에게서 미술을 배우게 되었다. 다빈치는 스승 베로키오와 함께 대작 '그리스도의 세례(The Baptism)'라는 그림을 그릴 수 있는 기회를 얻게 되었고, 자신이 그려 넣어야 할 왼쪽 하단부에 위치한 천사(그림 4.23)를 물감에 기름을 섞은 유화로 표현했다. 당시 유화를 이용해 그림을 그린다는 것은 획기적인 일이었는데, 이를 계기로 다빈치의 천재성에 놀란 스승 베로키오는 이후 모든 인물 그림을 다빈치에게 맡겼다고 한다.

그림 4.22 베로키오의 작품, 다비드상

다빈치의 나이 서른 무렵, 대도시 밀라노에서 막강한 권력을 행사는 스포르차(Sforza) 가문의 루도비코(Ludovico Maria Sforza, 1452~1508)는 정치적 야심을 이루기 위하여 다빈치를 포함한 몇몇 우수한 학자들을 곁에 두어 후원하였다. 당시 루도비코가 자신의 힘을 유지할 수단으로 무기 개발에 상당한 관심을 보인다는 것을 알게 된 다빈치는 그를 만족시킬 만한 일을 계획하였다. 그러던 중 연회 개최를 준비하는 과정에서 연출과 감독을 하게 된 다빈치는 이에 필요한 의상이나 관련 기기들을 마련하여 루도비코의 신임을 한층 더 얻을 수 있었다. 또한 다빈치는 대규모의 토지 개발을 위하여 굴착기나 준설기 등의 발명에 이어 다양한 무기 제작에도 전념하였을 뿐 아니라 최대 규모의 청동으로 만든 말 조각상을 제작할 계획을 야심차게 준비하였다. 이를 위해 진흙으로 말 조각상 모형(그림 4.24)을 제작하였으

그림 4.23 베로키오와 다빈치의 작품, 그리스도의 세례

그림 4.24 다빈치의 작품 모형, 말과 기수 모형

나 프랑스와의 전쟁으로 인해 파괴되었다고 전한다.

　눈에 푸르게 비치는 하늘은 공기 중 작은 기체 입자들이 태양빛을 반사하기 때문이라는 사실과 비행기의 기본적 원리를 고안해 낸 인물도 다빈치였다. 그는 하늘을 나는 새의 모습에서 오늘날의 비행기를 착안해냈던 것이다. 새가 날아오르기 위해 날개를 퍼덕거리는 모습을 적용한 비행기구인 '오르니톱터(ornithopter)'가 바로 그것이다. 이는 프로펠러의 추진력을 이용하는 비행기와 달리 날개짓을 하며 비행하는 비행기구였다. 하지만 결과는 빈번한 실패였다. 훗날 비행기에는 고정식 날개가 필요하다는 사실을 발견한 인물은 영국의 과학자 케일리(George Cayley, 1773~1857)였다. 그는 가동식(可動式) 날개 대신 비행기의 기본 형태를 갖춘 글라이더를 발명하였다. 이는 날개를 퍼덕이지 않는 비행기의 발명의 모태인 셈이다.

그림 4.25 다빈치가 그린 기구 모형도

당시 어수선한 사회적 분위기로 밀라노를 떠나게 된 다빈치의 새로운 관심을 불러일으키는 것은 바로 인체에 대한 연구였다. 특히 인체 해부에 관한 공부를 한 그는 인체의 근육과 뼈의 움직임에 대한 새로운 인식을 하게 되면서 인류 역사상 최초로 인체 해부를 시도한 인물이다. 그 과정에서 동맥경화가 심장 질환의 원인이며 죽음을 유발하기도 한다는 사실을 최초로 밝혀냈을 뿐 아니라 여성의 임신에 대한 호기심이 있었던 그는 최초로 태아의 모습을 묘사하기도 했다. 생각했던 그 이상으로 신기하고 놀라운 인체의 구성을 발견한 다빈치는 연구를 거듭한 결과 인간형 로봇(humanoid robot)을 설계할 수 있었다. 인류는 이후 이 원리를 근거로 하여 오랜 임상 연구와 첨단 소재의 개발로 오늘날 다빈치 로봇 수술기를 만들 수 있었다. 다빈치 로봇 수술(da Vinci robotic surgery) 기법은 인간의 손으로 할 수 있는 정교함의 한계를 넘어서게 해주었다. 수술을 집도하는 사람이 이를 이용하여 환자의 수술 부위를 10~15배 정도 확대함으로써 보다 더 정확한 수술을 할 수 있게 되었다.

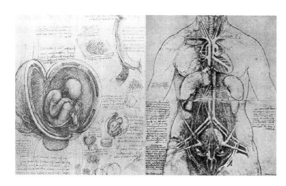

그림 4.26 다빈치가 그린 자궁 속 태아의 모습(좌)과 인체 혈관분포도(우)

5장 근대과학의 토대

'천동설의 완결판'으로 유명한 프톨레마이오스의 「알마게스트」는 이슬람 세계를 통해서 중세 유럽으로 전달되었다. 이에 교회적 권위가 더해지면서 인류 역사상 약 1,500년간 유일한 우주체계로 자리매김하였다. 14세기경부터 로마 가톨릭 교회는 교황의 대립으로 생긴 분열 결과, 점점 중세적 그리스도교 세력은 쇠퇴하기 시작해서 16~17세기 유럽에서는 그리스도 교회의 혁신운동이 발생하기에 이르렀다. 바로 종교개혁(1517)이었다. 가톨릭 구교로부터 신교파가 형성되었던 것이다. 종교개혁의 중심에는 신학 대학 교수인 마틴 루터(Martin Luther, 1483~1546)라는 인물이 있었는데, 성직자들의 부정을 근절해야겠다고 생각한 그는 95개 조항에 이르는 성직자들의 죄목을 교회 정문에 공개하였다. 그 후 루터를 지지하는 수백 명의 사람들이 그와 뜻을 함께 하였고, 이처럼 루터를 중심으로 성직자들의 부정함을 규탄하는 무리들을 프로테스탄트(Protestant)라 불렀다.

5.1 과학혁명의 근간, 지동설

1. 니콜라우스 코페르니쿠스의 생애와 업적

폴란드의 토룬(Torun)에서 부유한 상인의 아들로 태어난 코페르니쿠스(Nicolaus Copernicus, 1473~1543)는 어려서 아버지를 여의고, 외삼촌이자 주교인 바젠로데(Lucas Waczenrode)의 집에서 청소년 시절을 보냈다. 18세에 코페르니쿠스는 신부가 되기 위하여 크라코프(Krakow) 대학교에 입학하여 신학을 공부하는 동안 기하학, 대수학, 천문 계산 및

그림 5.1 코페르니쿠스

광학 등과 고대의 자연철학을 익히면서 천문학자로서의 자질도 연마할 수 있었다.

신학, 법학 및 의학을 공부한 후 코페르니쿠스는 외삼촌의 도움으로 1505년경부터 프라우엔부르크(Frauenburg) 성당에 자리를 잡았으며, 신부로서 외삼촌의 주치의이자 비서의 업무를 담당하게 되었다. 그는 자신의 외삼촌이 죽자 참사(參事) 회원으로서의 임무에 더 많은 관심을 쏟았으며, 동시에 의술을 펼치기도 하고 여러 잡다한 공직을 맡기도 하면서 바쁜 날들을 보내고 있었다. 그러는 동안 코페르니쿠스는 천문학에 대한 관심을 꾸준히 키워나갔고, 후에 우주에서 지구의 위치에 대한 그의 혁명적 사상을 전개했다.

한편 교황청에서는 교회력과 항해력 개정이라는 당면 과제를 해결해야 했는데, 당시 사용하고 있었던 교회력은 '율리우스력(Julian Calendar)'이었다. BC 45년에 카이사르(Julius Caesar, BC 100~BC 44)가 이집트력을 토대로 로마에서 사용하던 달력을 개정했던 율리우스력은 1년을 365일로 삼고, 4년마다 윤일 1일을 더하여 3월 25일을 춘분으로 정한 것이었다. 율리우스력이 BC 45년부터 16세기까지 오랜 기간 동안 사용되자 달력의 춘분 절기가 실제보다 10일 정도 점점 늦어지게 되면서 종교 의식을 행하는 날이 계절과 어울리지 않는다는 문제가 발생하게 되었던 것이다. 뿐만 아니라 천동설을 바탕으로 계산된 당시의 항해력에 따라 원양 항해를 할 경우 천체의 위치가 부정확하여 안전한 항해를 하는 데에는 상당한 어려움이 뒤따를 수밖에 없었다. 이런 문제점들을 인식하면서 천문학의 여러 고문헌들을 수집하여 연구하던 중 코페르니쿠스는 고대 그리스의 자연철학자인 아리스타르코스가 주장한 태양중심설에 관한 기록을 접하게 되었고, 기존의 천문 이론인 천동설과 알폰소항성 목록(Alphonsine table)이 서로 다른 이론을 설명하고 있다는 것을 발견하게 되었다.

1513년 코페르니쿠스는 천체 관측을 위하여 돌과 석회를 구입하여 성당에 망성대(望星臺)를 쌓고, 밤에는 그곳에서 자신이 제작한 측각기(測角器)를 이용하여 천체 관측을 시작했다. 그의 관측이 그다지 정밀하지는 않았으나, 천문학자로서 태양을 중심으로 하는 행성계의 개념을 구축해 나가기에는 충분했다. 그렇다고 하더라도 그의 관측이 새로운 천문 이론을 수립하였다고 해석하기에는 다소 무리가 있는데, 이는 당시 천체 관측 기술의 한계를 감안한다면 당연한 일일지도 모른다. 이듬해 1514년 교황의 비서관으로부터 교회력 개정을 위한 회의 참석을 요청 받았으나 코페르니쿠스는 이를 거절하면서 '교회력 개정을 위하여 태양과 달의 관계를 정확히 밝혀야 한다'는 의견만을 제출했다.

이후 코페르니쿠스는 태양 중심 천문 체계에 관한 생각을 더욱 발전시켜서 그것을 소논문 형식으로 작성했는데, 이것이 바로 '천체 운동에 관해 구성한 가설에 대한 니콜라우스 코페르니쿠스의 소론'이라는 논문이며, 이 논문을 주변의 몇몇 지인들에게만 배포했다. 아리스토텔레스의 천문 체계에 의문을 제기하면서 태양 중심 체계를 가설로 제시했던 논문이 정식 인쇄본으로 출간된 때는 그의 사후 1878년이었으며, 논문에서 그는 수학적 접근을 본격적으로 시도하지는 않았다. 소논문을 발표한 이후 1532년 코페르니쿠스는 그의 대표적 저서인 「천체의 회전에 관하여(De revolutionibus orbium coelestium)」를 완성하였는데, 이 책의 발간은 또 다른 인물의 등장으로 가능할 수 있었다. 코페르니쿠스의 연구에 평소 많은 관심을 가지고 그의 새로운 체계에 확신을 갖고 있었던 오스트리아의 천문학자이자 수학자인 레티쿠스(Rheticus, 본명 Georg Joachim von Lauchen, 1514~1576)는 1539년 어느 날 코페르니쿠스를 찾아와서 코페르니쿠스의 체계에 관한 기록들을 책으로 출간하자고 강력히 권했다. 이후 레티쿠스는 루터파 목사인 오시안더(Andreas Osiander, 1498~1552)에게 책의 감

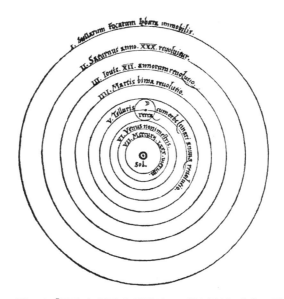

그림 5.2 「천체의 회전에 관하여」: 태양 중심 체계 그림

독 작업을 맡기고 「천체의 회전에 관하여」의 출간을 의뢰하였다. 하지만 오시안더는 책의 출간으로 인한 교회와의 마찰을 염려하여 코페르니쿠스의 책 서문에서 '새로운 체계는 추상적인 가설에 불과하다'라는 문장을 임의대로 첨가하게 되었다. 그리하여 코페르니쿠스의 저술 「천체의 회전에 관하여」는 세상에 나오게 되었고, 1616년 교황청의 금서 목록에 올랐다가 19세기 초에 금서에서 풀려났다. 마침내 이 책과 더불어 천문학의 혁명, 그리고 근대 과학혁명이 일어나기 시작하였다.

「천체의 회전에 관하여」에는 '우주와 지구는 둥글다'와 '지구는 자전과 동시에 공전하는 별에 지나지 않는다'는 내용이 실려 있었다. 하지만 사실 코페르니쿠스는 아리스토텔레스와 프톨레마이오스의 체계, 즉 모든 천체에는 투명한 수정구들이 붙어 있으며, 행성의 불규칙한 운동이 여러 원들의 결합을 통해 가능하다는 설명에서 완전히 벗어나지는 못했다. 그렇다 하더라도 그는 태양을 중심으로 한 행성 체계를 설정하고, 행성들 간의 관계를 재인식하였다.

코페르니쿠스의 이와 같은 새로운 체계는 전통적인 교회의 입장과 확연히 다른 것이었으므로 일부에서의 비판이 일어나는 것은 당연한 일이었으며, 동시대의 종교개혁가 루터조차도 코페르니쿠스의 태양 중심 체계가 천문학 전체를 퇴보하게 만든다는 혹평을 하기도 했다. 따라서 코페르니쿠스의 새로운 체계가 인간의 우주에 대한 인식과 세계관을 바꾸어 놓기까지는 오랜 세월이 필요했다. 하지만 소수의 옹호마저 없었던 것은 아니다. 종교개혁으로 인하여 교황에 대한 신자들의 불신은 코페르니쿠스의 우주론으로 인한 신에 대한 신뢰의 상실로 이어지게 되었던 것이다. 비록 태양 중심 체계의 주장 이후로 그에게는 험난한 질타가 기다리고 있었을지라도 그의 새로운 우주 체계는 중세시대 서양의 인간관, 세계관 그리고 우주관의 뿌리를 뒤흔들기에 충분했다. 바로 '혁명'이었던 것이다.

엄밀히 말하자면 코페르니쿠스는 과학 혁명의 중간적 존재였으며, 근대 과학자라기보다는 고대 그리스 철학자에 더 가까울지도 모른다. 이는 실험이나 천체 관측을 직접 하지도 않았기 때문이며, 그의 위대한 천문 체계는 하나의 사상에 지나지 않았기 때문이다. 다시 말해서 천체의 움직임을 설명하는 데에 있어서 프톨레마이오스가 고안한 복잡한 체계 대신 코페르니쿠스는 새롭고 간단한 우주 체계를 제공했던 사고 실험이었던 것이다.

2. 코페르니쿠스의 태양중심설

12세기경 서양으로 도입된 우주 체계인 천동설은 아리스토텔레스와 프톨레마이오스의 우주 체계이므로 약 2,000년 동안 축적된 천문 지식이라 할 수 있다. 천동설은 대단히 견고하였고, 철저히 경험론적 지식에 근거했으며, 풍부한 논리적 자료와 고대 최고의 지식인인 아리스토텔레스의 명예까지 갖춘 난공불락의 이론이었다. 더욱이 중세에 들어와서 천동설은 신학적 권위마저 더해지게 되면서 절대로 건드릴 수 없는 신성불가침한 이론으로 자리잡게 되었다. 그런데 여기에 감히 도전한 이가 바로 코페르니쿠스였다.

코페르니쿠스의 태양중심설인 지동설(Heliocentric Theory)에서 우리가 수목해야 할 섬은 그의 태양계와 오늘날 우리가 알고 있는 태양계에 차이가 있다는 것이다. 엄밀하게 말하면 코페르니쿠스는 관측 결과와 계산의 일치를 위하여 태양을 우주의 온전한 중심으로 가정하지 않고, 태양을 태양계의 중심에서 약간 벗어난 곳에 위치시켰던 것이다. 또한 행성의 공전궤도를 완전한 원으로 가정하였고, 외행성들의 역행운동을 설명하기 위하여 프톨레마이오스의 주전원 개념을 그대로 사용했을 뿐만 아니라 코페르니쿠스는 지구의 공전과 자전의 증거를 하나도 밝혀내지 못했다. 이 외에도 코페르니쿠스의 지동설에는 몇 가지 오류가 있는데, 실제 천체의 위치를 예측하는 데에 있어서 천동설보다 개념적으로 더 단순하며, 덜 정밀하다는 것과 천체들이 수정구에 붙어 있는 상태로 완전한 원운동을 한다는 것이다. 하지만 당시의 과학 발달 정도를 감안한다면 이는 단순한 기술적인 문제에 불과하므로 그의 태양계의 모습이 우리와 다르다고 하더라도 그가 생각한 우주의 중심은 태양이었고 모든 천체들은 태양을 중심으로 운동하고 있다는 것이다.

태양중심설의 주장에 대한 반향의 크기는 가히 상상초월이었다. 천동설은 한 시대를 지배했던 단순한 사고방식이나 지식에 그치지 않고 종교와 밀접한 관련이 있었는데, 이는 그리스도교 사상에 있어서 지구는 우주의 중심이며, 창조주가 아들 예수를 지구에 파견하여 인류 구원을 목적으로 하고 있기 때문이었다. 따라서 코페르니쿠스의 태양중심설은 당시 우주관의 완전한 변혁을 요구했을 뿐 아니라 세계관의 대변혁을 일으켰고 교회의 권위가 땅에 떨어지게 되면서 사상의 자유가 가능해졌다. 이것은 '코페르니쿠스의 혁명'이었던 것이다. 이러한 배경 하에 갈릴레이라는 천재의 등장과 함께 과학은 비약적으로 발전할 수 있었다. 하지만 여전히 교황청에서는 천동설을 고집하였고, 17세기 말 즈음까지도 지동설은 쉽사리 받아들여지지 않았다. 바로 뉴턴을 기다린 셈이 된 것이다.

5.2 갈릴레오 갈릴레이의 과학

1. 갈릴레이의 생애와 업적

그림 5.3 갈릴레이

    물리학자이자 천문학자인 갈릴레이(Galileo Galilei, 1564~1642)는 이탈리아의 토스카나(Toscana) 지역의 작은 마을 피사(Pisa)에서 태어났다. 장남의 경우 성(family name)을 이름(surname)에 겹치게 하여 성과 이름이 비슷한 발음을 갖도록 하는 토스카나 지방의 풍습에 따라 지어진 이름이 갈릴레오 갈릴레이인 것이다.

    피사대학 의학부에 입학한 후 어느 날 피사의 대사원에서 기도를 드리려고 할 때 천장에 달려 있는 아름다운 램프가 갈릴레이의 눈에 들어왔다. 램프에 불을 붙인지 얼마 되지 않았는지 천장에 매달린 채 램프는 그 자리에서 좌우로 흔들리고 있었다. 흔들리는 램프의 동선을 따라 갈릴레이의 시선도 함께 움직였다. 좌우로 커다란 움직임을 보였던 램프의 진폭은 시간이 흐르면서 점점 작아져 멈추게 되는 과정에서 갈릴레이는 각 램프들의 공통점 하나를 알아차렸다. 천장에 매달린 줄의 길이가 같은 램프들은 움직이는 진동이 크든 작든 간에 램프가 좌우로 한 번 흔들리는 데 걸리는 시간, 즉 왕복시간이 동일하게 보였던 것이다. 이러한 발견이 그에게는 놀라웠다. 그도 그럴 것이 당시 대부분의 사람들은 '흔들리는 물체의 폭이 작을수록 왕복시간은 더 짧고, 진폭이 클수록 더 길다'고 생각했기 때문이다. 이때 램프의 왕복시간을 측정하기 위한 방법을 생각하던 중 갈릴레이는 평상시 사람의 정상 맥박이 규칙적이라는 것을 떠올렸다. 그의 규칙적인 맥박 속도를 기준으로 하여 천장에서 흔들리는 램프의 왕복시간을 측정해 보기로 했던 것이다. 이와 같은 방법으로 갈릴레이는 램프가 1회 흔들리는 데 걸리는 시간인 램프의 왕복시간은 진폭이 크건 작건 간에 같다는 것을 증명해낼 수 있었다. 램프가 좌우로 움직이는 정도의 물리량을 '진폭'이라 하며, 진폭이 클수록 움직이는 속도가 빠르고, 진폭이 작을수록 속도는 느리므로 매달리는 물체(진자)의 왕복시간(주기)은 진폭이나 진자의 무게에 상관없이 동일하다는 것을 '진자의 등시성'이라고 한다.

궁정수학자인 리치(Ostilio Ricci)에게 수학과 과학을 배우면서 작성한 논문이 인정을 받게 되면서 그 후 갈릴레이는 응용수학을 가르치고 연구할 수 있었다. 1597년 그가 케플러(Johannes Kepler, 1571~1630)에게 보낸 편지에서 전통적인 아리스토텔레스-프톨레마이오스의 천동설이 바다의 조수(潮水, tide) 현상을 설명할 수 없기 때문에, 자신은 코페르니쿠스의 지동설이 더 타당하다고 밝히기도 했다. 이 무렵부터 갈릴레이는 자신의 천문 관측 결과에 따라서 코페르니쿠스의 태양중심설에 대한 확신을 가지게 되었는데, 이것이 로마 교황청의 반발을 사기 시작한 계기가 되었다.

1) 목성의 위성

1608년 네덜란드의 안경 제작자이자 렌즈 전문가인 리퍼세이(Hans Lippershey, 1570~1619)가 볼록렌즈와 오목렌즈를 나무통 속에 끼워 넣은 방식의 굴절 망원경을 발명했다는 소식을 접한 즉시 갈릴레이는 그 원리에 따라 망원경 개발에 착수했다. 이듬해 갈릴레이는 20배율의 확대율을 지닌 망원경을 직접 제작하여 이를 '텔레스코피움(Telescopium)'이라고 불렀다. 이제 갈릴레이는 여러 천체에 관한 본격적인 관측을 할 수 있었는데, 당시 완전한 구(球)형이라 여겼던 것과 달리 산과 계곡이 있어서 달의 표면이 울퉁불퉁하다는 것과 지구를 중심으로 모든 천체가 회전한다는 생각과 달리 목성을 중심으로 회전하고 있는 이오(Io), 유로파(Europa), 가니메데(Ganymede)와 칼리스토(Callisto), 총 4개의 위성이 존재한다는 것을 발견하였다. 그는 목성의 4개의 위성을 '메디치가의 별'이라 이름지었고, 이것이 오늘날 우리가 알고 있는 '갈릴레이의 위성'(Galilean moons)이다. 더 큰 천체를 중심에 두고 더 작은 천체들이 회전하는 목성과 위성들의 관측 결과는, 더 큰 태양을 중심에 두고 더 작은 지구가 회전하는 태양중심설을 뒷받침한다는 확신을 얻게 되면서 1610년 갈릴레이는 지동설을 공표했고, 천동설의 오류를 예리하게 지적했다.

2) 태양의 흑점

목성 주변을 회전하고 있는 위성을 발견한 후 갈릴레이는 망원경으로 천체 관측을 하던 중 태양에 많은 관심을 가질 수밖에 없었는데, 1611년에 그가 태양 표면에 위치한 검은 점(spot)을 발견했기 때문이다. 뿐만 아니라 그는 태양 표면의 흑점(Sunspot)이 동쪽에서 서쪽

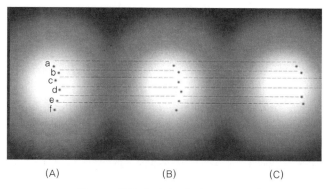

그림 5.4 태양 흑점의 이동(A → B → C)

으로 이동하여 서쪽 가장자리에서 사라졌다가 2주 후 즈음에 다시 동쪽에서 나타난다는 것과 약 11년을 주기로 흑점[2]의 수가 변한다는 것을 관측할 수 있었다. 태양의 흑점 이동 관측 결과를 토대로 갈릴레이는 '태양이 약 4주를 주기로 자전한다'는 결론에 이르게 되었다. 이는 사실 갈릴레이에게도 놀라운 일이었다.

고대 그리스의 대표적 학자인 아리스토텔레스는 달을 중심으로 하여 달 위의 천상계와 달 아래의 지상계, 두 세계로 나누어서 천상계는 완전하고 불변하며 신성을 지녔다고 생각했다. 아리스토텔레스가 주장했던 천상계의 속성이 '태양 표면에서 관측되는 흑점이 움직이며, 심지어는 그 모양이 변한다'는 사실과 불일치한다는 것을 갈릴레이는 인식하게 되었다.

당시 흑점에 관한 관측과 연구를 한 인물들이 갈릴레이만은 아니었다. 1610년 독일의 신학자이자 천문학자인 파브리치우스(David Fabricius, 1564~1617)는 망원경을 천체 관측에 사용하여 태양 흑점과 그 태양 표면에서의 이동을 관측하여 태양의 자전을 주장한 바 있었다. 갈릴레이가 흑점을 발견한 비슷한 시기인 1611년에 독일의 천문학자이자 예수회 소속 신부인 샤이너(Christoph Scheiner, 1575~1650)도 태양의 흑점을 발견하였다. 파브리치우스는 태양의 흑점 발견 선취권을 두고 갈릴레이에게 곱지 않은 시선을 보내기도 했고, 예수회 수도사인 샤이너는 갈릴레이와 태양 흑점 발견에 관한 서신을 교환하면서 논쟁을 벌이기도 했다. 갈릴레이가 샤이너와의 서신 내용을 「태양 흑점에 관한 서한」에 발표하자 샤이너는 노골적인 적개심을 내비치기도 하였다. 이후 갈릴레이는 '태양은 모든 천체들의 회전 중심에 위치하고 있으며, 지구는 그 주변을 자전하고 있다'는 주장을 펼쳤다.

---

2) 태양 표면의 온도(약 6,000 °C)보다 약 1,500~2,000 °C 정도 낮아서 주변에 비하여 약간 어둡게 관측되는 부분을 가리키지만, 실제 태양의 흑점 부분도 상당히 밝은 편이다. 흑점의 수명은 수일~수개월 정도이며, 크기는 약 10,000 km이다.

2. 갈릴레이의 낙체법칙

고대 그리스 과학에 커다란 영향력을 지닌 대표적 학자들 중 한 인물인 아리스토텔레스는 '질량이 서로 다른 두 물체를 동시에 떨어뜨리면 가벼운 물체보다 무거운 물체가 더 빨리 땅에 떨어진다'는 주장을 펼쳤다. 물론 그의 생각이 실험이나 관찰을 통해 증명된 바는 없다. 하지만 아리스토텔레스는 물, 불, 흙 그리고 공기, 즉 물질을 구성하는 기본 4원소 중 더 무거운 물질인 물이나 흙은 우주의 중심을 향해 나아가려는 속성이 있다고 믿었기 때문에 자신의 견해를 증명할 필요를 느끼지도 못했던 것이다. 이러한 그의 주장에 당시 반기나 의문을 제기한 사람은 아무도 없었다.

6세기경 '질량이 각기 다른 정지한 두 물체를 같은 높이에서 떨어뜨릴 때, 물체의 질량에 비례하지 않고 각 물체의 낙하 시간은 거의 비슷하다'고 주장한 바 있던 필로포누스(John Philoponus, 490~570)의 견해는 아리스토텔레스의 견고한 성벽을 무너뜨리는 데에는 역부족이었다. 이후 16세기 중반, 물체의 낙하운동에 관심이 있었던 또 다른 인물은 우리에게 수학자로도 잘 알려진 네덜란드의 스테빈(Simon Stevin, 1548~1620)이었다. 그는 '약 10배 정도의 질량 차이가 나는 2개의 납으로 된 공을 높은 곳에서 동시에 낙하시키면, 예상과는 달리 이 두 공의 낙하 시간은 10배의 차이가 나지 않고, 거의 동시에 땅에 떨어진다'는 관찰 결과를 기록한 바 있다.

뿐만 아니라 갈릴레이도 스테빈과 같은 결과를 얻은 실험을 시도한 적이 있었는데, 그것이 바로 피사의 사탑에서 행해진 유명한 '낙체실험'에 관련된 일화이기도 하다. 갈릴레이는 쇠공과 나무공을 같은 높이에서 동시에 낙하시켰을 때 두 공은 동시에 땅에 떨어졌던 반면, 쇠공과 깃털의 경우에는 쇠공이 더 빨리 낙하한다는 것을 발견했다. 이와 같은 내용은 그의 대표적 저서 「프톨레마이오스-코페르니쿠스 두 개의 주요 우주 체계에 대한 대화」에 기록되었는데, '가벼운 물체보다 무거운 물체가 더 빨리 낙하한다'는 것은 쉽사리 납득이 되지 않았고, 그럴 가능성 또한 희박하다고 생각한 갈릴레이는 아리스토텔레스의 주장에 정면으로 도전한 셈이 되었다. 갈릴레이는 아리스토텔레스의 주장을 반박하기 위하여 납, 금 및 돌 등의 다양한 물체들을 이용한 낙체실험을 수차례 거듭하였고, 마침내 '매질의 저항, 즉 공기의 저항이 없다면, 질량이 다른 모든 물체라 하더라도 같은 속도로 낙하할 것이다. 그리고 높은 곳에서 물체를 떨어뜨릴 때 물체의 낙하속도는 일정한 비율로 증가한다'는 결론에 이르렀다. 아리스토텔레스가 물체의 질량을 중요시했다면, 갈릴레이는 물체의 질량 뿐 아니라 공기의 저항까지 감안했다는 점이다. 다시 말해서 같은 높이에 위치한 물체가 자유

낙하할 경우 모든 물체는 그 질량과 무관하며, 물체의 낙하속도는 동일하므로 동시에 떨어지게 된다는 것이다. 이것이 바로 갈릴레이의 '낙체법칙(The law of falling bodies)'이다.

또한 갈릴레이의 경사면에서 공을 굴리는 사고실험에 따르면, 무시해도 될 정도의 적은 마찰력일 경우 모든 물체에 어떠한 외부의 힘도 가해지지 않을 때 물체는 일정한 속도로 움직인다는 것이다. 다시 말해서 일정한 속도로 움직이는 물체에 외부의 힘이 작용하지 않는다면, 물체는 계속 동일한 속도로 움직인다는 의미이다. 아리스토텔레스의 이론이 옳지 않다는 것을 입증해 보이기 위한 갈릴레이는 자신이 고안해낸 실험을 통하여 관성(inertia)의 개념을 떠올렸던 것이다. 이는 후에 뉴턴의 운동법칙의 근간이 될 수 있었다.

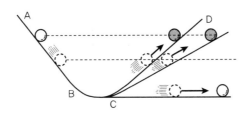

그림 5.5 갈릴레이의 사고 실험

3. 갈릴레이와 지동설

갈릴레이의 친구인 바르베리니(Maffeo Barberini, 1568~1644) 추기경이 1623년 교황 우르반 8세(Urbanus VIII)로 즉위하자 갈릴레이는 그를 설득해서 「프톨레마이오스-코페르니쿠스 두 개의 주요 우주 체계에 대한 대화(Dialogue on the Two Chief World Systems)」라는 제목의 책을 출간할 수 있도록 허락받았다. 그 제목에서 책의 형식을 짐작할 수 있듯이 대화 형식으로 전개되는 「프톨레마이오스-코페르니쿠스 두 개의 주요 우주 체계에 대한 대화」에 등장하는 주인공은 세 사람이다. 코페르니쿠스의 지동설을 지지하는 철학자인 살비아티(Salviati), 아리스토텔레스의 천동설을 고집하는 인물인 심플리치오(Simplicio) 그리고 그 둘의 대화를 이끌어 나가는 사회자 역할을 하는 시민인 사그레도(Sagredo)이다.

갈릴레이의 저서가 발간되었다는 사실을 알게 된 신부 샤이너는 교황에게 책에 등장하는 주인공들이 상징하는 바와 책의 내용을 상세히 설명하자, 이에 교황 우르반 8세도 반감을 드러내게 되면서 이 책의 논란은 확대되기 시작하였다. 책 발간을 앞두고 갈릴레이가 교황에게서 '코페르니쿠스의 우주론을 단지 가설 정도로만 수용하라'는 조언과 경고를 무시했다는 이유로 교황청의 반감은 마침내 1633년 6월, 갈릴레이를 종교재판에 회부시켜 유죄

선고를 받게 만들었다. 이에 재판관들은 갈릴레이에게 자신의 이론을 철회하고, 죄와 오류를 고백하면 용서해 주겠다고 하자 그는 결국 지동설을 옹호하지 말라는 서약을 강요받았다. 서약의 내용은 다음과 같다.

첫째, 태양이 세계의 중심에 있어 움직이지 않는다는 명제는 불합리하며, 철학적으로 틀렸고 성서에 명백히 위배되므로 형식상으로 이단이다.

둘째, 지구가 세계의 중심이 아니고 부동이 아니며, 운동한다고 하는 명제도 불합리하고 신학적으로는 신앙에 위배된다고 간주한다.

종교재판 이후 갈릴레이는 가택 연금 상태로 여생을 보냈는데, 말년에는 대부분 망원경을 이용한 태양 관측에 많은 시간을 보내게 되면서 실명의 고통을 겪게 되고 말았다. 그의 곁에는 갈릴레이의 제자인 이탈리아의 물리학자이자 수학자인 비비아니(Vincenzo Viviani, 1622~1703)가 연구를 도우면서 스승 갈릴레이의 보호자 역할을 하고 있었다. 이후 1636년 갈릴레이는 「두 개의 신과학에 관한 수학적 논증과 증명(Discourses and Methmetical Demonstrations Relating to Two New Science)」을 완성했으며, 1638년 네덜란드 라이덴(Leiden)에서 자신의 저술을 출간했다. 중세와 근대 과도기의 과학이 공존하던 시대 속에서 위대하고 훌륭한 과학자 갈릴레이가 세상을 떠나는 1642년에 영국에서는 갈릴레이 이후의 과학을 이끌어 나갈 뉴턴(Isaac Newton)이 태어났다.

5.3 요하네스 케플러와 그의 법칙 3가지

1. 케플러의 생애와 업적

술주정꾼인 하인리히(Heinrich Kepler)와 약초 등을 이용한 민간요법의 치유력을 맹신한다는 이유로 감옥에 갇혔던 캐서린(Catherine Kepler) 사이에서 독일의 천문학자 케플러(Johannes Kepler, 1571~1630)가 태어났다. 이후 케플러의 아버지 하인리히는 전투를 위해 네덜란드로 떠나자 어머니도 남편의 뒤를 따라가게 되면서 자식들을 돌보아 줄 수 없었기에 케플러는 불우한 환경에서 유년시절을 보낼 수 밖에 없었다. 한때 귀족이었으며 부유한 상인이었던 할아버지와 지내는 동안 케플러는 천연두에 걸려 시력이 급격히 악화되어서 학습을 배우고 익히는 데에 남들보다 많은 시간과 노력을 쏟아야만 했다.

그림 5.6 케플러

케플러는 어려서 월식과 혜성과 같은 현상들을 관찰했던 기회 덕분에 천문학에 많은 관심이 있었지만, 성직자가 되고자 하는 마음에 신학교에 입학하기로 결심했다. 시력장애와 허약한 체력이었음에도 불구하고 그의 학업 성적은 출중했기에 튀빙겐(Tübingen) 대학교에 입학할 수 있었고, 그곳에서 케플러는 수학, 물리학, 천문학 등을 공부했다.

1596년 케플러는 태양을 중심으로 하는 수성, 금성, 지구, 화성, 목성 그리고 토성 총 6개 행성들의 움직임에 대한 설명을 「우주의 신비(The Cosmographic Mystery)」라는 자신의 대표적 저술에 기록했다. 이후 케플러는 덴마크의 천문학자인 브라헤(Tyco Brahe)의 제자가 되어 천문학에 대한 연구를 계속해서 수행했다. 다행스럽게도 케플러는 브라헤의 임종 때 스승의 천문 관측 자료들을 인계 받았는데, 이는 '육안으로 가장 정밀한 관측을 한 천문학자'인 브라헤가 16년 동안 관측·수집한 것들이었다. 이를 계기로 케플러는 지동설의 확립을 앞당기는 데에 커다란 공헌을 할 수 있었다.

2. 케플러의 법칙

케플러는 스승 브라헤로부터 받은 행성의 운동에 관한 관측 기록들을 분석하는 데에만 수년이 걸렸다고 한다. 그러던 중 케플러는 자료 분석 결과 몇 가지 규칙을 발견했다. 이를 '케플러의 법칙(Kepler's Law)'이라 하며, 1609년 그의 저서 「신천문학(The New Astronomy)」에 케플러 제1법칙과 제2법칙이, 10년 후인 1619년 저서 「세계의 조화(The Harmony of the World)」에 제3법칙이 수록되어 있다. 바로 이 법칙들은 후세의 과학사에 등장하는 뉴턴(Isaac Newton, 1642~1727)이 '만유인력의 법칙'을 발견하는 데 결정적인 근간이 되었다.

1) 케플러 제1법칙, 타원궤도의 법칙

제1법칙은 '모든 행성의 궤도는 태양을 하나의 초점에 두는 타원궤도를 그린다'이다. 케플러는 행성들은 원운동을 하는 것이 아니라 태양을 하나의 초점으로 하는 타원궤도를 따라 돌고 있다는 것을 주장했다. 그러나 태양을 중심으로 회전하는 행성들의 궤도가 타원형이지만 수성과 명왕성을 제외하고는 거의 원형에 기까울 정도의 낮은 이심률을 나타내고 있다.

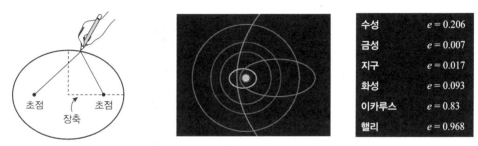

| 그림 5.7 타원 그리는 방법 | 그림 5.8 각 행성의 타원 공전궤도(좌)와 이심률(우) |

2) 케플러의 제2법칙, 면적-속도 일정의 법칙

제2법칙은 '행성과 태양을 연결하는 동경(動徑)은 같은 시간에 같은 넓이를 휩쓸며 지난다'이다. 이는 행성이 태양에 가까운 근일점을 통과할 때 공전 속도가 가장 빨라지고, 태양에서 먼 원일점일 때 가장 느려진다는 것을 의미한다.

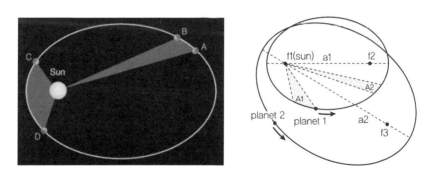

그림 5.9 면적-속도 일정의 법칙

3) 케플러의 제3법칙, 조화의 법칙

제3법칙은 '태양으로부터 가까이에 위치한 행성에 비하여 멀리 위치한 행성일수록 공전

속도가 느려지고, 공전 주기도 길어진다'이다. 이를 근거로 태양으로부터 행성들의 거리를 측정할 수 있으므로 '행성의 공전 주기(T)의 제곱은 궤도 장반경(R)의 세제곱에 비례'한다. 이는 관측 가능한 모든 행성에 보편적으로 적용되는 규칙성이 있기 때문에 조화의 법칙이라고 한다. 이를 수식으로 표현하면 다음과 같다.

$$\frac{T^2}{R^3} = k(일정) \rightarrow T^2 = kR^3$$

$(T: 공전주기, \ R: 궤도 장반경, \ k: 기울기)$

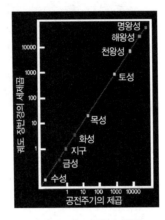

그림 5.10 조화의 법칙

5.4 피에르 페르마의 마지막 정리

1. 페르마의 생애와 업적

그림 5.11 페르마

프랑스 남부 툴루즈(Toulouse) 부근에서 태어난 페르마(Pierre de Fermat, 1601~1665)는 부유한 폴란드 출신의 아버지와 어머니 덕분에 어려서부터 부잣집 자녀들만 받는 고급 교육을 받을 수 있었다. 하지만 페르마는 초등 산수 외에는 수학에 대한 그 이상의 어떠한 교육도 받지 않았고, 단지 고대 그리스의 수학자 디오판토스(Diophantos)의 「산수론(Arithmetica)」을 읽고 수학에 많은 관심을 보일 뿐이었다. 대학에 입학하여 법학을 공부해 변호사가 된 후 여전히 수학에 많은 관심을 가졌던 페르마는 시간날 때마다 수학을 연구할 수 있었다. 전문적인 수학 교육을 받지 않았기에 페르마는 자신을 '아마추어 수학자'라고 생각했으므로 연구 도중 자신이 발견한 수학에 관한 내용을 주위 동료들과 서신을 통해 교환할 뿐 공개하지는 않았다. 또한 그는 증명방법의 풀이를 기록하지 않았고, 연구 결론으로 얻은 정리(定理)만을 기록했던 습관이 있었다. 이는 후대 수학자에게 증명방법의 풀이과정을 해결해내야 하는 많은 과제를 남겨주게 되었고, 결국 수학 발전에 큰 영향을 끼쳤다.

17세기 최고의 수학자이자 근대 정수 이론 및 확률론의 창시자로 알려진 페르마의 대표적 연구 분야는 미적분(Calculus)이며, 좌표기하학을 확립하는 데에도 크게 기여하였다. 이는 주로 호의 길이, 곡면의 반경이나 면적을 구하는 데에 사용되고, 무한소(無限少) 문제를 해결하기 위한 방법으로서 연속 곡선에 접선을 그어서 극치(極値)의 문제로 풀어나갔다. 이후 '미적분의 창시자'로 잘 알려진 영국의 뉴턴(Isaac Newton)과 독일의 라이프니츠(Gottfried Wilhelm von Leibniz, 1646~1716) 시대 이전에 등장했다는 점에서 페르마의 미적분 분야의 업적은 기념할 만하다. 나아가서 미적분과 관련지어 극댓값(relative maximum)과 극솟값(relative minimum)을 결정하는 방법을 알아냈으며, 이를 광학에 응용한 것이 '페르마의 원리'이다. 기하학 분야에서는 평면인 2차원 공간을 취급한 데카르트(René Descartes, 1596~1650)와는 달리 페르마는 3차원 공간을 취급하였을 뿐만 아니라 파스칼(Blaise Pascal, 1623~1662)과 함께 수학의 확률론 분야의 창시자로도 잘 알려져 있다.

2. 페르마의 마지막 정리

디오판토스(Diophantos)의 「산수론(Arithmetica)」을 읽고 많은 흥미를 가졌던 페르마의 가장 두드러진 활동 분야는 정수론인데, 이는 '페르마형 소수'에서부터 '페르마의 대정리' 또는 '페르마의 마지막 정리(Fermat's Last Theorum)'에 이르기까지 그의 수학자적 기질은 후세의 정수론 연구에 큰 획을 그었다고 해도 과언이 아니다.

'페르마형 소수'란 2, $2^2 = 4$, $4^2 = 16$, $16^2 = 256$, $256^2 = 65536$, $65536^2 = 4294967296$, …

로 이어지는 수들에 각각 1을 더한 수, 즉 3, 5, 17, 257, 65537, 4294967297, … 등의 수를 말한다. 이를 식으로 표현한 $F(n) = 2^{2^n} + 1$은 소수이며, 가령 $F(0) = 2^1 + 1 = 3$, $F(1) = 2^2 + 1 = 5$, $F(2) = 2^4 + 1 = 17$, $F(3) = 2^8 + 1 = 257$, … 등이 된다. 당시 페르마는 "이들 수가 모두 소수임을 확신한다"고 주장했지만, 페르마의 수 가운데 최초의 5개는 소수였고, 그 이후의 페르마의 소수는 소수가 아니었다고 한다.

1621년 프랑스의 수학자 클로드 바셰(Claude Gaspar Bachet, 1581~1638)가 라틴어로 번역한 디오판토스의 「산수론」에서는 피타고라스의 정리인 $x^2 + y^2 = z^2$에 대해 다루고 있는데, 디오판토스는 '피타고라스의 정리에 부합한 숫자는 단지 3, 4, 5만이 아니며, 피타고라스의 정리 $x^2 + y^2 = z^2$의 x, y, z에 해당되는 정수들은 무한하다'고 기록하였다.

피타고라스 이후 많은 수학자들은 '$x^2 + y^2 = z^2$에서 세제곱 이상이나 4항 이상의 경우에서도 무수히 많은 정수의 쌍을 만들 수 있을 것이다'라고 추측했다. 페르마도 피타고라스의 세 수에 대해 생각하던 중, 만일 제곱수 대신 세제곱수를 적용하면 어떻게 될 것인지에 많은 관심을 갖게 되었다. 하지만 여러 차례의 시도에도 불구하고 이렇다 할 어떠한 성과도 거두지 못했던 페르마는 실패한 데에는 분명한 이유가 있을 것이라고 결론지었다. 그는 가지고 있던 이 책의 제2권 제8장의 빈 곳에 수학 역사상 가장 유명한 내용의 메모, '하나의 세제곱을 세제곱 둘의 합으로, 하나의 네제곱을 네제곱 둘의 합으로 분해하는 것, 즉 일반적으로 두제곱보다 높은 어떤 제곱을 같은 차수의 두 개의 수로 분해하는 것은 불가능하다. 나는 경이적인 방법으로 이 정리를 증명했으나 이 책의 여백이 너무 좁아 여기에 쓰지 않겠다'를 휘갈겨 썼다. 페르마는 이 책의 각 여백에 48개 정도의 메모를 남겼는데, 그중 1813년까지 47개가 증명되었고, 이 문제만 마지막까지 해결되지 않은 채 남아 있었기에 '페르마의 마지막 정리'라고 불리게 되었다. 그 내용을 식으로 표현하면 '$x^n + y^n = z^n$에서 n이 3이상의 정수인 경우 이 관계를 만족시키는 자연수 x, y, z는 존재하지 않는다'는 부정방정식이다.

이 문제는 이해하기가 매우 쉬워 수많은 수학자들이 그의 말을 증명하기 위해 매달렸지만 이 놀라운 증명을 아무도 찾아낼 수 없었기 때문에 전문가들은 대부분 페르마가 무슨 생각을 하고 있었든 그 생각에는 어떤 오류가 포함되어 있었을 것이라고 믿었다. $n = 2$일 경우에는 피타고라스의 정리인 $x^2 + y^2 = z^2$이 되어 이 식을 만족시키는 자연수 x, y와 그에 따른 z는 무수히 존재하지만, $n = 3$인 경우는 이 가설이 참임을 오일러(Leonard Euler, 1707~1783)가 증명하였고, $n = 4$일 경우는 페르마가 직접 증명하였다. 그 후에도 뛰어난 여러 수학자들이 해결하려고 노력하였지만, 페르마가 '모든 n에 대해 옳았다'는 증명이 제

그림 5.12 가우스

시되지는 않았다. 이 외에도 역사상 3대 수학자 중 한 인물인 독일의 가우스(Carl Friedrich Gauss, 1777~1855)는 "그런 풀지 못할 정리는 나도 낼 수 있다"며 거들떠 보지도 않았다고 전한다. 사실 정답을 찾아내기란 요원해 보였다. 페르마 이후 무려 350년 이상 많은 수학자들이 관심을 가지고 꾸준히 연구했음에도 불구하고 그 해답을 찾아내지는 못했다. 하지만 이를 해결하려는 이들의 피나는 도전으로 중요한 이론이 파생 및 전개되어 정수론에 큰 진보를 가져왔기 때문에 그런 의미에서 '페르마의 마지막 정리'는 대단한 의미가 있다.

하지만 페르마의 마지막 정리에 새로운 바람이 불게 되었다. 독일 사업가이자 아마추어 수학 애호가였던 볼프스켈(Paul Friedrich Wolfskehl, 1856~1906)은 실연의 슬픔을 이기지 못해 자살을 결심하고 자살 시한을 정했다. 자정에 총으로 자결하기로 마음먹고 남은 시간 동안 수학 서적들을 읽어 내려가던 그는 한 수학자 에른스트 쿠머(Ernst Kummer, 1810~1893)의 논문에 대해 허점을 발견하고서 이것저것을 연구하였다. 그러던 중 볼프스켈은 다른 방법으로 증명을 전개하기 시작해서 이를 완성할 즈음은 이미 자살 예정 시각이 한참 지나 동이 트고 있었다. 결국 그 논문의 논리를 보완해 낸 볼프스켈의 실연의 슬픔은 사라지게 되었다. 그는 새로운 삶의 의미를 수학에 의해 찾게 된 것이었다. 의도한 바는 아니었지만 페르마의 마지막 정리 덕분에 목숨을 건진 볼프스켈은 '페르마의 마지막 정리를 증명한 사람에게 내 재산의 대부분을 기부하겠다'는 커다란 결심을 했고, 이는 '볼프스켈 상(Wolfskel Prize)'이라 정식 명명되었다. 이로 인해 페르마의 마지막 정리는 다시 한 번 커다란 인기를 얻게 되었다.

그러던 중 미국 프린스턴 대학의 교수가 된 앤드류 와일즈(Andrew John Wiles, 1953~현재)는 한동안 잊고 있던 페르마의 마지막 정리를 아직 어느 누구도 풀지 못했다는 소식을 우연히 접하게 되자 그는 이 문제에 대한 본격적인 도전에 나서기로 결심했다. 와일즈는 이 문제를 해결하기 위하여 다른 사람들과 의견을 교환하게 된다면, 그의 풀이과정이 외부로 유출될 것을 염려하여 다른 수학자들과의 교류를 최소로 자제하면서 약 7년 동안 연구를 위해 은둔생활을 했다고 전해진다. 1995년 3월 마침내 와일즈의 은둔생활은 끝이 보였다. 그가 증명방법을 찾아냈던 것이다. 1995년 5월 증명 과정이 「수학연보(Annals of Mathematics)」에 발표됨으로써 페르마의 가설이 등장한지 무려 357년 만에 '참'임이 세계에 증명되었던 것이다.

5.5 블레이즈 파스칼의 삼각형

1. 파스칼의 생애 및 업적

1623년 프랑스 법관의 집안에서 태어난 파스칼(Blaise Pascal, 1623~1662)은 수학에 많은 관심을 가졌던 아버지 덕분에 어려서부터 수학에 비상한 재능을 보였고, 그의 아버지는 이런 파스칼의 능력을 알아차렸다. 파스칼이 허약했기에 그의 아버지는 아들의 교육에 매우 신중했고, 너무 이른 시기에 기성 지식을 채워 넣는 것은 바람직하지 않다고 판단했다. 파스칼의 아버지는 아들의 눈을 자연에서 발생하는 여러 현상으로 돌리기에 힘썼으며, 당시 이름 있는 학자들을 자신의 집으로 초청하여 어린 파스칼과 과학 토론을 즐겨할 수 있는 환경을 만들고자 노력하였다. 아버지의 이와 같은 적절한 교육 방침으로 인하여 파스칼은 성장하면서 모든 현상에 더욱 많은 흥미를 드러내었다. 기존 기하학 분야의 학습을 받지 않았던 파스칼은 12세가 되던 해에 '삼각형 내각(內角)의 합이 180°'라는 것을 스스로 알아내어 아버지를 놀라게 하기도 했다. 이 일로 파스칼의 아버지는 아들 파스칼에게 유클리드의 「원론」으로 수학 공부를 계속하도록 격려하였다. 이는 수학자로서 파스칼 업적의 서막

그림 5.13 파스칼

에 불과한 것이었다. 이후 그의 수학적 성취는 실로 놀라웠다.

파스칼은 16세에 원추곡선(cone sections; 꼭짓점을 지날 때는 제외하고 원추를 평면으로 자를 경우에 형성되는 곡선들)을 연구하는 데에 열중하였다. 그는 그 결과를 소논문에서 발표하였으며, 나아가서 이를 응용하여 계산기를 발명하게 되었다. 하지만 지나친 체력소모로 인하여 파스칼은 더욱 약해지기 시작했다.

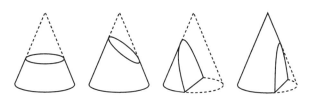

그림 5.14 원추곡선의 예: 원, 타원, 포물선, 쌍곡선(좌 → 우 순서)

우리에게 수학자보다는 「팡세(Pensées)」의 저자이자 '인간은 생각하는 갈대'라는 유명한 말을 남긴 철학자로 더 잘 알려진 파스칼은 '수학사에서 가장 위대한 인물이 될 뻔한 사람'이라는 평가를 받는다. 그가 '위대한 인물'이 아닌 '위대한 인물이 될 뻔한 사람'이라고 불리는 이유는 다름 아닌 이른 나이에 파스칼을 죽음으로 몰고 가는 그의 시원치 않은 건강과 광적인 종교적 명상 때문이라고 한다.

어려서부터 허약했던 파스칼이 유독 심하게 고통당했던 이유는 치통과 두통 때문이었다. 종교적 명상에 심취했던 그는 한동안 수학 연구를 중단하기도 했는데, 이후 유체의 압력에 관한 여러 실험을 행하였으며, 페르마와 서신 왕래를 통하여 확률의 수학적 이론의 기초를 세우는 데 노력했다. 중단했었던 수학을 다시 연구하기 시작할 무렵인 1654년 파스칼은 자신이 타고 있던 마차에서 말의 고삐가 풀린 사고를 겪게 되었다. 다행히 기적적으로 목숨을 건지기는 했으나, 평소 종교적 명상에 집착하여 신비주의적 기질을 지녔던 파스칼은 마차

그림 5.15 파스칼이 고안해낸 최초의 계산기

사고를 '수학 연구에서 손을 떼라'는 신의 경고로 받아들였고, 이 일을 기점으로 파스칼은 신학에 열중하였다. 그의 나이 17살 때부터 죽을 때까지 고통 없이 보낸 날이 단 하루도 없었다고 할 정도로 몸이 약했던 걸 보면 수학보다 종교적 명상에 더 치우치는 것이 당연한 일일지도 모르겠다.

1658년 즈음에는 끊임없는 두통 때문에 거의 잠을 이루지 못할 정도였으며, 마침내 1662년 8월 19일, 그의 고통에 찬 생애는 위의 종양이 뇌로 전이되어 세상과의 인연을 끝내고 말았다. 평소 종이와 연필조차 사용하기 힘들어서 종이 대신 자신의 손톱을, 연필 대신 바늘을 이용하여 글을 썼다고 하니 그의 고통이 얼마나 심했는지 가히 짐작할 만하다. 이렇게 우여곡절 끝에 집필한 것이 사후에 출판된 그의 대표적 저서 「팡세(Pensées)」이다.

2. 파스칼의 삼각형

13세 때 파스칼은 '파스칼의 삼각형(Pascal's Triangle)'이라고 알려진 '수의 피라미드'를 발견하였는데, 여기에서 삼각형의 각 행을 주의 깊게 들여다보면 여러 흥미로운 특징을 찾아볼 수 있다. 그중 하나를 예로 들어보면(그림 5.16), 가로로 배열된 각 행의 수를 모두 합

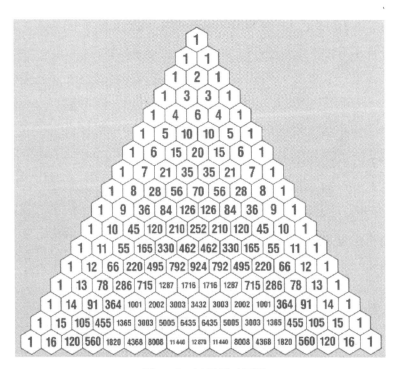

그림 5.16 파스칼의 삼각형

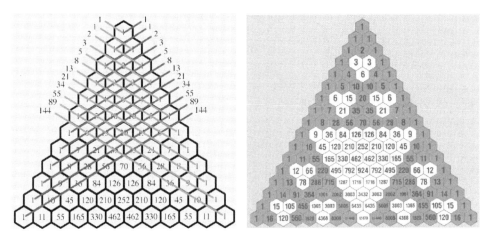

그림 5.17 파스칼의 삼각형에 숨은 피보나치 수열(좌)과 프랙탈(우)

하여 나열한 것이 1, 2, 4, 8, 16, …이 된다는 것이다. 이런 규칙을 이용하면 파스칼의 삼각형을 얼마든지 아래로 길게 만들어낼 수 있다. 이 외에도 여러 특징들이 있다는 것을 알 수 있을 것이다. 대표적인 특징은 다음과 같다.

① 모든 행의 양 끝에 위치한 숫자는 1이다.
② 정규분포가 종(bell)모양을 이루고 있는 것과 같이 각 행의 중앙항을 중심으로 좌우 대칭을 형성하며, 최대 계수는 중앙항의 계수이다.
③ 위층의 연속하는 두 숫자의 합이 아래층의 가운데 위치한 숫자와 같다.

3. 파스칼의 사이클로이드

중단했던 수학 연구에 다시 관심을 보이던 무렵 마차 사고를 계기로 수학에서 손을 뗀 이후 파스칼은 생을 마감하는 순간까지 단 한 차례 수학자의 모습으로 잠시 돌아오는 시기가 있었다. 종교를 통한 인간 구원에 많은 열정을 쏟았던 그가 지독한 치통을 견디면서 밤잠을 이루지 못했던 것이 수학 연구의 발단이 되었던 것이다. 1658년 어느 날 밤, 파스칼은 극심한 치통을 견디기 위한 방편으로 사이클로이드(Cycloid)를 떠올리게 되었는데, 당시 자신이 열중하던 종교적 작업을 접어두고 사이클로이드 문제에 몰두하게 된 것도 하늘의 뜻이라고 여겼던 것이다. 이에 대한 연구는 약 8일 동안 계속되었고, 마침내 사이클로이드에 관한 많은 중요한 문제를 푸는 데 성공하였다. 아이러니하게도 치통이 수학의 한 분야 발전의 원인이 된 셈이다.

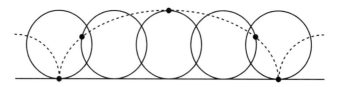

그림 5.18 사이클로이드 곡선을 그리는 방법

사이클로이드란 '적당한 반지름을 갖는 원 위에 한 점을 찍고, 그 원을 한 직선 위에서 굴렸을 때 점이 그리며 나아가는 곡선'이다. 사실 초기 미분적분학 개발에 큰 도움이 되었던 이 곡선에 관심을 보인 최초의 인물 갈릴레이는 그것을 다리의 아치에 이용되도록 추천한 바 있다. 갈릴레이는 원이 굴러가면서 그린 곡선을 '사이클로이드'라고 불렀으며, 이후 수학자들은 '원이 한 바퀴 돌 때 그려지는 사이클로이드의 길이는 원의 반경의 8배'라는 것과 '사이클로이드에 의해 둘러싸인 면적은 원 면적의 3배'라는 사실을 발견했다.

그림 5.19는 출발점(A)과 목표점(B)이 같은 각도 45°를 이루고 있는 최단 거리인 직선과 사이클로이드를 비교하고 있다. 얼핏 보기에도 직선에 비하여 사이클로이드 곡선이 더 긴 거리를 그리고 있지만, 이 곡선을 이용하여 움직일 때의 속도는 오히려 더 빠르다는 것이다. 그런 이유로 이를 '최단 강하곡선'이라고도 한다. 가령 공이 직선인 최단거리를 지나가는 시간보다 사이클로이드 곡선을 지나가는 시간이 훨씬 빠르다. 또한 물방울이 떨어질 때 직선 경사면보다 사이클로이드 곡선 위에서 더 빨리 흘러내린다. 이는 사이클로이드 면이 가장 크게 중력가속도를 받을 수 있기 때문이므로 가장 빠른 속력의 증가가 발생하게 된다. 이를 이용한 예는 한국의 기와지붕의 처마에서도 찾아볼 수 있다.

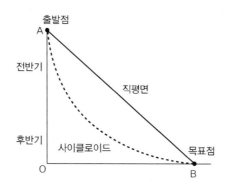

그림 5.19 출발점–목표점을 잇는 최단 거리인 직평면과 사이클로이드

4. 파스칼의 확률론

파스칼의 천재성은 수학의 또 다른 분야인 확률에 관한 연구에서 두드러졌다. 그가 평소 알고 지내던 드 메레(Chevalier de Mérée)는 수학에 상당한 소양을 가지고 있었지만, 도박을 직업으로 일삼고 도박판에서 많은 돈을 벌어들었다. 1654년 드 메레는 파스칼에게 자신이 고심하고 있는 '두 가지 도박 문제를 해결해 달라'는 내용의 편지를 보냈는데, 그중 한 문제는 '분배'에 관한 내용이었다. 가령 '다섯 번을 먼저 이기는 사람이 판돈을 모두 가지기로 하는 도박판에서 4 : 3의 상황일 때 부득이 도박을 중단해야 한다면 판돈의 분배는 어떻게 해야 하는가?'하는 문제였다. '도박이 중단되었으므로 판돈을 똑같이 분배해야 한다', '네 번 이긴 사람이 세 번 이긴 사람보다 더 많은 판돈을 가져야 한다' 또는 '앞으로 한 번 더 이기거나 두 번 더 이기면 되므로 2 : 1로 나누자'라는 등의 생각을 할 수도 있을 것이다. 하지만 이 문제에서는 '누가 얼마나 더 많이 가져야 하는가?'가 드 메레의 고민거리였던 것이다. 여러분도 한번 생각해보길 바란다.

파스칼도 이 문제에 대해서 상당히 오랜 기간 고민했으며, 당시 유명한 수학자인 페르마와 서신 교환을 통해서 분배의 문제에 관한 해결 방법을 논의하였다. 그러던 어느 날 페르마가 문제 해결책을 파스칼에게 보냈는데, 페르마가 제안한 방법이 파스칼에게는 무척 까다로웠다. 다른 방법을 모색해야 했던 파스칼은 마침내 수형도(tree daigram)[3]를 이용한 명쾌한 풀이를 발견하게 되었고, 문제의 답은 '3 : 1로 나누는 것'이었다. 우여곡절 끝에 분배와 득점에 관한 문제 해답을 찾던 과정에서 '확률'에 대한 수학적인 이론이 본격적으로 전개되기 시작했다.

이 분야는 우연한 상황에 적용시킬 수 있는 합리적 규칙을 확립해야 하므로 비실용적인 것과는 판이하게 다르다. 프랑스의 수학자 라플라스(Pierre Samon de Laplace, 1749∼1827)는 "수학의 한 분야로 자리 잡은 확률론이 비록 도박의 판돈 분배 문제에서 시작되었다 하더라도 이는 인간 지식의 가장 중요한 분야 중 하나로 승화되었다"고 말한 바 있다.

안타깝게도 만약 파스칼이 건강했다면, 그가 종교에 심취하기 보다는 수학적 재능을 훨씬 더 발전시켜 수학자의 모습으로 살았을 것이다. 하지만 그는 육체의 고통조차도 하늘의 뜻으로 받아들여서 오히려 자신을 더한 고통으로 몰고 가기 위한 방법들을 생각해냈다. 1662년 8월 죽는 순간까지도 못이 박힌 가죽끈을 허리에 두르고, 단식을 하며 육체의 고통을 가중시켰다.

---

3) 점과 선으로만 연결되어 있고 단일폐곡선이 없는 도형으로 경우의 수를 구할 때 주로 사용된다. 어떤 사건이 일어나는 모든 경우를 나무에서 가지가 나누어지는 것과 같은 모양으로 나타낸 그림이다.

5.6 그 외 학자들

1. 티코 브라헤와 신우주설

1) 티코 브라헤의 생애

그림 5.20 티코 브라헤

덴마크 귀족이자 영주인 아버지와 덴마크 유력 가문의 출신인 어머니 사이에서 태어난 티코 브라헤(Tycho Brahe, 1546~1601)는 쌍둥이로 태어났다. 평소 티코 브라헤의 아버지는 자녀가 없던 형 요에르겐 브라헤(Joergen Brahe)에게 자신의 아이들 중 하나를 양자로 주기로 약속했는데, 티코 브라헤의 부모는 티코의 쌍둥이 형이 어려서 세례를 받기도 전 사망하는 바람에 이 약속을 지키지 않았다. 결국 요에르겐 브라헤는 조카인 티코를 납치하게 되면서 티코는 유년시절을 자녀가 없던 큰아버지의 손에서 자라났다. 이후 티코 브라헤의 부모는 몇 명의 아이를 더 낳았으므로 그들은 티코가 큰 아버지 요에르겐 브라헤의 양자로 입양되는 것을 인정하게 되었던 것이다.

당시 귀족들은 자녀들이 사회의 상층부나 지도층을 차지할 목적으로 자녀 교육에 힘쓰듯이 요에르겐도 자신의 귀족 지위를 조카 티코에게 물려주기 위해서 코펜하겐(Copenhagen) 대학 입학을 목표로 하여 티코가 13세가 될 즈음 라틴어 교육부터 힘쓰기 시작했다. 티코는 큰 아버지의 원하는 바에 따라 코펜하겐 대학에 철학, 라이프치히(Leipzig) 대학에서 법학 그리고 아우구스부르크(Augsburg) 대학에서 화학을 각각 공부하게 되었다. 하지만 1560년 당시 예측 되어 있던 일식을 관측한 후, 대학 수업에는 별 다른 호기심을 보이지 않던 티코는 오로지 천문학에 더 많은 열정과 관심을 가지게 되었고, 결국 대부분의 시간을 천문학과 수학 공부에 할애했다. 티코 브라헤는 자신의 사비를 들여서 천체 관측용 장비들과 책

그림 5.21 티코 브라헤가 태어난 성

을 구입하였으며, 매일 밤하늘을 관측하였다. 그럴수록 그의 천문학에 대한 열정과 지식은 법학에 대한 열정과 지식을 능가하였다. 이런 티코가 큰 아버지 요에르겐의 마음에 들 리가 없었다.

귀족 출신 과학자 티코 브라헤는 매우 오만했지만 과학을 대하는 자세는 무척 성실했다. 좋은 시력 덕분에 그는 망원경이 아니라 맨눈으로 관측을 했지만 그 정확도는 아주 정밀했다고 한다. 매일 밤하늘의 여러 천체들을 관측할 때마다 그의 옆에는 여동생 소피아 브라헤(Sophia Brahe, 1556~1643)가 관측 결과를 기록하면서 상당 부분 도움을 주었다. 이런 기록들은 후에 티코 브라헤의 제자인 케플러가 '지동설'을 주장하는 바탕이 되기도 한다.

티코 브라헤에 대한 잘 알려진 유명한 일화가 하나 있다. 대학생 시절에 그의 동료와 수학 실력의 우위를 가리기 위해 검으로 결투를 하던 중 티코 브라헤의 코끝이 잘린 사건이 발생했는데, 그로 인해 그는 항상 얼굴에 마스크를 쓰고 다녀야 했다.

한편 양아버지이자 큰 아버지인 요에르겐 브라헤가 전투에서 덴마크 왕 프레데릭 2세(Frederik II, 1534~1588)를 구하고 난 뒤 폐렴으로 사망했다는 소식을 들은 티코 브라헤는 독일과 이탈리아 등지에서 하고 있던 공부를 마치고 덴마크로 돌아왔다. 그 후 프레데릭 2세의 후원으로 작은 벤(Hven)섬에 '하늘의 도시'라는 뜻을 가진 '우라니보르그 천문대(Uraniborg Observatory)'가 설립되었는데, 당시 최고의 관측기기와 인쇄소 시설까지 갖추었다고 한다. 그곳에서 티코는 항성과 행성의 위치 관측에만 전념할 수 있었다. 하지만 프레데릭 2세가 죽은 후, 덴마크의 새 국왕 크리스티안 4세(Christian IV)는 천문학에 관심이 없었기에 티코에게 그다지 호의적이지 않았고, 1599년에 그는 신성 로마 제국 황제 루돌프 2세의 초청으로 벤 섬을 떠나 프라하로 이주하여 그곳에서 생을 마감했다.

그림 5.22 우라니보르그

사람들은 티코 브라헤의 죽음을 요독증 혹은 방광 파열로 추정하고 있었다. 제자 케플러에 의하면 당시 파티 도중에 화장실에 가는 것은 예의에 벗어나는 것이었기 때문에 파티에 자주 참석했던 티코는 화장실 가는 것을 너무 오래 참아서 정신이상을 일으키기도 했으며, 이로 인해 요독증으로 사망했다고 전했다. 이외에도 그의 죽음에 대하여 수은중독이 그 원인이었다고 추정하기도 한다. 이는 아마도 티코 브라헤가 연금술에 많은 관심이 있었기에 실험 도중 중금속을 맛보았을 가능성 때문이기도 하며, 그의 잘려나간 코를 가리기 위한 마스크에서 중금속 물질이 나왔을 가능성 때문이기도 하다는 것이다.

2) 티코 브라헤와 아리스토텔레스

티코는 망원경이 발명되기 전 육안으로 천체를 정밀하게 관측한 최고의 관측 천문학자였다. 특히 1572년에 카시오페이아 자리에 등장한 초신성(supernova)에 대한 관측으로 유명한데, 그는 이를 '티코의 초신성(Tycho's Supernova, SN1572)'이라 불렀고, 이에 관한 내용을 그의 저서 「신성에 대하여(De Nova Stella)」에 담았다. 일생을 다하고 생을 마감하는 별의 마지막 순간에 엄청나게 밝은 빛 에너지가 발생되는데, 마치 이 모습이 새로운 별의 탄생처럼 보이기 때문에 '초신성'이라고 한다. 초신성은 폭발 당시 잔해물을 형성하며, 이들은 수백 년 동안 빛을 발한다. 티코는 초신성 관측에 대한 장면을 '금성보다 더 밝아서 낮 동안에도 육안으로 볼 수 있었다'고 기록했는데, 그 밝기는 점차 빛을 잃고 1574년에 사라졌다. 무려 16개월 동안 그 잔해물이 관측되었던 것이다.

그런데 그로부터 약 450년 후 2008년 독일의 막스 플랑크 전파천문학 연구소(Max Planck Institute for Radio Astronomy)에 의해 티코의 초신성 잔해물(Tycho's Supernova Remnant)이 다시 발견되었는데, 이는 초신성 잔해물에서 방출되는 X선이 우주 공간에 반사되었다가

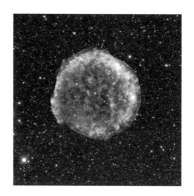

그림 5.23 티코의 초신성

다시 지구에 도달했기 때문으로 판단되었다.

'천상계는 불변하다'는 아리스토텔레스의 우주관이 지배적이었던 당시에 티코 브라헤의 초신성 관측은 동요를 일으키기에 충분했다. 달 위 천상의 세계에 있는 흰색의 별빛이 점차 노란색과 붉은색으로 변한다는 것과 별이 생각보다 훨씬 멀리에 위치한다는 것이 사실로 드러났기 때문이다. 또한 혜성은 달 아래의 지상계에서 일어나는 현상이라 여겼던 아리스토텔레스의 우주관과 달리 1577년 티코는 혜성이 지구의 대기에서 일어나는 단순한 기상 현상이 아니라는 사실 뿐만 아니라 혜성은 지구에서 훨씬 먼 천상계에서 타원을 그리며 움직이고 있는 하나의 천체라는 사실을 밝혀냈다.

3) 티코 브라헤와 케플러

케플러를 제자로 삼았던 그 이듬해 티코 브라헤는 자신의 죽음을 앞두고 일평생 밤하늘을 관측했던 방대한 자료들을 케플러에게 넘겨주었다. 스승의 명성에 결코 부족함이 없는 제자 케플러였기에 티코의 관측 자료들은 이후 천문학에 커다란 기여를 하게 되는데, 그것들이 바로 지동설을 주장할 수 있었던 '케플러의 법칙'으로 탄생하였던 것이다. 비록 지구중심설을 주장하고 태양중심설에 반대했던 최후의 천문학자이지만, 티코의 업적 중 가장 기념할 만한 것은 단연 그의 관측기록의 정확성일 것이다.

태양 중심의 세계를 관측했으나 태양중심설을 반대했던 티코는 관측한 사실들을 근거로 혜성에 관한 설명을 통해 자신만의 새로운 우주론을 전개해 나갔다. '모든 행성은 태양을 중심으로 회전하며, 그 태양은 우주의 중심인 지구를 중심으로 회전한다'는 절충안을 제시하였다. 이로써 티코 브라헤는 아리스토텔레스와 프톨레마이오스의 천동설이라는 우주체계가 코페르니쿠스, 갈릴레이 그리고 케플러의 지동설로 옮겨가는 과정에서 가교 역할을 했을

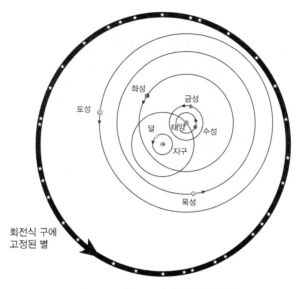

그림 5.24 티코 브라헤의 신우주설

뿐 아니라 근대 천문학 형성에 이바지 한 셈이다.

1601년 티코 브라헤의 관측 기록을 고스란히 넘겨받은 케플러는 스승의 관측 기록을 계산하 는 데에 무려 4년의 세월이 걸렸다고 하니 티코가 얼마나 많은 시간 동안 밤하늘을 보며 천체의 움직임에 눈을 떼지 않았을지 충분히 짐작할 수 있을 것이다.

2. 니콜로 타르탈리아와 3차방정식

1) 타르탈리아의 생애

이탈리아의 블레시아(Blessia) 지역에서 우편배달부의 아들로 태어난 타르탈리아(Niccolo Tartaglia, 1499~1557)의 본명은 니콜로 폰타나(Niccolo Fontana)이다. 본명 보다 '말더듬이'라는 뜻의 별명 '타르탈리아'로 더 잘 알려진 데에는 그가 6살 때 겪었던 불행한 일 때문이었다. 당시 이탈리아는 프랑스와의 전쟁으로 인하여 폰타나가 살고 있는 마을이 프랑스 군대에 점령당하자 마을 남성들은 앞을 다투어 교회로 몸을 숨겼고, 어린 폰타나도 아버지의 등에 업혀서 교회로 피신하였다.

하지만 프랑스 군인들은 교회로 피신한 무고한 사람들을 무차별적으로 공격하였고, 블레시아 지역의 많은 남성들은 죽임을 당했다. 프랑스 군인들이 한 차례 공격을 하고 마을을 떠나자 마을의 남은 가족들의 무리와 함께 폰타나의 어머니도 교회로 들어와 아들 폰타나

그림 5.25 타르탈리아

와 남편의 시신을 찾았다. 폰타나는 아버지의 품에 안긴 채로 상처를 입고 처참하게 쓰러져 있었고, 이 모습을 목격한 그의 어머니는 아들과 남편을 껴안은 채로 한참 울었다. 그런데 폰타나의 몸에서 열기를 느낀 그녀는 아들을 안고 집으로 돌아왔다. 폰타나가 아버지의 품에서 간신히 살아남았던 것이었다. 그 일로 턱에 큰 상처를 입은 폰타나를 어머니는 정성스레 돌보았지만 가난한 형편으로 치료를 제대로 받지 못해서 회복된 후에도 폰타나는 말을 더듬게 되었다.

가난해서 학비를 마련할 수 없었기에 친구의 헌 책을 빌려 독학했던 어린 타르탈리아는 아버지의 묘비를 종이로 삼고, 돌멩이를 연필로 삼아서 글씨를 썼다 지우면서 공부의 끈을 놓지 않았다. 매일 이렇게 열심히 공부했던 타르탈리아는 마침내 30세 무렵에 수학 교수가 될 수 있었다.

어느 날 그는 볼로냐 대학(University of Bologna)의 델 페로(Scipione del Ferro, 1465~1526) 교수가 3차방정식의 해법을 발견했으며, 이를 제자 플로리도(Antonio del Florido)에게만 전수해 주고 세상을 떠났다는 소식을 전해 들었다. 불완전하기는 했지만 타르탈리아도 3차방정식의 해법을 고안해 내었고, "나는 3차방정식의 해법을 알고 있다"라고 주변에 알렸다. 타르탈리아의 소식을 들은 페로의 제자 플로리도도 "나도 3차방정식의 해법을 잘 알고 있다"고 소리쳤다. 이에 타르탈리아는 플로리도에게 '수학 시합을 하자'는 도전장을 내밀었고, 1535년 2월 22일에 두 사람은 수학시합을 하기로 했다. 시합은 밀라노의 한 교회에서 실시되었는데, 각자 준비해 온 30문항을 서로 교환하였다. '앞으로 50일 동안 30문항 중 더 많이 맞추는 사람이 승자다'는 것이 이 시합의 유일한 규칙이었다. 플로리도가 출제한 문제를 타르탈리아는 불과 2시간 만에 다 풀었지만, 플로리도는 타르탈리아의 문제를 단 하나도 제대로 풀 수가 없었다. 따라서 수학시합의 승자는 타르탈리아였다. 이 소식은 이탈리아 전역으로 퍼져나갔고, 많은 사람들은 타르탈리아에게 3차방정식의 해법을 가르쳐 달라고 몰려들기 시작했다. 그렇지만 타르탈리아는 "유클리드와 아르키메데스가 쓴 수학책을 번역하고 난 다음에 3차방정식의 해법을 가르쳐 주겠다"고 핑계를 대었다.

2) 타르탈리아와 카르다노

그림 5.26 카르다노

성격이 특이하고 어려서부터 친구가 거의 없어서 혼자 지내기 일쑤였던 카르다노(Girolamo Cardano, 1501~1576)는 대학에서 의학을 공부한 후 의사가 되어서도 수학과 물리학을 연구하였고, 마침내 1544년에는 밀라노 대학(University of Milano)의 기하학 교수가 되었다. 하지만 그는 거짓말을 밥 먹듯이 했으며, 주변 사람들에게서 손가락질 당할 정도의 염치없는 일들을 많이 저질렀다. 게다가 도박과 사기를 일삼았고, 점성술사처럼 아무 말이나 함부로 지껄이는 등의 온갖 나쁜 일을 하고 다녔다.

그러던 중 카르다노는 타르탈리아가 3차방정식의 해법을 알고 있다는 소식을 듣고서 이를 알고 싶어 못 견딜 지경이었지만, 타르탈리아는 여전히 그 해법을 알려주지 않았다. 이에 카르다노는 꾀를 짜내어 타르탈리아에게 편지를 보냈다. '나는 이탈리아의 귀족이며, 타르탈리아 당신의 명성을 듣고 대단히 숭배하고 있다. 꼭 한 번 만나고 싶어서 초청한다'는 내용의 편지를 받은 타르탈리아는 카르다노를 만나러 갔다. 자신의 속임수를 알지 못한 타르탈리아에게 카르다노는 3차방정식의 해법을 알려달라고 간청하였다. 3차방정식의 해법을 누구에게도 말하지 않겠다는 굳은 약속을 받은 타르탈리아는 카르다노에게 자신의 해법을 알려주게 되었다. 수학에 뛰어난 재능을 지녔던 타르탈리아라고 하더라도 속임수에 능한 카르다노에게 넘어가고 만 것이었다. 이 일로 타르탈리아는 일생 카르다노와의 비극적인 논쟁을 초래하게 된 셈이었다.

수학자였으나 희대의 사기꾼이었던 카르다노는 타르탈리아와의 약속은 흔적도 없이 잊고서 3차방성식의 대수적 해법을 '카르다노 해법' 또는 '카르다노 공식'이라 불렀고, 이를 자신의 제자 페라리(Lodovico Ferrari, 1522~1565)에게 가르쳐 주었다. 뿐만 아니라 1545년에 『아르스 마그나(Ars magna seu de regulis algebrae; 위대한 기술)』라는 대수학 관련 저술을 통해 그 해법을 마치 자신이 발견한 것처럼 발표하였다. 이로서 카르다노의 명성은 더해갔던 반면, 타르탈리아의 희망은 산산조각이 났다.

타르탈리아는 자신의 억울함과 카르다노의 속임수를 세상에 알리기 위해서 10여 년 전 플리리도와의 시합에서와 마찬가지로 그는 카르다노에게 수학시합을 내걸었다. 도전을 받은 카르다노는 타르탈리아를 이길 수 없음을 알고 제자 페라리를 대리인으로 보냈다. 페라리는 타르탈리아가 출제한 문제를 제대로 풀지 못했지만, 카르다노는 시합의 승자는 페라리라고 거짓된 사실을 주변 사람들에게 알렸다.

그 후 타르탈리아는 긴 괴로움에서 빠져나와 저술 활동을 했지만, 자신의 마지막 소원이었던 3차방정식의 해법을 미처 발표도 하지 못한 채 54세의 나이로 죽음을 맞이하게 되었다. 그렇다면 오늘날 '카르다노 해법'이라 불리는 3차방정식의 해법은 '타르탈리아의 해법'이라고 불려야 하지 않을까?

1563년 도박판에서의 승률에 대한 카르다노의 관심은 확률론 연구로 이어졌는데, 이는 확률론의 기초를 세우는 일이 되었고 「기회의 게임에 관하여」라는 저술로 정리되었다. 아이러니하게도 도박꾼이자 사기꾼인 카르다노는 수학자와 의사로서의 자질이 충분했던 모양이다. 의사로서의 카르다노는 탈장수술과 발진티푸스의 임상 기록을 남겼으며, 수학자로서 그가 남긴 100여 권의 저술들 중의 대표적인 「기회의 게임에 관하여」는 최초의 확률론 관련 서적이라는 평가를 받는다.

기이한 삶을 살았던 만큼 그의 죽음도 참으로 기이했다. 1576년 점성술사이기도 했던 그는 자신의 별점을 쳐서 알게 된 죽음의 날이 되자 자살로 생을 마감했다고 한다.

3. 윌리엄 하비와 혈액순환 이론

갈레노스(Claudius Galenos, 129~199)는 심장에서 흘러나오는 많은 양의 피를 관찰한 후 '혈액이 심장에서 만들어진다'는 결론에 도달하였다. 하지만 당시 종교계의 절대적 지지를 받았던 갈레노스의 견해와 달리 스페인 출신의 의사이자 신학자인 세르베투스(Michael Servetus, 1511~1553)는 폐순환[4]을 주장하였다. 그 이유로 그는 화형에 처해지게 되었던 것

---

4) 좌심실에서 대동맥을 통하여 박출된 혈액이 온몸을 지나면서 산소와 영양분을 공급해주는 기능을 담당하는 '체순환'과 달리 우심실에서 폐동맥을 통하여 박출된 혈액이 폐에 도달한 후 기체 교환(CO_2 배출, O_2 흡수)

그림 5.27 윌리엄 하비

이다. 마치 코페르니쿠스의 지동설을 적극적으로 주장했다는 이유로 화형을 당했던 이탈리아 출신의 신부인 브루노(Giordano Bruno, 1548~1600)처럼 말이다.

　의학에 대한 관심이 점점 증가하게 됨에 따라 인체 해부에 대한 연구가 진행되었는데, 벨기에 출신의 의사 베살리우스(Andreas Vesalius, 1514~1564)는 1543년 인류 최초의 인체 해부학 관련 서적인 「파브리카(De humani corporis fabrica)」를 저술하였다. 이를 계기로 갈레노스가 주창했던 의술의 오류들이 여기저기에서 발견되기 시작하였다. 갈레노스에 따르면, 인체가 섭취하는 음식이 간으로 들어가므로 혈액은 간에서 생성되어 심장으로 이동한 후 전신으로 흘러가서 소모되어 사라진다는 것이다. 이러한 갈레노스의 의견에 쉽사리 납득이 가지 않았던 인물이 바로 영국 출신의 의사이자 생리학자 하비(William Harvey, 1578~1657)이다. 인체 해부실험이 불가능했던 당시 하비는 동물 해부실험을 통하여 '심장이 수축하여 혈액을 온몸으로 내보낸다'는 것을 알 수 있었다. 그렇지만 그는 혈액이 어디에서 생성되어 심장으로 들어오는지에 대한 답은 발견하지 못했다. 따라서 하비는 직접 관찰하여 증거를 찾아내야만 했다. 그가 택한 방법은 죽은 사람의 심장을 해부해서 심장의 크기를 측정하는 것이었다. 그 결과 하비는 인체의 심장은 약 100 ml 정도의 혈액을 담을 수 있다는 사실을 확인하였을 뿐 아니라 심장은 1분에 약 72회 정도 수축하고, 1회 수축 시 약 56 g의 혈액을 방출한다는 사실을 알아냈다. 그는 생각했던 그 이상으로 심장이 많은 양의 혈액을 방출한다는 결론에 이르렀다. 이는 인체가 섭취한 음식물로 혈액이 만들어진다는 갈레노스의 생각을 따르기에는 너무 많은 양의 혈액이었다. 갈레노스의 생각과 달랐던 하비가 내린 답은 바로 '인체의 혈액이 순환한다'는 것이었다.

　을 거쳐서 다시 폐정맥을 통하여 좌심방에 도달하는 순환을 말하며, 이를 '소순환'이라고도 한다.

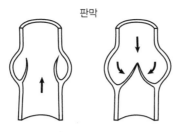

판막

그림 5.28 판막의 기능

파도바(Padova) 대학 시절 하비의 스승이었던 해부학자 파브리치우스(Hieronymus Fabricius, 1537~1619)는 정맥 내 판막(valve)[5]을 최초로 발견하고(1603), 판막의 구조와 기능에 대해 체계적 설명을 한 인물로 유명하다. 파브리치우스는 '혈관 내 판막이 혈액의 흐름 속도를 낮춰서 혈액의 양을 조절한다'는 갈레노스의 의견을 따랐다. 그렇지만 그의 제자 하비는 정맥 내 판막이 혈액을 심장으로 들여보내는 혈액순환 기능을 한다고 생각했다. 이를 증명하기 위해서 그는 수 년 간의 연구와 실험을 거듭하면서 그가 택했던 것은 고무줄과 같은 끈으로 혈관을 묶는 결찰사(結紮絲) 실험이었다.

그림 5.29에서 의하면, 결찰사로 팔꿈치 윗부분을 압박하여 묶었을 때 심장으로 향하는 정맥 내 혈액의 양이 증가하면서 정맥이 부풀어 오르게 된다. 첫 번째 그림(Figure 1)에서 정맥 부위의 볼록한 부분 B, C, D는 정맥의 판막에 해당되며, 두 번째 그림(Figure 2)에서 H 부위를 손가락으로 눌렀을 때 O와 H 구간에서는 혈액이 흐르지 않았다. 그리고 세 번째 그림(Figure 3)에서는 두 번째 그림(Figure 2)과 마찬가지로 H 부위를 손가락으로 누른 채 O 부위에서 H 부위 방향으로 손가락으로 혈액을 밀어보았지만, 그 방향으로 혈액이 흐르지는 않았다. 이를 토대로 하비는 혈액의 흐름은 정해진 한 방향으로만 흐르며, 역행하지 않는다는 사실을 알아낼 수 있었던 것이다.

정맥을 묶었을 때 심장에서 멀리 떨어져 위치한 혈관의 부피가 증가한다는 것은 정맥 내 혈류 방향은 심장을 향한다는 의미이다. 그리고 동맥을 묶었을 때 묶은 부위와 심장 사이에

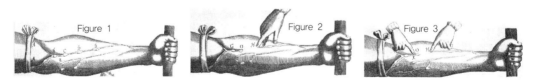

그림 5.29 결찰사를 이용한 하비의 실험

---

5) 혈류의 역행을 방지하는 얇은 막으로서 심장과 정맥 내에 위치한다.

위치한 혈관의 부피가 증가하였는데, 이는 심장에서 방출되는 혈액이 동맥을 통해 흐른다는 의미이다. 다시 말해서 동맥은 심장에서 나오는 혈액이 흐르는 혈관이며, 정맥은 온몸을 순환한 후 심장으로 들어가는 혈액이 흐르는 혈관이라는 것이다. 하비는 이러한 내용을 자신의 저서 「동물의 심장과 피의 운동에 관한 해부학적 연구(An anatomical exercise on the motion of the heart and blood in animals)」에 담았다. 그렇지만 하비의 혈액순환 이론은 동시대를 살던 갈레노스의 의술을 추종하는 많은 과학자들에게 인정받지 못하였다. 그들이 하비의 혈액순환 이론을 받아들이지 않았던 것은 바로 정맥과 동맥이 만나는 연결부위를 하비가 답하지 못했기 때문이다. 동맥과 정맥의 연결부위가 없다는 것은 혈액순환이 이루어지지 않는다는 의미였던 것이다. 안타깝게도 하비는 이 두 혈관을 연결하는 모세혈관6)의 존재를 밝히지 못하였다. 이는 이탈리아의 생리학자 말피기(Marcello Malpighi, 1628~1694)의 몫이었다. 이로써 1657년 혈액순환 이론이 완성될 수 있었다.

비록 혈액순환 이론의 완성에는 다소 부족하였지만, 하비가 과학을 하는 기본적인 자세인 실험을 통한 관찰과 경험의 방법을 따랐다는 점은 높이 평가되어야 할 것이다.

4. 르네 데카르트와 해석기하학

그림 5.30 데카르트

"나는 생각한다. 고로 존재한다(cogito ergo sum)"라는 말로 유명한 데카르트(Rene´ Descartes, 1596~1650)는 근대 철학자이자 수학자이기도 하다. 어려서부터 수학을 좋아했던 명문 출신인 그는 젊은 시절 철학 연구에 몰두하게 되면서 학문의 옳은 연구 방법의 기초를 세우는 데에 많은 관심이 있었다. 당시의 학문 중 가장 빈틈없고 보편성을 갖는다고 생

---

6) 동맥과 정맥 사이를 연결하는 곳으로 주변 조직과 산소, 영양분 및 물질 교환을 담당하는 털처럼 가는 혈관이다.

각된 분야가 수학이라는 사실에 주목하게 되었고, 이 학문을 통하여 일반적인 방법을 찾아내려 했다. 당시 애매하고 모순된 주관적 사고방식인 아리스토텔레스주의를 배격하고, 엄격하게 정형화된 기하학적인 분야에 그는 사상의 출발점을 두었다.

프랑스의 작은 마을에서 법관의 아들로 태어난 데카르트는 어려서 어머니를 여의고 외할머니의 보살핌을 받고 자랐다. 몸이 약했던 유년 시절에 그는 학교에 가서도 교실에서 수업을 받기보다는 양호실의 침대에 누워있는 것이 더욱 익숙했으며, 대학에서는 법학과 의학을 공부하였다. 여느 때처럼 데카르트는 학교의 양호실 침대에 누워서 천장을 바라보면서 사색에 잠겨 있었는데, 마침 천장에 붙어있던 파리 한 마리가 그의 눈에 들어왔다. 잠시 후 파리는 자리를 옮겨가면서 방안 이곳저곳을 윙윙거리며 움직이고 있었다. 데카르트는 파리의 위치를 정확히 표시하고 싶은 호기심이 생겨났다. 직각을 이루고 있는 방의 두 벽면과 천장을 교차하는 세 개의 면을 3개의 수로 나타낸다면, 파리의 정확한 위치를 파악할 수 있을 것 같았다. 바로 $x - y - z$축으로 이루어진 3차원 좌표의 탄생을 예고하는 것이었다. 이는 어느 공간상에 해당하는 각 점의 위치를 수로 표시하는 체계를 의미하며, '데카르트 좌표(Cartesian coordinates)'라고 한다.

중요한 발견이 흔히 그렇듯이 해석기하학을 처음 발견한 사람의 통찰력도 지극히 평범한 것이었다. 예를 들어 하나의 사거리는 각각 동서 방향과 남북 방향의 도로가 만나는 지점에 해당하며, 역으로 동서 방향과 남북 방향의 도로가 만나는 지점에는 하나의 사거리가 형성된다. 이를 수학적으로 표현하자면 임의의 점은 하나의 순서쌍에 대응하고, 역으로 임의의 순서쌍은 한 점에 대응한다. 데카르트는 이러한 대응 관계를 통해 기하학에 대수적 해법을 적용한 해석기하학의 창시자 역할을 잘 감당한 인물로도 유명하다.

데카르트는 고대 그리스의 수학 분야에서 몇 가지 문제점들을 발견했다. 유클리드의 기하

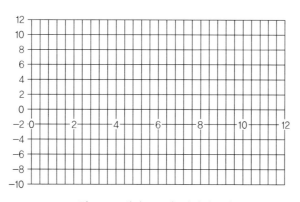

그림 5.31 데카르트의 직각좌표계

학은 매우 논리 정연했던 반면, 그의 문제 해법은 절차에 따라 펼쳐가는 과정에서 비논리적 비약이 있다는 것이었다. 이런 수학적 전개에 불만을 가졌던 데카르트는 기하학이 아닌 대수학을 선택했다. 기하학의 증명법이 여러 명제들을 결합하여 새 명제를 유도하는 방식에 의존했었다면, 이와 달리 대수학의 증명법은 분석적·해석적 방식에 의존했기 때문이었다. 또한 상수(constant)와 미지수를 간편하게 표현하기 위해서 데카르트는 주로 알파벳 첫 부분의 글자들을 상수로, 알파벳 뒷부분의 글자들을 미지수로 표기하였다. 이렇듯 대수학으로 기하학을 좀 더 쉽게 분석하고 이해할 수 있게 되자 수학 분야는 데카르트를 기점으로 일대 전환기를 맞이하게 되었고, 나아가서 20세기 양자이론 발전의 초석이 될 수 있었다.

코페르니쿠스, 갈릴레이 그리고 케플러의 태양중심설이 공공연히 인식되던 시대를 살았던 데카르트는 절대적으로 확실한 학문을 추구하기 위해서 마음이나 정신 등의 모호한 개념은 포기해야 했다. 숭배와 신뢰의 대상이었던 하늘이 탐구와 관찰의 대상으로, 신의 영역이라 여겼던 천체의 오묘한 조화는 명확한 규칙과 주기성으로 입증할 수 있었던 변화의 시대를 살면서 그는 몸과 마음, 물질과 정신, 객체와 주체, 관찰 대상과 관찰자의 경계를 분명히 해야 했다. 이것이 바로 이후 대부분의 과학자들의 정신을 지배하게 되는 이원론이다.

1649년 데카르트는 스웨덴 여왕 크리스티나(Drottning Kristina, 1626~1689)의 궁정에 초대받은 이듬해 크리스티나 여왕은 일주일에 세 번 새벽 5시에 철학을 가르쳐 줄 것을 요청했다. 그러던 중 갑자기 그는 2월 11일 숨을 거두었고, 주변 사람들은 데카르트가 스웨덴의 추운 겨울을 이겨내지 못해 폐렴으로 숨졌다고 발표했다.

6장 근대과학의 아버지

코페르니쿠스에서 시작된 과학혁명은 뉴턴의 시대에 정착하기 시작했는데, 당시 과학자들은 여러 가지 자연현상을 관찰하고 실험을 했으며, 자연에서 발견되는 현상들을 수학적 원리로 접근하여 객관적 과학을 향해서 그 발걸음을 옮겨가고 있었다. 동시에 신비적이고 주술적이며, 종교적인 경향은 점차 퇴색되어 갔고, 이성적이고 합리주의적으로 생각하고 연구하게 되었다. 바야흐로 시대는 계몽주의를 향하고 있었던 것이다.

6.1 아이작 뉴턴의 과학

1. 뉴턴의 생애

한 시대의 천재가 죽자 다음 시대의 천재가 태어났다. 갈릴레이와 뉴턴(Isaac Newton, 1642~1727)이 그러하다. 갈릴레이가 죽던 해 1642년 12월 25일 영국의 한 지역인 울스소프(Woolsthorpe)의 농가에서 미숙아로 태어난 뉴턴은 어려서 어머니의 보살핌을 제대로 받지 못했다. 그의 어머니가 3살 된 뉴턴을 외할머니에게 맡겨두고 이웃 지역의 한 목사와 재혼을 했기 때문이다. 태어날 때부터 무척 작은 체구에 허약한 아이였던 뉴턴은 또래 아이들과 잘 어울리지 못하였지만, 유독 잘하는 것이 있다면 그것은 책 읽는 일이었다. 뉴턴의 재능에 별 다른 관심을 보이지 않았던 그의 어머니는 아들 뉴턴이 성장하면 농장의 일을 맡아서 하는 농부가 되기를 원했으므로, 그는 16세가 될 무렵 농장일의 경험을 쌓기 위해서 학교를 그만두어야 했다. 물론 농사일에는 전혀 관심이 없었던 뉴턴이었지만 그의 학문에 대

그림 6.1 뉴턴

한 재능을 알아차린 외할머니와 외삼촌의 덕분으로 뉴턴은 후에 캠브리지 대학교(Cambridge University)에 입학할 수 있었다. 어머니의 반대로 어렵사리 대학에 입학한 뉴턴은 대학 강의에 만족하지 못하여 혼자서 갈릴레이나 데카르트의 연구 분야를 탐독하기 시작했다.

1665년 흑사병이 영국 전역으로 퍼지기 시작하면서 거의 10만 명 이상의 사람들이 사망하게 되었고, 캠브리지 대학도 휴교령을 내리자 뉴턴은 재학 도중 고향으로 돌아올 수밖에 없었다. 고향의 한적한 농장에 머무르는 동안 그는 깊은 사색을 통하여 한 시대를 이끌어갈 만한 중요한 과학적 발견들을 이루어냈다. 중력을 고안해내었고, 프리즘을 통한 빛의 성질을 연구하였으며, '유율법'이라고 하는 미적분의 계산법을 발견하였다.

1669년 캠브리지 대학의 지도 교수인 배로우(Isaac Barrow, 1630~1677)의 교수직을 승계한 뉴턴은 삶의 대부분을 은둔한 채로 살았으며, 평생을 독신으로 지냈다. 그는 당시의 몇몇 과학자들과 의견을 달리할 때가 있었는데, 훅(Robert Hooke, 1635~1703)과는 중력과 빛

그림 6.2 뉴턴의 사과나무의 후손: 한국 과학기술원(좌)과 영국 캠브리지의 식물학 정원(우)

에 대한 개념으로, 호이겐스(Christiaan Huygens, 1629~1695)와는 빛의 성질에 대한 주장으로 그리고 라이프니츠(Goufried Leibnize, 1646~1716)와는 미적분학 개발 우선권으로 긴 세월 동안 논쟁까지 벌였다. 그런데 자신과 의견을 달리하는 과학자들에 대해서 뉴턴은 매우 비이성적이고 호전적인 반응을 보였을 뿐 아니라 그가 논문을 발표할 때마다 극도로 심리적 불안을 드러냈다. 이런 뉴턴의 행동에 대해서 주변에서는 그가 유년 시절에 겪었던 모성결핍 때문이었을 거라 짐작하기도 했다.

하지만 뉴턴에게 언제나 호의적이었던 유일한 친구인 핼리(Edmond Halley, 1656~1742)의 전폭적인 지원에 힘입어서 1687년 뉴턴은 자신의 대표적 저서인 「자연철학의 수학적 원리(Philosophiae naturalis principia mathematica)」를 출간할 수 있었다. 물리학자이자 수학자 그리고 천문학자인 뉴턴은 '근대과학의 아버지'라는 이름에 걸맞게 이론물리학의 토대를 닦은 최고의 공로자라고 해도 과언이 아니다. 이후 뉴턴은 국회의원과 왕립 조폐국의 장관으로도 활동했으며, 1703년에는 영국 왕립협회 회장직을 지내다가 과학자로서는 최초로 영국 여왕으로부터 기사(knight) 작위를 받기도 했다. '자연은 일정한 법칙에 따라 운동하는 복잡하고 거대한 기계'라고 하는 그의 기계적·역학적 자연관은 이후 과학과 계몽사상의 발전에 커다란 버팀목이 되었다.

2. 뉴턴의 업적: 뉴턴의 운동법칙

뉴턴의 대표적 업적 중 하나는 저서 「프린키피아(Principia, 자연철학의 수학적 원리)」에 수록되어 있는 운동법칙(Newton's laws of motion)이다. 이들은 물체의 질량과 힘의 개념을 명확히 설명하고 있으며, 고전역학을 집대성했다는 점에서 공헌한 바가 크다.

1) 뉴턴의 운동 제1법칙

제1법칙은 관성의 법칙이다. '관성(inertia)'이란 외부에서 힘이 작용하지 않으면 모든 물체는 자신의 운동 상태를 그대로 유지하려는 성질이 있기 때문에 정지한 물체는 계속 정지해 있으려 하고, 운동하는 물체는 원래의 속력과 방향을 그대로 유지하려 한다.

이는 갈릴레오나 뉴턴의 근대과학 이전 중세시대를 지배했던 아리스토텔레스의 역학과 정면으로 대립된다. 모든 물체는 정지 상태가 되는 것이 자연스럽다고 생각했던 아리스토텔레스에 의하면, 물체가 동일한 운동 상태를 유지하기 위해서는 외부에서 끊임없이 힘이 제공되어야만 한다. 다시 말해서 외부의 힘이 물체에 제공되지 않는다면 물체는 가만히 있

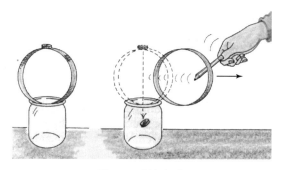

그림 6.3 관성의 예 1

으려고 한다는 것이다. 이는 마찰력의 작용으로 인하여 움직이는 물체는 일정 시간이 지나면 멈춘다는 관찰에서 기인했던 것으로 보인다.

이후 갈릴레이가 사고실험을 통해 처음으로 관성이라는 개념을 착안했고, 이를 토대로 뉴턴은 관성의 개념을 완성하고, 운동의 제1법칙으로 정리했다. 이에 따르면 물체의 정지 상태는 운동 상태의 특수한 경우로서 물체의 운동 상태를 바꾸려면 외부에서 물체에 가해지는 힘이 필요하고, 그 힘은 질량에 비례하게 된다. 모든 물체가 운동을 하게 되는 근본 원인은 힘이라 생각했고 이를 수학적 모형으로 제안했다. 다시 말해서 힘은 운동의 상태를 바꾸는 요인이고, 질량은 관성의 크기에 비례하는데, 이를 물체의 고유한 성질인 '관성질량(inertial mass)'이라 한다. 따라서 외부 힘이 0이라면 물체는 정지하거나 등속직선운동을 하게 되며, '관성력'은 물체에 가해지는 외부 힘의 반대 방향으로 물체가 받는 가상의 힘이다.

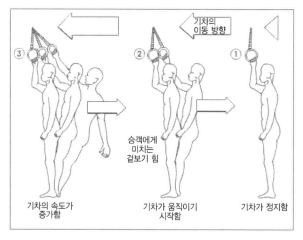

그림 6.4 관성의 예 2

2) 뉴턴의 운동 제2법칙

제2법칙은 힘-가속도의 법칙이다. 정지해 있는 자전거를 움직이려면 페달을 밟거나 자전거를 뒤에서 밀어주면 된다. 힘이 자전거의 운동 상태를 변화시킨 것이다. 이때 페달을 더 세게 밟을수록 또는 자전거를 세게 밀수록 자전거는 더 빠르게 움직인다. 즉 작용하는 힘이 클수록 자전거의 속도는 더 증가하게 된다. 이와 같이 일정한 시간에 주어진 힘의 정도에 따라 속도가 변하는 비율을 '가속도(acceleration)'라고 한다. 물체에 작용하는 힘의 세기가 클수록 가속도는 증가한다. 힘은 물체를 가속시킨다. 가속하는 물체에는 힘이 작용하고 있다고 생각할 수 있다.

하지만 질량이 각기 다른 두 물체에 각각 동일한 힘이 작용한다고 가정해 보자. 두 물체에서 형성되는 가속도의 정도는 다른데, 이는 물체의 질량이 클수록 관성이 커지게 되므로 속도를 변화시키는 데에 더 많은 힘이 작용하기 때문이다. 이와 같이 물체에 힘을 가하면 속도가 변화되며, 이때 관성질량은 가해진 힘의 방향에 관계없이 일정하다. 그리고 이는 중력질량과 크기가 같다.

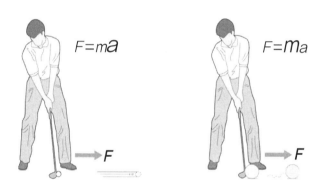

F: 힘(force), m: 질량(mass), a: 가속도(acceleration)

그림 6.5 힘과 가속도의 관계

3) 뉴턴의 운동 제3법칙

제3법칙은 작용-반작용의 법칙이다. 그림 6.6에서 알 수 있듯이 물체 A가 물체 B에게 힘(작용)을 가하면 물체 B 역시 물체 A에게 동일한 크기의 힘(반작용)을 가한다. 이때 물체 A가 물체 B에 주는 작용과 물체 B가 물체 A에 주는 반작용의 크기는 같지만 방향은 반대이다. 이와 같은 현상은 생활 속에서도 쉽게 접할 수 있는데, 수영 선수가 수영장의 벽을 발로 밀치면 몸이 앞으로 빠르게 나아가는 경우가 이에 해당한다. 벽을 발로 밀치는 힘(작

동일한 크기이며 반대
방향으로 작용하는 힘

더 가벼운 스케이터,
더 빠른 속도

더 무거운 스케이터,
더 느린 속도

$$F_{AB} = -F_{BA}$$

(F_{AB}: B가 A에게 미치는 힘, $-F_{BA}$: A가 B에게 미치는 힘)

그림 6.6 작용－반작용 현상

용)과 수영장의 벽이 밀어내는 힘(반작용)의 크기는 동일하다.

3. 만유인력의 법칙

뉴턴은 자신의 운동법칙 세 가지를 근거로 하여 자연에서 발생하는 운동의 여러 현상을 만유인력의 법칙(Universal gravitation)을 체계적으로 다루었다. 그가 자신의 대표적 업적인 만유인력의 법칙을 발견하기에는 케플러가 주장했던 행성에 관한 '세 가지 법칙'이 그 근간을 이루고 있다. 지구 주위를 일정한 궤도 위에서 달이 회전하는 것처럼 태양 주위를 여러 행성들이 회전하는 것 그리고 나뭇가지에 매달린 사과가 땅을 향해 떨어지는 것은 '인력'이라는 힘의 작용 때문임을 깨닫고 이를 수학으로 완성시킨 것이었다. 그렇기 때문에 만유인력이 작용하는 방향은 두 물체가 서로 끌어당기는 쪽을 향하며, 그 크기는 물체의 종류나 물체와 물체 사이의 중간 매질과는 무관하게 된다. 이러한 인력은 우주에 존재하는 어느 물체에나 작용하므로 '만유인력'이라 하며, 두 물체의 질량이 클수록 그 세기는 증가하고, 두 물체 사이의 거리가 멀수록 그 세기는 감소하게 되는 것이다. 이를 식으로 표현하면, 그림 6.7과 같다.

하지만 그는 모든 물체들에 작용하는 만유인력이 발생하는 원인에 대해서는 밝히지 못했다. 그러기 위해서 인류는 아인슈타인을 기다려야만 했다.

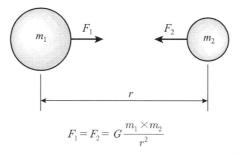

$$F_1 = F_2 = G\frac{m_1 \times m_2}{r^2}$$

(F_1, F_2: 두 물체 간의 중력의 크기, G: $6.673 \times 10^{-11}\,\mathrm{Nm^2kg^{-2}}$,
m_1, m_2: 각 물체의 질량, r: 두 물체 간의 거리)

그림 6.7 만유인력의 측정 방법

6.2 뉴턴과 관련된 학자들

자연과학을 통해서 인류는 과거의 학문 성격에 비해 더 합리적·보편적·객관적·이성적일 수 있게 되었다. 그렇다고 해서 자연과학을 연구하는 과학자들이 모든 면에서 그렇다는 말은 아닐 것이다. 특히 천재적 재능을 가지고 과학사에 큰 획을 그었던 인물들 중에는 우울증이나 지나친 소심함과 같은 특이적 성격의 소유자들도 간혹 찾아볼 수 있다. '근대 과학의 아버지'라고 불리는 뉴턴이 바로 그에 해당된다. 그는 자신의 연구 결과와 반대 의견을 주장하는 사람들 혹은 자신의 주장을 비판하는 사람들에 대해서 유난히도 비이성적이고 격렬하게 반응한 것으로도 알려져 있다. 이런 뉴턴의 특이한 성격은 다음에 등장하는 여러 과학자들과의 관계에서 잘 드러나고 있다.

1. 로버트 훅

1) 훅의 생애

갈릴레이가 죽던 해에 뉴턴이 태어났다면, 훅(Robert Hooke, 1635~1703)은 갈릴레이가 종교재판을 받아 종신 가택연금형을 받을 즈음인 죽기 7년 전에 영국에서 교회 목사의 아들로 태어났다. 어려서부터 병약하고 가정 형편은 여유롭지 못했지만, 훅의 아버지는 아들의 교육에 많은 관심을 보였으며, 훅은 그림 그리기에 남다른 재능을 드러내기도 했다. 또한 모형이나 장비를 제작하는 일에 능숙했던 그는 당시 과학자들의 실험을 돕는 조수로 일을

그림 6.8 로버트 훅

할 수 있었다. 하지만 후에 훅은 여러 과학자들과 선취권 다툼에서 자유롭지 못하기도 했으며, 그중에는 뉴턴과의 논쟁이 대표적이었다. 1672년 광학에 대한 발견의 우선권 논쟁과 1686년 중력의 작용이 역제곱 법칙을 따를 것이라는 우선권 논쟁으로 힘든 시기를 보낼 수밖에 없었다.

훅의 저서들에 있는 그림들은 그가 직접 그린 것들인데, 이를 통해 우리는 그의 상당한 수준의 그림 실력을 엿볼 수 있다. 명석한 두뇌의 소유자인 훅은 16세의 나이로 옥스퍼드 대학교에 입학했고, 그는 이곳에서 '보일의 법칙'으로 유명한 화학자 보일(Robert Boyle, 1627~1691)의 조수가 되어 그와 함께 일하면서 기체의 성질에 대해 연구할 기회도 얻었다. 1660년대 초 영국의 왕립학회가 설립되었을 때 훅은 왕립학회에서 실험 관리인으로 활동하면서 여러 분야에서 잠자는 시간을 줄여가며 다양한 업적을 쌓았다. 그는 자신이 직접 현미경의 조명 장치를 고안해 낸 개량 현미경으로 여러 가지 광물과 동·식물을 관찰하던 중 1665년 코르크에서 식물의 세포 구조를 최초로 발견했을 뿐 아니라 빛의 간섭과 분산을 파동설로 증명한 '빛의 파동설'의 선구자이기도 하다. 또한 그는 천체에 관한 연구 중 특히 목성의 회전 및 목성의 대적점, 그리고 탄성에 관한 훅의 법칙 등 일일이 열거하기에도 어려울 만큼 다재다능한 인물이었음에 틀림없다. 그림 그리기에 탁월한 재능이 있었던 그는 주변의 여러 대상들을 현미경으로 관찰하고 그 구조를 상세하게 기록한 「미세기하(Micrographia)」를 출간했다. 출간 후 훅은 영국 왕립학회의 회장직을 역임하는 동안 더욱 자신의 입지를 굳히게 되었다.

훅은 평생 건강 때문에 고생했지만 창의적인 과학자였고, 실험 과학자였을 뿐만 아니라 훌륭한 이론가였으며, 그의 이론들은 거의 옳은 것으로 판명되었다. 그러나 그는 다소 급한 성격 탓에 자신의 창의적인 생각들을 완성도 있게 표현하는데 종종 실수를 했고, 그로 인한 남들의 비난이나 부정적인 의견을 잘 견뎌내지 못했다. 이런 그가 뉴턴의 논적이 되면서 훅의 인생은 오랜 논쟁과 비판의 세월을 지내게 되었고, 평탄치 않은 날들의 연속이었다. 자신의 업적이 뉴턴에게 가려졌기에 훅은 자신보다 후배인 뉴턴에게는 너그러울 수 없었고 언제나 비판적이었다. 그래서 왕립협회의 회장으로 활동할 때에 그는 뉴턴의 학회 활동을 못마땅해 해서 방해하기도 했고, 자신의 일기장에 '뉴턴이 죽었으면 좋겠다'고 기록할 정도로 반감과 적개심을 내보이기도 했다. 이에 질세라 뉴턴도 훅에 대해 극도의 혐오감을 가졌다. 아마도 뉴턴이 없었더라면 뉴턴의 자리에 훅이 올랐을 것이라고 해도 과언은 아닐 것이다.

나이들어 쇠약해진 훅은 심혈관 질환이나 당뇨병으로 고통의 날들을 보냈으며, 질병으로 인해 힘겨운 삶을 살다가 결국 1703년 런던에 위치한 자신의 연구소에서 유언장 하나 남기지 않은 채 세상을 떠나게 되었다.

훅의 뒤를 이어 영국 왕립학회의 회장이 된 뉴턴이 회장직에 오르자 제일 먼저 한 일은 훅의 과학적 업적을 철저하게 짓밟고, 훅의 이름으로 쓰인 논문이나 원고뿐 아니라 훅의 초상화까지도 모두 불에 태우는 것이었다. 결국 훅은 뉴턴의 대표적인 희생자가 된 셈이다.

2) 훅의 업적

① 세포의 발견

훅이 직접 설계·제작한 현미경은 현재의 광학 현미경과 비교해도 손색이 없을 정도이다. 당시 현미경 제작 기술 수준으로 인하여 관찰 대상의 색이나 모양이 일그러지는 문제가 발생하게 되자 그는 조리개를 만들어 주변의 빛을 조정했다. 뿐만 아니라 어둡게 보이는 것을 해결하기 위해 물이 담긴 플라스크를 이용하여 램프의 빛을 모았다. 훅은 이 현미경으로 코르크를 관찰했는데, 그는 코르크의 얇은 조각이 벌집 모양과 같은 작은 방으로 되어 있는 것을 발견하고, '세포(cell)'라고 불렀다. 훅은 최초로 세포를 관찰한 사람이지만, 엄밀하게

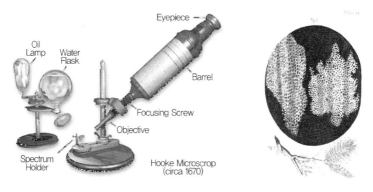

그림 6.9 훅이 고안해낸 현미경(우)과 그가 직접 그린 세포의 그림(우)

말하면 그가 관찰한 것은 세포가 아니라 세포벽이었다.

② 목성의 대적점 발견

태양계에 속한 행성들은 그들의 물리적 성질에 따라 크게 두 종류, 지구형 행성과 목성형 행성으로 구분 짓는다. 지구형 행성에는 수성, 금성, 지구, 화성이 목성형 행성에는 목성, 토성, 천왕성, 해왕성이 해당한다. 전자를 '고체형 행성', 후자를 '기체형 행성'이라고도 하는데, 그 명칭에서 알 수 있듯이 지구형 행성은 목성형 행성에 비해 밀도가 크고 단단한 표면을 가지고 있는 반면에, 목성형 행성은 밀도가 아주 낮고 기체로 이루어졌다. 따라서 목성형 행성들은 차등자전을 보인다. 이러한 차등자전은 표면이 고체가 아닌 천체에서 흔히 관찰되는 현상으로, 목성의 자전주기가 적도에서 극지방으로 갈수록 길어진다는 것이다.

태양계 행성들 중에서 가장 큰 목성은 차등자전으로 인해 대기층에서 항상 하강 또는 상승기류로부터 강력한 폭풍이 일고 있다. 그 색깔 때문에 '대적점(Great Red Spot)'이라 불리는 소용돌이 폭풍이 있는데, 그 폭이 14,000 km, 길이가 40,000 km로 지구의 3~4배 정도로 큰 것도 있다. 1664년 훅은 이 대적점을 처음으로 발견했다.

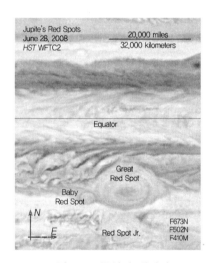

그림 6.10 목성의 대적점

③ 훅의 법칙

'용수철의 늘어나는 길이(x)는 용수철을 당기는 힘의 크기(F)에 비례한다'는 훅의 법칙은 고체 역학의 기본 법칙 중 하나로서 탄성체인 용수철 뿐 아니라 다른 종류의 변형 실험에서도 성립된다. 따라서 물체에 작용하는 힘(F)과 힘에 의해 생기는 변형(x)은 탄성 한계 내에서는 비례한다. 이때 힘의 한계를 '비례 한계'라 하고, 이 한계 안에서 힘과 변형량과의

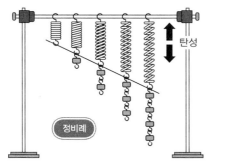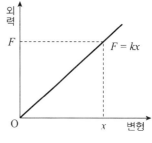

그림 6.11 훅의 법칙

비를 그 변형에 대한 '탄성률'이라고 하며, 이들의 관계는 다음 식으로 표현할 수 있다. 그러나 물체에 작용하는 힘이 너무 커지면 물체가 본래의 모양으로 되돌아갈 수가 없으므로 이 법칙은 적용되지 않는다. 따라서 훅의 법칙은 탄성체에 가해지는 힘에 의한 변형이 너무 크지 않을 경우에 성립하는 법칙이다.

$$F = kx \quad (k: \text{힘의 상수}, \ x: \text{늘어난 길이})$$

그러나 물체에 작용하는 힘이 너무 커지면 물체가 본래의 모양으로 되돌아갈 수가 없으므로 이 법칙은 적용되지 않는다. 따라서 훅의 법칙은 탄성체에 가해지는 힘에 의한 변형이 너무 크지 않을 경우에 성립하는 법칙이다.

④ 역제곱 법칙(Inverse Square Law)

당시만 해도 과학자들 사이에는 행성들이 어떻게 일정 궤도를 회전하는가에 대한 문제가 최대 관심거리였다. 이 문제 해결책의 시발점은 훅에게서 시작될 수 있었다. 1662년부터 훅은 중력 측정 장치를 제작하여 오랜 기간 동안 행성의 공전 궤도에 대한 연구를 수행하였는데, 그 결과 '모든 물체에는 중력이 작용하며, 그 중력으로 인하여 행성이 궤도 위에서 움직일 수 있다'는 결론에 도달할 수 있었다. 중력의 영향을 받는 두 물체 사이의 거리가 가까워질수록 중력의 세기는 더욱 커진다는 내용을 담은 '역제곱 법칙'을 주장했다.

이는 공전 궤도의 중심에 위치한 태양이 각 행성들을 강한 인력으로 끌어당길 것이며, 동시에 훅은 한 행성이 일정한 궤도 위를 회전하기 위해서는 행성이 직선으로 이동하려는 힘과 그 행성을 태양 쪽으로 끌어당기려는 힘의 합이라 생각했다. 하지만 이를 수학적으로 표현해 내지는 못했다. 그도 그럴 것이 훅은 인력의 개념을 떠올렸지만 어디에나 존재하는 중력 개념으로 발전시키지는 못했기 때문이다. 뉴턴의 도움이 필요했던 것이다. 두 사람 사이에 몇 차례의 서신 교환을 통하여 '역제곱 법칙'의 결론에 도달할 수 있었다. 역제곱 법칙은 '어떤 단위 요소를 둘러싸고 있는 장의 크기(F)와 물체(m)로부터의 거리(r)의 제곱 간의 반비례 관계'의 내용을 담고 있으며, 이는 다음의 식으로 나타낼 수 있다.

$$F = \frac{km}{r^2} \ (k: 만유인력\ 상수,\ m: 질량,\ r: 거리)$$

2. 고트프리트 라이프니츠

독일에서 태어난 라이프니츠(Gottfried Leibniz, 1646~1716)는 라이프치히(Leipzig) 대학 교수인 아버지 프리드리히 라이프니츠(Friedrich Leibniz)가 쓴 철학책을 읽고 논리학에 많은 흥미를 갖게 되었다. 어렸을 때부터 독학으로 라틴어를 공부했는데, 그 실력이 누구의 도움 없이도 책을 읽고 응용할 수 있을 정도였다고 한다. 그의 재능이 언어에만 국한되었던 것은 아니다. 대학에 입학한 라이프니츠는 전공인 법학 외에도 철학과 수학 등 여러 분야에 상당한 관심과 재능을 보였다. 대학 졸업 후 교수직의 제안을 받았던 그의 나이는 고작 스물 한 살이었다.

뉴턴과 훅의 관계에서 알 수 있듯이 뉴턴의 명성에 가려진 또 다른 인물은 라이프니츠였다. 그가 고안해낸 미적분학의 기호만큼은 분명 뉴턴의 그것에 비해서 과소평가되어서는 안 될 것이다. 당시 그는 덧셈과 뺄셈만 가능했던 파스칼의 계산기를 사칙연산이 가능하도록 변모시켰을 뿐만 아니라 철학 분야에서는 「단자론(Monad)」이라는 저서를 출간했다. 또한 라이프니츠는 하나님의 존재를 철저히 믿었을 뿐 아니라 삼위일체 하나님을 변증하는 글을 쓰기도 했다.

하지만 라이프니츠 노년의 7년간은 '누가 먼저 미적분법을 발견하였느냐'라는 미적분법에 관한 뉴턴과의 개발 우선권 논쟁 문제에 휘말려 힘든 날들을 보내기도 했다. 그렇다고

© Books'Hill

그림 6.12 라이프니츠

그림 6.13 라이프니츠의 계산기

해서 그 둘의 사이가 시작부터서 불화가 발생했던 것은 아니며, 아마도 주변에서 그들을 지지하던 사람들에 의하여 라이프니츠와 뉴턴과의 관계가 더욱 악화되었을지도 모를 일이다.

천성이 낙천적이었던 라이프니츠는 학문에서의 보편성을 추구했으며, 뛰어난 제자가 있었기에 그가 고안해 낸 미적분학의 기호법은 오늘날까지도 그 우수성을 인정받는 것이라 생각된다. 수학을 비롯한 신학과 철학 분야에서도 천재성을 보였고, 외교관으로서 활동하던 그가 힘든 노년을 지내다가 세상을 떠나게 되었다. 영국의 왕족과 최고의 귀족들이 묻히는 웨스트민스터 사원(Westminster Abbey)에 묻힌 뉴턴과 달리 라이프니츠는 노이슈타트(Neustadt) 교회에 쓸쓸히 묻혔지만 뉴턴의 미적분 기호법은 뉴턴과 함께 무덤 속으로 묻혔으나 라이프니치의 기호법은 그 편리함으로 인하여 지금까지도 사용되고 있다.

3. 존 플램스티드

학교생활을 제대로 할 수 없을 만큼 어려서부터 허약했던 영국 출신의 플램스티드(John Flamsteed, 1646~1719)는 우연히 천문학 관련 서적을 읽고 천문학에 관심을 갖게 되었다고 전한다. 캠브리지 대학교에서 공부를 마친 후 플램스티드는 왕에게 천문대 설립을 건의했

그림 6.14 플램스티드

그림 6.15 그리니치 천문대

고, 이어서 새롭게 설립된 천문대의 책임자가 되었다. 왕실의 승인을 받은 최초의 왕립천문학자가 되었던 그가 설립을 건의했던 천문대는 바로 그리니치 언덕에 세워진 그리니치 천문대(Greenwich Observatory)이다.

플램스티드는 뉴턴과 악연을 맺게 되는 또 다른 인물이기도 하다. 평소 자신과 의견이 다른 학자들과 사이가 좋지 않다는 악명이 높았던 뉴턴은 대표적 저서인 「프린키피아(Principia)」를 출간한 후 명성을 얻게 되었고, 훅의 뒤를 이어 영국 왕립협회 회장으로 선임되었을 뿐 아니라 최초로 작위를 받은 과학자가 되었다. 사실 뉴턴은 집필하는 동안 천문 관측 자료가 필요했었기에 플램스티드에게 자료의 일부를 달라고 요청했고, 그는 대부분의 자료를 뉴턴에게 건네주었다. 하지만 그 후로도 더 이상을 요구한 뉴턴의 제안을 플램스티드는 받아들일 수 없어서 뉴턴이 원하는 자료들을 내어주지 않았다. 이런 플램스티드의 행동에 대해 뉴턴은 어떠한 변명도 받아들이려고 하지 않았다. 그러자 뉴턴은 플램스티드가 소속해 있는 왕립천문대 이사로 자신을 임명해서 플램스티드에게서 자료를 빼앗았다.

평소 플램스티드와 천문학자인 핼리(Edmond Halley, 1656~1742)는 몹시 불편한 사이였다. 이 사실을 잘 알고 있었던 뉴턴은 자신에게 늘 호의적이었던 핼리에게 플램스티드에게서 압류해 온 관측 자료 전부를 건네주며 출간하도록 조치했다. 이에 질세라 플램스티드도 뉴턴의 압류 사실을 법원에 소송제기를 함으로써 뉴턴에게 빼앗겼던 연구 자료의 출간을 금지하는 법원의 판결을 얻어냈다. 그러자 이에 격노한 뉴턴은 「프린키피아」에서 플램스티드에 대한 언급을 모조리 삭제했다.

1690년 플램스티드는 자신이 발견한 행성을 항성으로 착각하고 '황소자리 34번'이라고 이름 붙였다. 황소자리 34번은 오늘날 우리가 잘 알고 있는 행성 천왕성이다. 따라서 천왕성 발견의 영예는 독일의 천문학자 허셜(William Herschel, 1738~1822)에게로 넘어가게 되었다.

4. 에드먼드 핼리

일생 동안 뉴턴이 호의적이었던 한 과학자가 있었다. 그가 바로 '핼리 혜성'을 발견한 핼리(Edmond Halley, 1656~1742)이다. 비누제조업에 종사했던 아버지 덕분에 부유한 환경에서 자란 영국 출신인 핼리는 어렸을 때부터 수학과 천문학에 남다른 재능을 보였으며, 옥스퍼드 대학교(Oxford University)에 입학한 핼리는 태양의 흑점에 대한 논문을 쓰기도 했다.

1675년 당시 왕립 천문대장 플램스티드의 조수가 된 핼리는 이듬해 수성의 태양면 통과를 관측한 후 태양계의 크기를 계산해낼 수 있었다. 또한 핼리는 남반구의 별들을 관측했던 자료들을 토대로 「남반구 천체 목록」을 출판하기도 했는데, 이는 최초로 남반구에서 관측 가능한 별들에 대한 정확한 목록이었기에 플램스티드는 핼리를 '남쪽의 티코'라 부를 정도였다.

또한 달 관측에 많은 시간을 할애했던 그는 케플러의 세 가지 법칙에 대해 생각하면서 중력에도 상당한 관심을 보였다. 이에 대한 연구를 더욱 진전시키고 싶었던 핼리는 뉴턴과의 몇 차례 토론을 거쳐 뉴턴이 저서를 집필할 때 운동법칙을 설명하기 위해 사용했던 수학 계산상의 실수를 고쳐주었고, 뉴턴의 법칙을 확고하게 하는 기하학적 공식들을 제공해주기도 했다. 또한 핼리는 뉴턴의 대표 저서인 「프린키피아」를 출판할 수 있도록 편집부터 출판비용에 이르기까지 모든 과정에 깊이 관여했다.

© Books'Hill

그림 6.16 핼리

그의 나이 63세 즈음 플램스티드의 뒤를 이어 그리니치 천문대장이 되었으며, 달의 주기를 관측하면서 시간을 보냈다. 뿐만 아니라 1531년, 1607년, 1682년에 관측된 혜성은 동일한 것으로 판단한 핼리는 이 혜성이 1758년에 다시 관측될 수 있다고 예측했으며, 혜성 궤도에 관한 그의 연구는 여러 사람들의 관심을 받기는 했지만, 당시에는 다들 핼리의 주장을 믿지는 않았다. 하지만 그가 세상을 떠난 지 15년 후, 그의 예측대로 1758년 말~1759년 3월에 혜성이 근일점을 통과하자 사람들은 핼리를 기념하기 위해서 '핼리 혜성'이라고 이름 지었다.

5. 크리스티안 호이겐스

네덜란드에서 태어난 호이겐스(Christiaan Huygens, 1629~1695)는 대학을 졸업한 후 자신의 형과 함께 굴절망원경을 공동 제작하기 시작하였다. 1610년 갈릴레이는 토성을 관측하고 토성에는 '귀'가 있다고 밝혔지만 다시 관측했을 때는 귀가 보이지 않았고, 갈릴레이는 그 이유를 알 수 없었다. 갈릴레이가 관측했던 토성에 관심이 많았던 호이겐스는 배율이 50배쯤 되는 망원경을 제작해 그 언젠가 갈릴레이가 관측했던 토성의 '귀'를 관측하게 되었다. 하지만 갈릴레이의 눈에 비쳤던 토성의 귀가 호이겐스에게는 고리로 관측되었다. 계속된 관측으로 호이겐스는 1655년 3월 25일 마침내 자신이 관측했던 토성의 고리가 위성이라는 사실도 발견했는데, 이것이 바로 토성의 위성 '타이탄(Titan)'이다.

호이겐스는 갈릴레이가 그랬던 것처럼 진자에 관해서도 많은 관심을 보였다. 과거 갈릴레이가 성당의 천장에 매달린 촛대의 흔들림을 보고서 '진자의 등시성'을 발견했다면, 호이겐스는 이 원리를 이용해서 1656년 진자시계를 발명했다. 게다가 그가 발명한 시계는 정확

그림 6.17 호이겐스

하기까지 했다. 그의 정확성과 투철한 실험정신은 후세 과학자들에게 과학을 발전시키는 데 큰 도움이 되었다.

호이겐스는 빛의 파동성을 주장하여 뉴턴의 주장을 반박하였다. 당시 빛의 회절현상은 빛의 입자의 성질이 아닌 파동성으로 설명 가능했다. 파동의 마루를 이어준 곡면을 '파면'이라 하는데, 호이겐스는 파면이 시간에 따라 그 다음 파면을 형성하는 원리를 발견했다. 그는 빛을 파동으로 보고 빛의 굴절이나 반사의 법칙을 이 원리로서 잘 설명할 수 있었다. 파면에 대한 개념을 도입하여 빛의 직진현상을 설명하였을 뿐만 아니라 파면상의 모든 점들이 새로운 파를 만드는 2차적 파원과 같은 역할을 한다는 소위 '호이겐스의 원리(Huygens's Principle)'를 주장하여 빛의 입자성에 관련된 직진, 반사 그리고 굴절 현상을 호이겐스의 원리를 이용해서 파동성의 입장에서도 설명이 가능하게 되었다.

사실 빛의 두 가지 성질인 입자성과 파동성에 대한 논쟁은 인류의 역사만큼이나 오랜 세월 동안 이어졌는데, 호이겐스가 주장했던 빛의 파동설은 빛이 매질을 통해 전파되는 '파동(wave)'이라는 내용을 담고 있다. 파동설의 기틀을 닦은 인물들로는 호이겐스를 비롯하여 로버트 훅이 있으며, 19세기에 들어 토마스 영(Thomas Young, 1773~1829)은 빛의 파동성으로 설명 가능한 빛의 간섭현상을 발견했다. 또한 프레넬(Augustin Jean Fresnel, 1788~1827)은 빛의 입자성으로 설명 가능한 빛의 직진, 반사 및 굴절 등을 수학적 해석으로 설명하여 마침내 파동설이 확립되었던 것이다.

6.3 그 외 학자들

1. 마르첼로 말피기

이탈리아의 생물학자이자 의사인 말피기(Marcello Malpighi, 1628~1694)는 1646년 볼로냐 대학(University of Bologna)에 입학했다는 사실 이외에 그의 유년기와 청년기에 대해 알려진 바가 거의 없다. 대학에 입학하여 철학을 공부하던 즈음 그는 갑작스런 부모의 죽음으로 학업을 중단할 수밖에 없었다. 이후 어려운 형편을 딛고 일어나 다시 공부를 시작했던 그는 생물해부학 분야에 처음으로 현미경을 사용하여 육안으로는 관찰할 수 없었던 생물체의 복잡한 구조 연구를 연구했다. 개구리의 폐를 관찰하는 과정에서 혈액이 모세혈관을 통해 흐른다는 것을 발견함으로써 하비(William Harvey)의 혈액순환 이론의 주장이 옳았음을 증명

그림 6.18 말피기

했다. 이전의 관념들에 얽매어 있던 당시의 과학자들과 17세기 내내 논쟁을 벌이기도 했지만, 말피기는 이탈리아인으로서는 최초로 당대 손꼽히는 학자들이 모여 활동하던 영국 왕립협회의 정회원이 되는 영예를 안게 되었다.

말피기는 곤충의 기관, 사람의 폐와 신장 구조를 연구하여 신장의 말피기소체와 곤충의 말피기관을 발견하였다. 곤충 유생에 대한 그의 연구는 이후 곤충 유생 연구의 기초가 되었는데, 그중 가장 중요한 것은 1669년에 이루어진 누에의 구조와 발생에 대한 연구였다. 뿐만 아니라 식물에도 많은 관심을 가지고 있었던 말피기는 「식물해부학」을 저술하기도 했다. 그가 '미시해부학'의 과학적 기초를 마련한 이후로 미시해부학은 생리학, 발생학, 그리고 실용의학의 발전에 필수적인 학문이 되었다.

그 후 말피기의 업적은 왕립학회의 학회지인 「철학회보(Philosophical Transactions)」에 정기적으로 발표되었다. 하지만 말피기 일생의 마지막 10년은 그에게 불행의 연속이었다. 악화된 건강과 그의 연구에 대한 비판이 그를 괴롭혔고, 집의 화재로 실험도구들과 그간의 논문 및 저서들이 소실되었다. 그럼에도 불구하고 말피기는 능력을 인정받아 교황 인노켄티우스 12세(Innocentius, 1615~1700)의 주치의로 초청받았으며, 교황이 설립한 의학교에서 제자들을 가르치면서 노년을 보내다가 건강악화로 세상을 떠났다. '조직학의 아버지'라 불리던 말피기는 볼로냐의 한 교회에 안치되었다.

2. 조지 슈탈

독일의 의학자이자 화학자인 슈탈(Georg Ernst Stahl, 1660~1734)은 '아니마(Anima, 영혼)'가 생명의 궁극적 근원이며, 모든 생리적 · 병리적 현상이 이에서 유래한다는 생각을 근거로 하

그림 6.19 슈탈

여 '아니미스무스(Animismus, 생명론)'를 주장하였다. 이러한 견해는 후에 '비탈리스무스 (Vitalismus, 생기론)'에 영향을 미치기도 했다.

당시 많은 과학자들은 연금술이나 화학에서 다루는 여러 물질의 연소 현상을 설명하고자 하였는데, 슈탈은 이를 규명하기 위하여 기름성분의 흙(terra pinguis)을 '플로지스톤(Phlogiston, 불꽃)'이라 명명하고 이 개념을 도입하였다. 슈탈 이전에 독일의 화학자이자 의학자인 베허 (Johann Joachim Becher, 1635~1682)는 '모든 물질은 물과 세 종류의 흙으로 구성된다'고 생각 했으며, 물질의 연소 현상을 설명하기 위하여 물질 원소로서 '불타는 흙'을 가정했다. 이후 슈탈에 의하면 불에 잘 타는 종이, 나무 및 황 등에는 플로지스톤이 많이 포함되어 있으며, 그렇지 않은 물질에는 플로지스톤이 거의 포함되지 않았다고 주장했다. 슈탈은 플로지스톤이 가연성을 대표하는 원소라 생각했으므로 연소 과정을 통해서 그 물질의 플로지스톤은 공기 속으로 빠져 나가고 재만 남는다는 것이다. 그렇기 때문에 플로지스톤이 빠져 나간 연소 과 정 후 물질의 질량은 연소 전 물질의 질량보다 더 가볍다고 입증할 수 있었다.

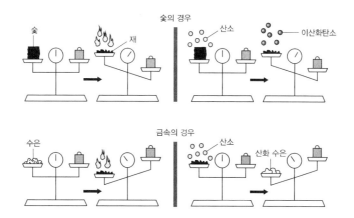

그림 6.20 플로지스톤 이론에 의한 연소(좌), 라부아지에에 의한 연소(우)

하지만 금속의 연소 과정은 달랐다. 금속의 연소 과정 후 질량은 연소 전 질량에 비하여 무거웠기 때문에 연소 과정을 통해 플로지스톤이 빠져 나갔다는 개념으로는 설명하기에 부족했다. 그럼에도 불구하고 슈탈 이후 플로지스톤 이론은 모든 화학 이론의 중심으로 자리 매김을 하게 되었으며, 여러 과학자들은 금속의 연소 과정 전후 질량의 차이를 플로지스톤의 성질에 무중량이나 음(−)의 중량을 첨가하여 이론의 일부를 수정하여 설명하고자 시도했다. 슈탈의 플로지스톤 이론은 후에 화학 발전에 커다란 걸림돌이 되기도 했지만 '연소'라는 화학 현상을 통일적으로 설명하는 최초의 이론이기도 하다. 이는 후에 근대적인 연소 이론을 정립한 라부아지에 의해 '물질의 연소 현상은 산화작용'임이 밝혀지면서 플로지스톤 이론은 잘못되었음이 입증되었다.

3. 레온하르트 오일러

목사였던 아버지의 영향으로 신학을 공부했지만, 오일러의 아버지와 당시 최고의 스위스 수학자인 요한 베르누이(Johann Bernoulli, 1667~1748)와의 인연 덕분에 스위스 출신의 오일러(Leonhard Euler, 1707~1783)는 자신의 재능이 수학에 있다는 사실을 깨닫고 수학 공부를 시작하였다. 17~18세기 무렵 걸출한 여러 명의 수학자와 과학자를 배출한 베르누이 가문 출신인 요한 베르누이의 제자가 된 오일러는 19세 때 프랑스 학술원상을 받을 정도로 뛰어난 천재성을 돋보이며, 돛을 달고 바다에 항해하는 배를 한 번도 본 적이 없음에도 불구하고 배에 돛을 다는 최적의 위치에 관한 해석으로 수상의 영예를 안기도 했다.

오일러는 시력을 잃은 불행을 당했으나 다행히 천부적인 기억력과 뛰어난 집중력으로 연구에 정진하여 미적분학을 발전시킬 수 있었다. 뉴턴 이후 미적분학은 이렇다 할 개념은 정

© Books'Hill

그림 6.21 오일러

립되어 있었으나 체계적인 연구가 이루어지지 않은 상태였으므로 오일러는 자신의 저서 「미분학 원리(Institutiones Calculi Differontial)」와 「적분학 원리(Institutiones Calculi Integrelis)」를 거쳐 '변분학(극대 또는 극소의 성질을 가진 곡선을 발견하는 방법)'이라는 새 분야를 개척해냈다. 뿐만 아니라 정수론이나 기하학에서도 커다란 업적을 남겼는데, 특히 그가 고안한 삼각함수의 기호인 sin(사인), cos(코사인), tan(탄젠트)는 오늘날에도 유용하게 이용되고 있다.

'오일러 경로(Eulerian path)'는 그래프 상에서 그래프의 모든 변을 단 한 번만 통과하는 경로를 나타내고 있다. 이는 우리가 알고 있는 '한 붓 그리기'라고도 하는데, 사실 오일러는 철학자 칸트(Immanuel Kant, 1724~1804)의 고향 쾨니히스베르크(Königsberg) 마을에 있는 프레겔(Pregel) 강 위에 놓인 7개의 다리에서 '같은 다리를 단 한 번만 지나서 모든 다리를 산책할 수 있는 방법'을 찾고자 했다. 그림 6.22에서 알 수 있듯이 그는 이 문제에서 다리는 선으로, 장소는 점으로 나타낸 후, 한 점에서 출발하여 그림의 모든 선을 한 번만 지나서 제자리로 돌아오는 문제로 바꾸었다. 그리고 오일러는 이 문제에 대해 '그런 방법은 없다'고 답했다. 이는 '연필을 떼지 않고 모든 선을 한 번씩만 지나면서 이 그림을 그릴 수 있느냐'하는 문제와 동일하므로, 4개의 홀수점을 지닌 이 다리의 한 붓 그리기가 불가능하기 때문이었다.

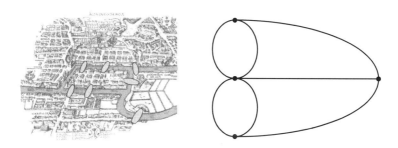

그림 6.22 오일러의 한 붓 그리기

7장 전기시대의 과학

7.1 유리병 속의 전기

1700년대 중반까지만 해도 과학자들은 모든 전기 실험을 할 때 마찰을 이용해서 생긴 전기를 이용하였다. 이를 '마찰전기'라고 하는데, 이것으로는 실험에 필요한 충분한 양의 전기를 일정하게 공급하기 어려웠으며 전기발생 장치를 이용하여 만들어낸 전기를 저장해 두었다가 사용하기는 불가능했다.

1. 라이덴병의 탄생

고대 그리스인들은 소나무에서 흘러나온 송진(松津) 등이 땅속에 파묻혀서 수소, 산소 및 탄소 등과 결합하여 고형화된 광물인 호박(琥珀, amber)을 귀한 보석으로 여겼으므로 이를 천이나 헝겊으로 자주 닦았다. 그런데 호박을 헝겊으로 닦으면 닦을수록 먼지나 머리카락 등이 더 잘 달라붙는 것을 발견하게 되었다. '정전기(static electricity)' 유도 현상을 발견한 것이었다. 고대 철학자 탈레스는 자철석이 철을 끌어당길 뿐 아니라 철을 자철석에 마찰시키면 서로 끌어당긴다는 사실을 알아냈다. 이는 정전기가 호박에서만 발생하는 것이 아니라는 의미이다. 이와 같이 물체를 마찰하여 형성된 전기는 발생된 곳에만 작용하는 정지 상태의 전기라는 의미에서 정전기라 하며, 마찰 후 그대로 두면 점점 사라지게 된다. 또한 전하(electric charge)는 전기를 가지는 가장 작은 입자를 가리키는 단위로서 양성자(proton)의 양전하(+)와 전자(electron)의 음전하(−)가 있는데, 서로 다른 극성을 지닌 두 전하 사이에는 인력이 작용하게 되며, 이 입자들의 움직임으로 인해 전기가 발생하게 된다.

18세기 과학자들은 전기 관련 실험을 하기 위해서 필요한 양의 전기를 보관해 둘 수 있는 방법이 절실히 필요했다. 당시 많은 사람들은 전기가 유체(流體)라고 여겼기 때문에 그릇에 담아 모을 수 있을 것이라 판단했으며, 이러한 생각은 네덜란드의 뮈스헨브루크(Pieter van Musschenbroek, 1692~1761)와 독일의 클라이스트(Ewald Georg von Kleist, 1700~1748)에 의해 '라이덴병(Leyden Jar)'이라는 이름으로 탄생하게 되었다. 그들은 각기 독자적으로 이 병을 고안해 냈지만, 많은 전기를 저장해 두었다가 필요할 때에 사용할 수 있는 일종의 축전기(capacitor) 원리라는 데에서는 동일하다.

라이덴 대학을 졸업한 클라이스트는 하전(荷電)된 철침을 병 속에 넣은 후 그 속에 수은과 알코올을 담은 실험에서 발생한 전기를 축전해낼 수 있었다. 또한 뮈스헨부르크는 실험실에서 연구를 하던 도중, 전기를 축전해 둔 병을 살짝 건드렸다가 감전이라는 아찔한 경험을 하게 되었다. 이것이 바로 오늘날의 라이덴병의 원형이며, 후에 프랑스의 물리학자인 놀레(Jean Antoine Abbé Nollet, 1700~1770)는 이를 개량하여 '라이덴병'이라 명명하게 되었다. 사실 비슷한 시기에 뮈스헨브루크와 클라이스트가 각기 동일한 원리와 구조를 지닌 전기 저장장치를 발명했기 때문에 이에 대한 우선권 논란이 많았는데, 클라이스트의 출신 대학 이름과 뮈스헨브루크의 고향 이름을 근거로 '라이덴병'이라 명명하게 되었다고 전한다. 라이덴병이 발명되자 수많은 과학자들이 이를 이용하여 전기 실험을 하게 되면서부터 전기에 대한 다양한 연구의 발전이 이루어졌다.

2. 라이덴병에 전기가 저장되는 원리

라이덴병의 원리는 다음과 같다(그림 7.1). 유리병의 안쪽과 바깥쪽에 주석(朱錫, tin)으로 된 얇은 금속판을 붙여서 만든 라이덴병은 절연체로 된 유리병 마개의 중심을 통해 병 안쪽으로 넣은 금속 막대 끝에 사슬을 달아 유리병의 밑면과 접촉시킨 것이다. 그리고 금속 막대 위쪽 끝부분에 금속판을 연결하여 병 전기를 띤 외부 물체와 접촉하는데, 이때 전기는 유리병 안쪽에 있는 주석판을 따라 퍼지게 되면서 양전하(+ 전기)가 저장된다. 그 결과 정전기 유도에 의하여 유리병 바깥쪽에 있는 주석판에 음전하(- 전기)가 형성되므로 유리병 안쪽에 저장된 양전하는 그 안에 그대로 머무르게 된다. 즉 유리병을 사이에 두고 형성된 유리병 안쪽의 양전하와 유리병 바깥쪽의 음전하는 서로 인력에 의하여 병에 저장되는 것이다. 따라서 많은 양의 전기를 저장하고 싶다면 유리병의 안쪽과 바깥쪽에 위치한 주석판

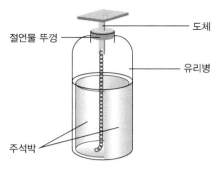

그림 7.1 라이덴병의 원리

의 너비를 넓게 두고, 두 주석판 사이의 거리를 가깝게 유지해주면 된다. 반대로 유리병의 전기를 없애고 싶다면 유리병 마개 위 금속과 유리병 바깥쪽 주석판을 구리나 철사로 연결하여 전류가 흐르게 하면 곧바로 전하는 사라지게 된다. 이는 오늘날 전자기기의 부품으로 사용하는 축전기에 전기가 저장되는 원리이기도 하다.

7.2 피뢰침

1. 전기와 자기의 역사

영국의 물리학자 길버트(William Gilbert, 1544~1603)는 마찰을 통해 정전기가 발생되는 물질이 호박 이외에도 여러 종류가 존재한다는 사실을 발견하여 전기로 인한 인력과 척력을 지닌 물질을 'Electric'이라 명명하고, 이에 대한 연구를 본격적으로 착수했다. 당시 사람들은 바다를 항해하는 동안 종종 나침반을 사용하였으나 나침반이 자기장의 영향을 받는 이유나 과정에 대해서는 명확히 알지 못했다. 이에 길버트는 '지구는 하나의 거대한 자석과 같다'는 사실을 알아내기도 했다.

길버트가 처음부터 전기 분야에 관심을 가졌던 것은 아니다. 그는 화학 분야에 많은 관심을 보이면서 당시 성행하던 연금술이 환상에 불과하다는 것을 깨닫고 자신의 연구 방향을 전기와 자기 분야로 전환한 후, 오랜 연구를 거쳐 「자석에 관하여(On the Loadstone and Magnetic Bodies)」라는 저서를 출판하기도 했다. 그는 전기의 힘과 자석의 힘은 서로 다르다고 생각했으며, 전기와 자기 현상에 대한 체계적인 내용을 담은 이 책은 해당 분야에 관한 기본 지침서가 될 정도였다. 그렇다고 해서 길버트의 연구가 전기학이나 자기학이라 말할

그림 7.2 길버트　　　　　　그림 7.3 프랭클린

정도로 거창하지는 않지만, 그로 인해 많은 사람들이 전기와 자기에 대해 상당한 관심을 갖게 되면서 전기와 자기 분야가 발전할 수 있었다는 데에 그 의미가 있을 것이다.

길버트 이후 사람들은 '전기'라는 새롭고도 불가사의한 힘에 대한 호기심과 필요성으로 인하여 실험과 연구를 진행하였는데, 길버트의 여러 추종자들 중 한 사람이 바로 프랭클린(Benjamin Franklin)이다.

2. 벤자민 프랭클린

비누와 양초를 만드는 집안에서 태어난 프랭클린(Benjamin Franklin, 1706~1790)은 어린 시절 어려운 집안 형편으로 인하여 학교에 다닐 수 없게 되자 자신의 형이 운영하던 인쇄소에서 일을 배워야 했다. 타고난 부지런함과 열정을 지닌 프랭클린은 오래지 않아 능숙한 인쇄술을 터득하게 되었고, 글을 읽고 쓸 줄도 알게 되었다. 이후 그는 인쇄업자로 크게 성공하면서 저술 활동을 통하여 여러 사람들로부터 평판이 좋았다.

18세기에 사람들이 가장 흥미로워했던 발견들 중 하나는 전기였다. 평소 번개가 칠 때 보이는 불꽃이 전기 실험에서 보이는 불꽃과 비슷하다고 생각했던 프랭클린은 번개도 전기의 일종일 것이라 추측했다. 그는 이를 증명하기 위하여 가느다란 2개의 나무 막대를 십자 모양으로 놓고 그 위에 천을 붙여 연을 만든 후 십자 모양의 나무 막대 위쪽 끝부분에 바늘 정도의 굵기로 된 금속(주석)을 장착했다. 그리고 연의 아래쪽 끝부분에 연결한 실 끝에 리본과 작은 금속을 매달았다. 이제 번개도 전기의 일종인가를 알아보기 위한 프랭클린의 연줄 실험 준비는 다 갖추어진 셈이었다.

며칠 후 번개가 치며 비가 내리는 날, 프랭클린은 준비한 연을 아들과 함께 공중에 띄워

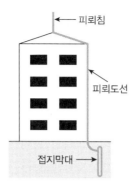

그림 7.4 피뢰침의 원리

올렸다. 그리고 번개가 번쩍일 때 연 아래쪽 끝에 연결된 실에 매달려 있는 작은 금속 위에 손을 대었다. 순간 그는 전기 충격을 느낄 수 있었다. 번개에서 발생한 전기 불꽃이 일어난 것이었다. 번개는 전기의 일종이라 예측했던 자신의 추측이 확인되는 사건이었다. 연에 있는 실이 비에 모두 젖게 되자 번개에서 발생하는 전기는 계속 실을 통과해서 흘렀다. 그는 이 전기를 라이덴병에 담아 저장하였다. 이로써 프랭클린은 이 장치를 건물 꼭대기에 설치한다면 번개의 피해를 피할 수 있을 것이라 생각했던 것이다. 마침내 피뢰침이 탄생하게 되었다.

대기 중의 전기 현상인 번개(lightning)는 지표면의 물체로 이동하면서 우리 생활에 크고 작은 피해를 유발하게 된다. 지표면의 공기들은 태양에너지에 의해 가열되는데, 이때 상승기류가 형성되면서 소나기구름인 뭉게구름이 발달하게 된다. 이에 상승기류가 더해지면서 소나기구름을 구성하는 작은 수증기(물방울)는 터지는데, 이때 터진 물방울은 양전하를 띠게 됨과 동시에 주위의 대기는 음전하를 띠게 된다. 그 결과 양전하는 주로 소나기구름의 윗부분에, 음전하는 주로 소나기구름의 아랫부분에 위치하면서 다른 종류의 두 전하는 소나기구름에 층을 이루게 된다. 이 상태에서 음전하의 양이 증가하게 될 경우, 다량의 음전하는 지표면에 있는 양전하와의 인력에 의해 주로 뾰족한 부분으로 이동하게 된다. 축적된 음전하의 일시적 이동은 빛에너지 상태로 우리에게 관측되고, 번개가 지표면으로 이동하는 낙뢰 현상이 발생하게 된다. 이와 같은 현상, 즉 다량의 음전하의 축적이 가능하지 못하도록 미리 접지해 둔 것이 피뢰침이다. 피뢰침은 번개를 차단하여 번개의 전하가 지하로 유도하면서 그로 인한 피해를 최소화할 수 있게 해준다. 그 이름에서 알 수 있듯이 낙뢰를 피하기 위함이 그 목적이다. 따라서 돌침, 피뢰도선, 접지 전극으로 구성된 피뢰침의 모양은 번개의 전기에너지를 분산하고자 일자형이 아닌 사방으로 벌어진 모양의 침을 가지고

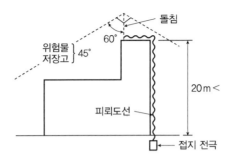

그림 7.5 피뢰침의 작용 범위

있는 것이다. 지표면과 건물 위의 피뢰침이 수직이라 가정했을 때, 피뢰침을 중심으로 하여 약 60°의 범위는 피뢰침이 작용할 수 있는 공간이다(그림 7.5).

이후 프랭클린의 피뢰침이 여러 곳에 설치되면서 그는 영국의 주요건물이나 화약고를 번개로부터 보호하는 자문위원회에서 활동하게 되었다. 피뢰침의 끝이 둥글거나 편평해야 한다는 주장도 일부에서 있었으나 프랭클린은 뾰족한 피뢰침이 더 효과적이라는 주장을 고수했다. 그러나 최근 한 연구에 의하면 끝부분이 뾰족한 피뢰침은 전하를 모으는 데 불리하기 때문에 둥근 피뢰침이 번개의 피해를 피하는 데에 더 적절하다는 것이다.

1776년 미국과 영국의 불편한 관계로 인하여 영국의 식민지였던 미국은 영국으로부터 독립하기로 결의하였는데, 그들의 중심에 프랭클린이 있었다. 식민지인인 미국인들의 독립 의지를 배반이라 여긴 영국인들은 이에 격분하였고, 그들은 미국인들에 관련된 모든 것을 혐오하기 시작했다. 프랭클린의 피뢰침도 마찬가지였다. 이 사실을 알게 된 영국의 국왕은 자신의 거주지인 궁전을 비롯한 모든 공공건물에서 프랭클린의 뾰족한 피뢰침을 모조리 제거하고 끝이 둥근 피뢰침으로 교체하라는 명령을 하기에 이르렀다. 그러나 당시 왕립학회 회장은 국왕의 요구에 다음과 같이 대답하였다고 한다. "폐하의 요구대로 수행하고 싶은 생각이 간절하지만, 자연의 법칙에 위배되는 것을 행할 수는 없습니다." 한편 이 소식을 들은 프랭클린은 "벼락에 맞을 리 없다고 안심하고 있는 국왕이 자신의 벼락으로 아무 죄도 없는 신하들을 괴롭히고 있다"라고 답을 전했다.

7.3 동물전기와 화학전지

1. 루이지 갈바니

    이탈리아 출신의 갈바니(Luigi Galvani, 1737~1798)는 볼로냐(Bologna) 대학에서 의학을 공부한 후 동 대학교의 해부학 교수로 재직하던 중 평소 허약하던 아내에게 보신을 위하여 개구리 요리를 만들어 주기로 생각했다. 준비한 개구리를 금속 쟁반 위에 담고 개구리의 다리를 자르려고 칼을 가까이 대는 순간 갈바니는 놀랄 만한 광경을 목격하였다. 마치 개구리가 살아있는 것처럼 개구리의 근육이 움찔하며 수축하고 경련하는 것이었다. 당시 그는 대학에서 동물신경에 관한 연구를 하고 있었기에 죽은 개구리의 움직임이 예사롭지 않게 느껴졌다. 이와 같은 현상의 원인을 규명하기 위하여 갈바니는 다양한 방법으로 여러 실험을 시도한 결과, 죽은 개구리 근육의 움직임은 전기와 관련된 것이라 판단했다. 아마도 금속에 접촉되면 개구리 뇌에서 발생한 약한 전류가 개구리 몸 밖으로 나오는 것으로 이는 동물전기가 뇌신경을 통해 근육으로 전달된 것이라 결론짓고 이를 '동물전기(bioelectricity)'라 불렀다(1786). 다시 말해서 동물의 근육을 금속으로 건드리거나 접촉할 때 발생하는 에너지를 동물전기라고 한 것이었다.

    갈바니는 '생물전기'라고도 하는 동물전기에 관한 현상을 정리하여 논문 「근육의 운동에 관한 전기 작용에 대한 고찰」을 발표했다. 이에 따르면, 동물전기는 동물의 근육이 지니는 생명의 기운이므로 두 종류의 다른 금속(쟁반과 칼날)을 근육에 접촉하면 신경에 전달되어 동물전기가 발생한다는 것이다. 이는 생물의 체액은 전해질과 같은 다양한 염류가 용해되어 있어서 소량의 전기 발생이 가능하기 때문이다. 사람의 경우, 흥분하지 않은 상태에서

그림 7.6 갈바니

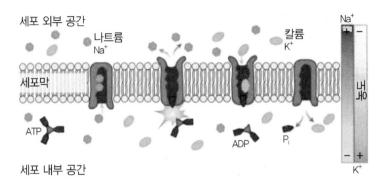

그림 7.7 세포막에서의 나트륨-칼륨 펌프(Na$^+$/K$^+$ pump)

형성되는 '휴지전위(resting potential)'[7]는 세포막의 안쪽과 바깥쪽에 분포된 칼륨 이온(K$^+$)과 나트륨 이온(Na$^+$)의 농도차로 인한 전위차[8]인 $-60\sim-90$ mV 정도의 전압을 보인다. Na$^+$ 은 주로 세포막 밖에 존재하며, 세포 내에 존재하는 K$^+$과 경쟁적으로 정상 삼투압을 유지 시키고 신경전달에 관여할 뿐 아니라 세포막 전위를 조절한다. 휴지전위인 평상시에 세포 막 바깥 부분은 양전하를, 안쪽 부분은 음전하를 띄는데, 이를 세포막의 '분극(polarization)' 상태라 한다. 이와 달리 근육이나 신경세포는 자극을 받아 흥분 상태에서 일시적으로 형성 되는 '활동전위(action potential)'[9]는 세포막 안과 밖의 전위 변화가 일어나게 되어 $30\sim40$ mV의 전압을 나타낸다. 또한 갈바니의 동물전기 발견의 재료가 되었던 개구리의 세포막 안쪽의 전위는 약 -100 mV이다.

　당시 과학자들은 라이덴병이나 피뢰침의 원리를 통하여 전기의 존재를 알고 있었다. 그 렇기 때문에 동물전기는 갈바니의 이름과 함께 유럽 전역에 알려지게 되었다. 이를 계기로 동물전기에 대한 효과를 '갈바니즘(Galvanism)'이라 불렀고, '전류계(galvanometer)'라는 장치 에서 갈바니의 이름이 사용된 것을 보면 갈바니의 유명세를 충분히 짐작해볼 수 있다. 그의 동물전기는 이후 이탈리아 출신의 볼타에 의해 상당 부분 수정되기는 하지만 갈바니가 '전 지 발명의 선구자'로 불리는 데에는 이견이 없을 것이다. 따라서 갈바니의 동물전기 발견을

---

7) 세포막을 중심으로 세포 내부에는 일반적으로 K$^+$의 농도가, 세포 외부에는 Na$^+$의 농도가 더 높지만 휴지전위 상태에서는 K$^+$ 채널(channel, 통로)이 Na$^+$ 채널에 비하여 투과도가 더 높다. 따라서 이온 농도차로 인한 확산 에 의해 유입되는 Na$^+$보다 확산에 의해 유출되는 K$^+$이 더 많아지게 된다.

8) 세포막 전위란 사람의 세포막 주위에 있는 주요 무기질(mineral)이 세포 내에 출입함에 따라 미세한 전류를 형성하면서 힘을 발생하게 된다. 이는 마치 배터리와 같은 역할을 하는데, 신경과 근육세포 등에서 신호를 전 달해 주는 기능을 하게 된다.

9) 자극을 받아 흥분하게 된 세포들은 휴지전위에서 활동전위 상태가 되면, 탈분극이되면 Na$^+$ 투과도가 갑자기 증가한다. 이때 세포 내부로 Na$^+$이 다량 유입되면서 세포막 내부가 $+35$ mV가 된다.

계기로 전기화학 및 전기생리학 분야의 발전을 앞당기게 되었다.

2. 알렉산드로 볼타

그림 7.8 볼타

이탈리아 파비아(Pavia) 대학의 물리학 교수인 볼타(Alessandro Guiseppe Antonio Volta, 1745~1827)는 볼로냐 대학 교수인 갈바니의 실험 내용을 전해 들었다. 그런데 볼타는 갈바니의 실험에서 믿기 어려운 놀랄만한 사실을 발견했다. 갈바니가 개구리 실험을 통해서 '금속이 가까이 접촉되면 개구리 근육에서 전기가 발생된다'는 결론을 내렸다는 점이었다. 볼타는 갈바니의 주장을 그대로 수용할 수 없었다. 동물의 근육의 움직임이 동물전기라 단정 짓는 갈바니의 실험에 쉽사리 동의할 수 없었던 것이다. 그리하여 볼타는 갈바니가 시도했던 것과 동일한 실험을 여러 차례 반복했다. 하지만 볼타는 갈바니와 다른 결론에 이르렀다. 갈바니가 '동물전기'라고 여겼던 것은 동물에서 발생하는 전기가 아니라 두 종류의 금속 사이에서 일어나는 현상을 단지 개구리 다리의 근육과 수분이 매개 역할을 했다는 판단이 더 타당하다는 생각이 들었다.

볼타의 실험 결과에 의하면, 동물의 근육과 금속의 접촉으로 인해 발생하는 동물전기가 아니라 서로 다른 두 종류의 금속 사이에서 발생하는 '접촉전기'라는 것이다. 즉 개구리 다리 근육에 발생했던 전류는 서로 다른 두 종류의 금속으로 인하여 전기가 발생한다는 의미이다. 그 후로도 동일한 실험을 거듭하여 연구한 결과, 볼타는 영국왕립학회에 실험 결과를 기록한 논문을 보고함과 동시에 전지 발명을 하게 되면서 '볼타전지'가 세상 사람들에게 알려지게 된 것이다(1800). 이로 인하여 볼타와 함께 볼타전지는 유럽 최고의 관심거리가 되

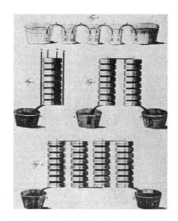

그림 7.9 볼타전지의 모습(1800)

었으며, 학회는 그에게 '코플리 메달(Copley Medal)'을 수여하였다. 뿐만 아니라 당시 나폴레옹(Napoléon Bonaparte, 1769~1821)의 파리 초대를 받은 볼타는 백작이라는 신분과 연금을 받게 되었다. 오늘날 전압의 측정 단위인 '볼트(Volt)'에서 볼타의 발명이 얼마나 획기적이었는지 짐작해 볼 수 있다.

볼타의 볼타전지 원리는 다음과 같다. 서로 다른 두 종류의 금속 아연(Zinc)과 구리(Copper) 사이에 소금물이나 묽은 황산(H_2SO_4)과 같은 전해질 수용액이 묻은 헝겊 조각을 끼워 넣은 것을 반복적으로 하여 겹치도록 쌓아올린다. 그런 다음 금속을 쌓아올린 더미 맨 끝부분에 전선을 연결하면 전류가 흐르는 것을 확인할 수 있다. 오늘날 일반 화학 분야에서는 전류의 흐름을 알 수 있는 비교적 간단한 실험이지만, 전기란 순간적으로 사라져 버린다는 인식이 지배적이었던 당시에 볼타전지는 대단한 발견이었다.

황산 용액에 담긴 아연과 구리 사이에 전류가 흐르는 과정은 금속의 이온화 경향(ionization tendency)[10]의 특성을 이용한 것으로 원리는 다음과 같다(그림 7.10). 아연은 구리에 비하여 이온화 경향이 크기 때문에 아연 금속을 이루는 전자들은 아연에서 구리로 이동하게 된다. 그 결과 아연 금속은 아연 이온(Zn^{2+})이 되고, 구리 금속 표면에서는 아연으로부터 이동한 전자로 인하여 황산 수용액의 수소 이온(H^+)은 수소(H)가 되어 수소기체(H_2) 상태로 발생하게 된다. 이때 전자를 내보내는 금속 아연은 양극(anode)이 되고, 전자를 받은 금속 구리는 음극(cathode)이 된다. 이를 볼타전지 또는 화학전지라고도 한다.

---

10) 액체에 담긴 금속의 경우 양이온이 되고자 하는 경향을 말하는데, 그 순서는 K > Ca > Na > Mg > Zn > Fe > Co > Pb > H > Cu > Hg > Ag > Au이다. 이때 전자는 음극에서 양극 쪽으로 이동하게 된다.

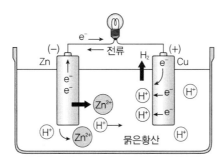

그림 7.10 전기 화학전지의 원리

위의 과정을 화학식으로 전개하면 다음과 같다.

$$음극: Zn \rightarrow Zn^{2+} + 2e^- \text{ ——— 전자수의 감소(산화 반응)}$$
$$양극: 2H^+ + 2e^- \rightarrow H_2(\uparrow) \text{ —— 전자수의 증가(환원 반응)}$$

이후 여러 과학자들은 더 이상 마찰을 일으키지 않아도 화학적으로 많은 전기를 안정적으로 발생시킬 수 있었기에 전기에 관련된 연구는 한층 발전할 수 있었다. 볼타는 동물전기를 볼타전지로 정확한 해석을 해냈던 것이다. 그렇다 하더라도 볼타전지 발명에 결정적 힌트를 준 인물은 다름 아닌 갈바니이다. 그가 조금만 더 실험을 반복하고, 조금만 더 정확한 해석을 위해 시간을 투자했더라면 결과는 어땠을까?

3. 한스 외르스테드

18~19세기 전기 분야 발전의 속도에 박차를 가할 수 있도록 불씨를 당긴 인물은 갈바니이다. 그리고 그의 동물전지 발견을 전지화학으로 발전시킨 인물은 볼타이다. 한 인물은

© Books'Hill

그림 7.11 외르스테드

획기적 발견으로 세상의 이목을 끌었던 반면, 다른 한 인물은 획기적 발견에 대한 정확한 해석으로 세상을 밝혔다. 다시 말해서 갈바니의 '동물전기' 개념이 동일한 실험을 행했던 볼타에게 행운을 가져다 준 셈이 된 것이다. 과학사를 빛낸 여러 인물들을 살펴보면 이와 같은 기묘한 인연을 가진 이들이 또 있다. 외르스테드(Hans Christian Öersted, 1777~1851)는 갈바니와 같은 획기적 발견을 한 인물에 비유해 볼 수 있을 것이다. 그리고 앙페르는 볼타와 같은 동일한 실험을 진일보시킨 인물이라 말할 수 있다.

경제적인 어려움 때문에 부모의 손에서 자라지 못한 덴마크 출신의 과학자 외르스테드는 코펜하겐(Copenhagen) 대학교를 졸업한 후 약제사로 근무하게 되었다. 여느 때와 마찬가지로 그는 강의 준비를 위한 실험을 하기 위하여 볼타전지와 도선 그리고 나침반을 설치한 후, 볼타전지의 양극과 음극을 잇는 전선에 전류를 흘려보냈다. 그리고 전류가 흐르는 전선 가까이에 정말 '우연히' 나침반이 있었다. 그는 강한 전류가 흐르는 전선 주위의 나침반 바늘이 갑자기 움직이는 것을 발견하고 이를 신기하게 여겼다.

전선에 전류가 흐르자 나침반의 바늘이 전선의 방향과 수직을 이루며 회전하더니 실험 이전과는 다른 방향을 가리키고 있었다. 전류가 흐르는 전선 주위에서 나침반의 바늘이 움직이는 기이한 광경을 목격한 그는 전선의 방향을 바꾸어 재차 시도해 보았다. 그러자 나침반의 바늘은 또 다시 다른 방향을 향하는 것이었다. 외르스테드는 나침반의 바늘이 전선에 흐르는 전류의 방향에 따라서 움직이는 것을 확인할 수 있었다. 이는 두 물질 사이에 작용하는 인력이나 척력에 의한 것이 아니라 전류에서 발생하는 힘이 나침반 바늘의 방향을 바꾼다는 것을 의미한다. 우리가 아는 바에 의하면 나침반의 바늘은 자기력에 의하여 그 방향을 가리키므로 다시 말해서 그의 실험은 나침반의 바늘이 양전하나 음전하의 영향을 받는 것이 아니라 전류에 의한 자기력의 영향을 받는다는 해석이 가능한 것이다. 바로 '전류가 자기를 유도한다'는 말이다. 그는 자석만이 자기장을 형성하는 것이 아니라 전류도 자기장을 형성한다는 점을 발견하여 '외르스테드 법칙'으로 증명해 내었다. 전자기학의 단초를 제

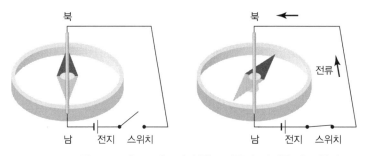

그림 7.12 외르스테드의 실험: 전류가 자기를 유도한다.

공한 기막힌 실험이었다.

당시 전기와 자기는 서로 독립적인 분야로 인식되었던 터라 외르스테드의 실험은 전기와 자기 분야를 하나로 통합하는 위대한 계기가 될 수 있었다. 그가 갈바니와 다른 점이 있다면 실험에 대한 부정확한 해석을 하진 않았으나 더 이상의 연구를 행하지 않았다. 이는 앙페르의 연구를 기다려야만 했다.

4. 앙드레 앙페르

그림 7.13 앙페르

프랑스의 혁명 시대를 겪으면서 아버지가 처형당하는 불행한 시기를 보내야 했던 앙페르 (André Marie Ampère, 1775~1836)는 과학 아카데미 회원과 프랑스의 고등교육 기관의 교수로 활동하던 중 덴마크의 외르스테드가 발견한 '전류가 자기를 유도한다'는 내용을 전해 들었다. 이에 앙페르는 서둘러 외르스테드의 실험을 재현하기로 마음먹었다. 외르스테드가 '전류는 자기를 유도한다'는 초보적 발견에 이어 이렇다 할 연구의 진전을 보이지 않고 있

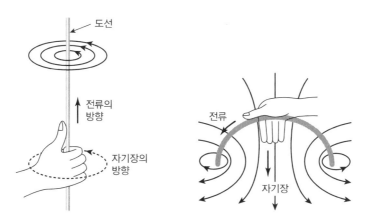

그림 7.14 직선 도선(좌)과 원형 도선(우) 주변의 자기장 형성 방향

던 사이에 앙페르는 동일한 실험을 다양하게 반복하였다. 그는 전류가 흐르는 도선 주위에 형성되는 자기장(magnetic field)의 방향과 전류와 자기장의 세기에 작용하는 힘의 크기 간의 관계에 대한 연구를 거듭한 결과 '전류의 방향은 자기력의 형성 방향과 관련된다'는 사실을 발견하게 되었다. 다시 말해서 '전류는 자기장을 유도하며, 이때 유도된 자기장의 방향은 전류의 방향에 의해 결정된다'는 것이다. 자기장의 방향이란 자기력의 영향이 미치는 공간 안에 있는 나침반의 바늘 중 N극이 받는 힘의 방향을 말하며, 자기장 내 나침반의 N극이 가리키는 방향을 그대로 따라 그려보면 '자기력선'이 존재함을 알 수 있다.

이후 앙페르는 전류와 자기장의 관계를 수학적으로 정리하여 '앙페르 법칙(Ampere's Law)'을 발표하였고, 오늘날에도 사용되는 전류의 단위 '암페어(A)'는 그의 이름에서 유래되었다.

7.4 자기장의 유도

1. 마이클 패러데이

그림 7.15 험프리 데이비(좌)와 마이클 패러데이(우)

패러데이(Michael Faraday, 1791~1867)는 가난한 대장장이의 아들로 태어나서 정규교육을 전혀 받지 못했기에 간신히 읽고 쓰는 것 정도만 할 수 있었다. 이런 그가 어린 시절 돈벌이를 위해 할 수 있는 일은 제본소 수습공이었으며, 그곳에서 그는 당시 유명한 학자들이 쓴 글들을 실로 꿰매어 책으로 만들어내고 있었다. 그렇지만 패러데이는 제본해야 할 과학

서적에 흥미를 가졌고, 밤마다 탐독하면서 책에 적힌 실험을 혼자서 시도해 보기도 했다. 그가 1812년 20세가 되던 해 유명한 과학자 데이비(Humphry Davy, 1778~1829)의 공개 강의를 들은 후 그의 실험실 조수로 일할 기회를 얻게 되었다. 패러데이와 마찬가지로 데이비도 어린 시절 생계를 위하여 약제사의 조수가 되면서부터 화학 분야에 관심을 갖게 되었던 것이 과학자로서의 발판이 될 수 있었기 때문이었다. 정규 교육을 받지 못한 패러데이가 실험실에서 할 수 있는 일은 과학자들이 실험을 한 후 실험실에 남겨진 실험도구를 닦는 것이 전부였으나 그의 성실함과 재능은 마침내 과학자의 길로 들어서는 데에 부족함이 없었다.

외르스테드의 '전류가 자기력을 유도한다'는 발견과 앙페르의 '전류에서 유도된 자기장의 방향은 전류의 방향에 의해 결정된다'는 발표가 활발하게 이어지던 당시, 패러데이는 전기와 자기의 상호작용을 연구하는 전자기학에 대한 연구, 즉 자기력에서 전기가 형성될 수 있는지에 대한 연구에 착수했다. 패러데이는 전기가 흐르는 도선 주위에 자기력이 형성된다면 반대로 강한 자기력 주위에 솔레노이드(solenoid, 도선을 원통형 모양으로 촘촘하고 균일하게 감은 기기)를 가까이 두면 전류를 얻을 수 있을 것이라 예측했다. 물론 그는 수없이 많은 실험을 시행해야만 했었다.

그는 그림 7.16과 같은 실험을 구상하였다. 전지를 연결하지 않은 회로에 연결된 검류계의 바늘은 전류가 흐르지 않기 때문에 '0(zero)'을 가리킨다. 이때 전지도 연결하지 않은 원형 모양의 도선(코일)에 자석을 가까이 가져갔다 아래로 뺐다를 반복하는 동안 전류가 흐르는 것을 확인하였다. 분명 전지에 연결되지도 않은 채 자석만을 코일 속으로 이동시킨 것이 전부인데, 검류계의 바늘이 움직였다. 이는 자기장과의 상호작용에 의해 도선에 전류가

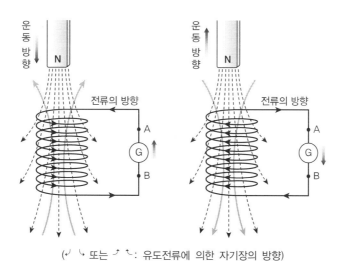

(↰ ↳ 또는 ↱ ↲: 유도전류에 의한 자기장의 방향)

그림 7.16 전자기 유도현상: 자속이 증가하는 경우(좌)와 자속이 감소하는 경우(우)

생겨나는 전자기 유도(electromagnetic induction)현상이며, 이때 전자기 유도에 의해 생긴 전류를 '유도 전류(induced current)'라 한다.

또한 도선 부근의 자기장의 증가나 감소 등의 변화가 있을 때에만 전류가 유도된다는 것도 발견하였는데, 전자기 유도 현상에서 자석을 가까이 하지 않아서 자기장이 형성되지 않거나 자기장이 일정하게 지속되는 경우에는 도선에 전류가 흐르지 않았다. 이것이 바로 '패러데이의 전자기 유도법칙(Faraday's Law of Induction)'이며, 이때 유도 기전력(induced electromotive force, 단위는 v)은 도선을 지나는 시간당 자속(magnetic flux, 자기력선의 수 또는 자기력선속)의 변화율과 도선의 감은 횟수에 비례한다.

사람이 드나들 수 있는 통로처럼 생긴 금속탐지기는 바로 전자기 유도 현상을 이용한 예이기도 하다. 금속탐지기에 일정량의 전류가 흐르도록 설치한 후 자기장을 발생시키게 되는 원리란 의미이다. 이때 금속탐지기를 통과하는 사람이 금속을 소지할 경우 자기장의 적은 변화가 일어나게 되며, 자기장의 변화는 유도 전류를 발생하게 만든다. 따라서 경보음을 울리게 되고 금속의 탐지기 통과를 밝혀내게 되는 것이다.

그 후 수많은 발견과 발명을 통하여 자신의 이론을 발표한 패러데이의 위업들 중 기억해야 하는 것은 바로 자기장을 전기로 변화시키는 것이다. 패러데이는 '전기와 자기가 본질적으로 하나의 현상'이라는 것을 입증하였고, 나아가서 물리학의 한 분야인 '전자기장(electromagnetic field)'의 무대를 열어준 셈이었다. 정규 교육조차 제대로 받지 못한 제본소의 수습공이 전기의 대중화라는 기적과 같은 일을 해낸 것이었다. 그럼에도 불구하고 그는 주변에서 권유하는 특허권 제의도 모두 거절했는데, 이는 단지 많은 사람들이 그의 발견과 발명의 혜택을 누리길 원했기 때문이다. 하물며 왕실에서 수여하겠다는 기사 작위도, 나라에서 하사한 초호화 저택도 모두 거절했다.

당시 과학자들은 패러데이의 전자기 유도법칙을 응용하여 전류가 지속적으로 생산될 수 있는 발전기를 제작하려는 데에 많은 관심을 갖게 되었고, 계속되는 개량을 거듭함으로써 '전기의 시대'를 밝힐 수 있었던 것이다.

2. 제임스 클러크 맥스웰

20세기 물리학에 가장 큰 영향을 미친 19세기 물리학의 핵심 인물이 영국의 이론 물리학자이자 수학자인 맥스웰(James Clerk Maxwell, 1831~1879)이라는 데에 이견을 보일 학자는 없을 것이다. 우리에게는 그가 뉴턴이나 아인슈타인의 명성만큼이나 익숙하게 알려져

그림 7.17 맥스웰

있지 않는다 하더라도 맥스웰은 전기와 자기를 하나의 힘으로 통합한 것으로 유명하다. 그는 패러데이의 전자기 관련 이론을 기초로 하여 전기장과 자기장의 관계를 표현하는 '맥스웰 방정식(Maxwell's equations)'으로 정리하였다. 즉 패러데이의 '장(field)' 개념이 맥스웰의 '전자기장' 이론이라는 새 모습으로 탄생하게 된 것이다. 나아가서 이를 토대로 파동 방정식을 유도했는데, 맥스웰은 빛이 전기와 자기에 의한 파동인 '전자기파'라는 것을 통해서 '빛도 전자기파의 일부'라는 것과 이론적으로 '전자기파의 속도가 빛의 속도와 동일하다'는 것을 밝힘으로써 아인슈타인(Albert Einstein, 1879~1955)의 유명한 상대성이론의 토대가 될 수 있었다.

전자파(electron wave) 또는 전자기파(electromagnetic wave)는 전기장과 자기장이 시간에 따라 변할 때 발생하는 파동을 말하는데, 파장의 길이는 약 1 mm 이상이다. 패러데이의 법칙에 따르면 자기장의 변화는 전기장의 변화를 유도하며, 맥스웰 방정식에 따르면 전기장의 변화는 자기장의 변화를 유도한다. 이와 같이 주기적으로 변화하는 전기장과 자기장은 서로를 유도하면서 공간으로 퍼져 나가는데, 이를 '전자기파'라고 한다. 전자기파는 매질이 없는 진공 속에서도 이곳에서 저곳으로 이동이 가능하고, 진공에서의 전자기파의 전

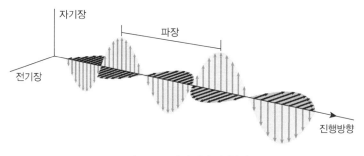

그림 7.18 전자기파의 형성

파 속도는 3×10^8 m/s로서 빛의 속도와 동일하다. 전자기파의 대표적인 예로는 빛, 적외선, 자외선 그리고 마이크로파 등이 해당된다.

8장 보이지 않는 세계의 과학

8.1 자연발생설과 생물속생설

자연발생설(abiogenesis)은 '생물은 무기물에서 자연적으로 생겨나는 것'이라는 내용을 담고 있는데, 약 2,000년 전에 아리스토텔레스가 주장한 이론이기도 하다. BC 6세기 아낙시만드로스는 '축축한 진흙에 햇빛이 비칠 때 생물은 우연히 발생한다'고 생각했다. 여러 과학자들은 이를 증명하기 위한 몇 가지 실험을 행하였고, '무기물에서 생명이 탄생한다'는 결론에 도달하면서 이와 같은 견해는 대중들에게도 확산되었다. 다시 말해서 자연발생설에 의하면 '생물은 어버이가 없이도 생길 수 있으므로 생물이 무생물로부터 태어난다'는 것이다. 이후 이 가설은 16~17세기부터 논란을 불러일으키기 시작했고, 이를 둘러싼 많은 논쟁은 끊이질 않았다. 18세기 중엽까지도 자연발생설은 대부분의 학자들에게서 수용되는 듯하다가 19세기 프랑스의 과학자 파스퇴르(Louis Pasteur, 1822~1895)의 백조목 플라스크(swan neck flask) 실험을 기점으로 자연발생설은 그 자리를 생물속생설(biogenesis)에게 넘겨주고 사라지게 되었다.

1. 자연발생설과 그 반증실험

1) 프란체스코 레디의 실험

이탈리아의 생물학자인 레디(Francesco Redi, 1626~1697)는 일련의 실험을 통하여 당시 생물의 기원에 대한 지배적 이론이었던 자연발생설의 오류를 입증한 과학자로 잘 알려져 있

그림 8.1 레디

다. 그가 구상한 실험은 최초의 '대조구 설치'라는 점에서도 그 의의가 크다. 자연과학의 실험을 수행할 때 대조구를 설치한다는 것은 과학자가 세운 가설을 검증하기 위하여 실험을 수행하지 않은 상태를 그대로 유지하면서 실험 조건을 통제한 실험구와 대조해 보기 위함이다. 따라서 이는 실험의 객관성을 입증할 수 있는 기준을 마련한다는 의미를 갖는다. 만일 대조구를 설치하지 않는다면, 실험구만으로 실험에서 측정된 결과가 우연히 발생한 요인에 의한 결과인지 아니면 기타 다른 요인에 의한 결과인지를 정확히 해석하는 데 어려움이 따르게 된다. 레디는 자신이 세운 가설을 위하여 '대조구'와 '실험구'를 모두 설치했다.

그림 8.2에서 알 수 있듯이 레디는 입구가 넓은 병 2개를 마련해서 그 안에 각각 고깃덩이를 넣은 후 병 하나는 마개를 덮지 않고 열어놓은 상태로 둔 반면, 다른 하나는 마개를 덮어 병을 밀봉하였다. 며칠 후 그는 마개를 덮어 둔 병 안쪽의 고깃덩이에서는 어떠한 변화도 발견할 수 없었지만, 마개를 덮지 않고 열어놓은 병 안쪽의 고깃덩이에서는 구더기와 파리가 생긴 사실을 발견하였다. 이를 근거로 레디는 구더기와 파리 등 곤충류의 자연발생설을 부정하였으며, '생물은 반드시 생물에서만 발생한다'는 생물속생설을 발표하기에 이르렀다. 이는 자연발생설을 부정하는 최초의 실험(1668)이기도 하다.

 병에 마개를
하지 않았다.

파리가 발생
하였다.   병에 마개를
했다.

파리가 발생
하지 않았다.

그림 8.2 대조구를 설치한 레디의 실험

2) 안톤 반 레벤후크의 실험

그림 8.3 레벤후크

네덜란드 출신의 레벤후크(Anton van Leeuwenhoek, 1632~1723)는 어린 나이에 아버지를 여의고 친척의 손에서 양육되면서 학교에서의 정규교육 과정을 제대로 마치지 못하였다. 단지 친척으로부터 기초 수준의 수학과 물리학만을 배울 수 있었다. 생계를 위하여 그는 포목상에서 일하기 시작하면서 옷감의 질을 세밀하게 살피기 위한 목적으로 렌즈를 깎아 배율을 확대하여 현미경을 제작했다. 주변의 모든 것들을 현미경으로 관찰하고 싶었던 레벤후크에게 렌즈를 통해 바라본 세상은 무척 신기하기만 했다. 어느 날 연못의 물을 현미경으로 관찰하던 중 빠르게 움직이는 작은 동작을 보이는 생물체들을 눈여겨 보았으며, 그는 이를 작은 동물이라고 생각해서 '미생물(animalcules)'이라고 이름지었다. 이는 레벤후크가 현미경을 통해 미생물을 발견한 최초의 사건이었다(1673). 그때까지 어느 누구도 미생물이 존재할 것이라고는 생각지 못했다.

당시 레디의 실험 결과는 레벤후크도 잘 알고 있었다. 하지만 레디의 실험은 병마개를 막음으로써 파리가 고깃덩이에 알을 낳지 못하여 구더기가 발생하지 않는다는 '생물속생설'을 증명한 것이기는 하지만, 레디도 기생충과 같이 작은 생물들은 자연적으로 발생한다고 생각했다. 이에 대해 레벤후크는 레디의 실험에서 파리나 구더기는 발생되지 않았으나 현미경을 통해 미생물은 발견되었으므로 미생물과 같은 '단순한 생물은 우연히 생긴다'는 자연발생설을 주장하였다.

사실 현미경은 망원경보다 먼저 발명되었지만, 망원경을 이용한 연구 성과에 비해 현미경을 이용한 이렇다 할 성과는 별로 없었다. 1608년 리퍼세이(Hans Lippershey, 1570~1619)가 발명한 초보적 수준의 망원경은 이듬해 갈릴레이에 의해 배율이 향상되자마자 천체 관측에 사용되면서 천문학의 눈부신 발전에 커다란 보탬이 되었다. 반면에 현미경은 초보적

그림 8.4 레벤후크가 개량한 현미경

수준에서 발생되는 기술적 결함이 쉽게 개선되지 못하면서 현미경을 이용한 연구에 많은 어려움이 드러났는데, 현미경의 렌즈로 비치는 사물의 모양과 색이 실물과 많이 달랐던 것이다. 이러한 점을 감안한 레벤후크는 현미경에 장착된 렌즈를 직접 갈아 제작하면서 현미경의 배율을 높임으로써 자신의 현미경을 과학 연구에 적극적으로 활용했다.

레벤후크는 미생물이라 이름지은 작은 동물을 현미경으로 관찰한 결과를 기록하여 영국 왕립학회에 보냈는데, 그의 연구 결과는 로버트 훅에 의해 인정받을 수 있었다. 그렇다고 해서 미세한 동물을 관찰한 레벤후크의 연구 결과가 처음부터 학계에서 쉽사리 받아들여진 것은 아니었으나 이를 기점으로 그는 학자로서 인정을 받을 수 있었다. 이후로도 곰팡이, 머리카락, 기생충 등의 수많은 미세한 것들을 대상으로 레벤후크의 관찰과 연구는 지속되었다.

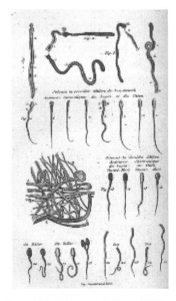

그림 8.5 현미경으로 정자를 관찰한 그림

뿐만 아니라 그는 자신의 정액 속에서 정자를 관찰한 결과 정자론적 전성설(前成說)의 입장을 주장하기도 했다. 레벤후크는 평생 현미경을 이용하여 수많은 관찰과 연구에 전념하였으나 아쉽게도 단 한 권의 저서도 남기지 않았으며, 자신이 제작했던 현미경들을 왕립학회에 기증했으나 현미경 제작하는 방법을 공개하지는 않았다.

3) 존 니담의 실험

그림 8.6 니담

레디의 실험 결과 자연발생설은 생물속생설에 의해 부정되었으나 니담(John Needham, 1713~1781)은 '눈에 보이지 않는 미생물은 무생물로부터 생겨난다'는 자연발생설을 주장하기 위하여 실험을 고안하였다. 니담은 플라스크에 담은 고기즙을 가열해서 마개를 밀봉한 채 며칠 동안 보관한 후 현미경을 통해 플라스크에 담긴 고기즙을 살펴보았다. 고기즙에서 미생물을 발견하게 된 그는 '미생물은 무생물로부터 생겨난다'는 결론에 도달하게 되었다 (1745). 그도 그럴 것이 당시 대부분의 사람들은 생명체에 열을 가하면 모두 죽는다고 여겼으므로 니담은 고기즙을 가열한 후 다른 생명체의 출입을 막기 위하여 마개로 밀봉한다면 자연발생의 진위를 판단할 수 있을 것이라 생각했던 것이다.

하지만 자연발생설을 입증하기 위한 니담의 실험은 이후 스팔란차니(Lazzaro Spallanzani, 1729~1799)에 의해 실험상의 오류가 제기되었다. 스팔란차니는 니담이 실험할 때 고기즙을 충분히 가열하여 끓이지 않았거나 플라스크와 같은 실험 도구가 소독되지 않은 상태에서 사용되었을 가능성을 제기했던 것이다. 게다가 고기즙을 가열한 후 마개로 밀봉하는 과정에서 공기가 유입되면서 공기 중 미생물이 동반되었을 것이라 추정했다. 따라서 스팔란차니는 실험 과정에서 발생될 수 있는 일련의 문제점이 충분히 고려되지 않았던 니담의 실험을 정설로 받아들이기에는 다소 무리가 있다고 생각했다.

4) 라차로 스팔란차니의 실험

그림 8.7 스팔란차니

이탈리아 출신의 스팔란차니(Lazzaro Spallanzani, 1729~1799)는 대학에서 법학을 공부했으나 여러 분야에도 많은 관심을 가졌는데, 특히 생물 현상에 관한 연구에 심취해 있었다. 신부이기도 했던 그는 '인체의 소화과정은 단순한 기계적 과정이 아니라 위장의 위산에 의한 화학작용'이라 생각했던 인물이기도 하다.

당시 니담의 자연발생설을 입증한 실험 결과를 신뢰할 수 없다고 판단한 스팔란차니는 자연발생설의 오류를 증명하기 위한 실험을 설계하였다. 그는 준비한 플라스크에 끓인 고기즙을 넣고 밀봉한 후 플라스크 내부에 남아 있을 공기를 제거하여 진공상태를 유지하였다. 며칠 후 스팔란차니는 니담의 실험 결과와 달리 플라스크에 담긴 고기즙에서 미생물이 발생하지 않는다는 결과를 얻을 수 있었다. 즉 멸균된 상태에서 미생물이 발생할 수 없다는 것을 보여준 셈이 된 것이다. '생물은 자연적으로 발생하는 것이 아니다'라는 결론이었다.

하지만 생물속생설을 입증했던 17세기의 레디와 18세기의 스팔란차니의 실험 결과에도 불구하고 자연발생설은 19세기 초까지도 대부분의 과학자들과 일반인들에 의해 정설로 여

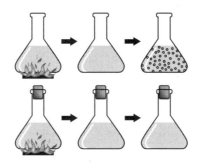

그림 8.8 스팔란차니의 실험

겨지고 있었다. 특히 니담은 스팔란차니의 실험 방법을 비판하였는데, '생물은 생물에서만 발생'하지만 '잠깐 끓이는 것으로는 죽지 않는 미생물도 있다'고 주장했던 것이다. 스팔란차니가 플라스크에 담긴 고기즙을 한 시간 이상 끓였기 때문에 고기즙이 지니고 있는 생명력이 파괴되었고, 이로 인하여 미생물이 발생하지 않았다는 것이 니담의 주장이었다.

1859년 생물학 분야에서는 파스퇴르(Louis Pasteur, 1822~1895)의 실험을 기다려야만 했다. 물론 파스퇴르는 스팔란차니의 실험을 토대로 설계하였으며, 그 결과 '생명체는 자연적으로 발생하지 않는다'는 주장을 함으로써 자연발생설의 위상을 끌어내리고 그 자리에 생물속생설을 올려놓을 수 있게 되었다.

8.2 루이 파스퇴르와 생물속생설

프랑스 출신인 파스퇴르(Louis Pasteur, 1822~1895)는 어린 시절 또래 아이들에 비하여 모든 면에서 느린 편이었지만 그림에 상당한 재능을 보이기도 했으며, 예리한 관찰력으로 호기심이 무척 많았다. 어느 날 학교에서 실험을 하는 과정에서 파스퇴르의 재능을 알아차린 선생님은 그에게 계속해서 열심히 공부하기를 독려했다. 국립 고등사범학교인 파리의 에콜 노르말(École normale)에 입학한 파스퇴르는 물리학과 화학을 공부하는 동안 과학 분야에서 실험의 중요성을 절실히 느꼈다. 훗날 그는 에콜 노르말에서 지도교수인 발라르(Antonie J. Balard, 1802~1876)의 조수로 일하면서 계속하여 학업에 매진하였고, 젊은 나이에 대학 교수가 되어 학생들을 가르쳤다. 파스퇴르는 포도주에 관한 연구에서 출발하여 발효과정의 규명, 저온에서의 살균방법 및 생물속생설을 확립하는 데에 가장 큰 역할을 한 인물이라고

그림 8.9 파스퇴르

해도 과언은 아니다. 또한 그는 전염성 질병이 미생물에 의해 발생된다는 것을 밝힌 것으로도 유명하다.

1) 입체 화학

파스퇴르는 자신이 다소 어렵다고 여겨지는 연구 과제들을 수행하여 해결 방안을 모색하기 좋아했는데, 어느 날 그는 포도주를 저장하는 통에서 타타르산(tartaric acid)과 라세미산(racemic acid)이라는 결정체를 발견하고서 이에 관하여 연구하기로 결심했다. 그도 그럴 것이 당시 손꼽히는 과학자들조차도 이 연구 과제에 대해서는 명쾌한 결론을 내리지 못하는 골칫거리 문제이기도 했다. 이 두 물질은 화학적·물리적 성질이 동일하였으며, 물리적 특성인 맛조차도 동일했기 때문이다. 하지만 동일한 물질로 여겨지는 두 결정체의 유일한 차이점이 있다면, 특정한 방향으로 진동하는 빛인 편광을 통과시켰을 때 타타르산에서는 빛이 회전했지만 라세미산은 그렇지 않았다는 것이다.

타타르산과 라세미산은 포도주가 발효되는 과정에서 생기는 부산물들인데, 파스퇴르는 이 두 물질의 차이점과 결정 구조를 알아내기 위한 일련의 실험을 설계하였다. 끊임없이 현미경을 들여다 본 그 역시 이들의 차이점을 발견하여 해답을 얻기란 쉽지 않았다. 그는 빛에 대한 두 물질의 반응에 대해 심도 있는 연구를 하던 중 타타르산의 결정면들은 모두 동일한 방향을 향하고 있는 반면, 라세미산의 결정면들 중에는 서로 반대 방향을 하고 있다는 것을 발견하였다. 다시 말해서 이 두 물질의 유일한 차이점인 편광에 대한 서로 다른 반응은 빛이 개개의 입자들을 통과하는 방식이 다르기 때문이라는 결론에 도달할 수 있었다. 이를 근거로 파스퇴르는 논문 「광학 이성질체(optical isomer)」를 발표하게 되면서 '입체 화학'이라는 새로운 분야를 개척하게 된 셈이 되었다.

분자식은 같으나 성질이 다른 화합물을 '이성질체(isomer)'라고 하며, '광학 이성질체' 또는 '거울상 이성질체'란 물리적·화학적 성질은 동일한 물질이지만, 빛을 비추었을 때 이 물질을 통과한 빛의 방향이 반대인 특성을 지니고 있다. 마치 거울에 비친 왼손과 오른손은

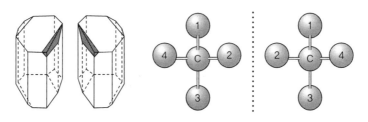

그림 8.10 타타르산의 결정 구조(좌)와 광학 이성질체(우)

그림 8.11 해표상지증이 있는 아이들의 모습

똑같아 보이지만 이들을 나란히 포개어 보면 겹쳐지지 않는 구조를 가진 물질을 말한다. 광학 이성질체는 자연계에도 존재하는 물질이며, 인공적으로 이들을 합성할 수도 있다. 같은 화학구조를 지닌 광학 이성질체 중 하나는 치료용으로 긍정적인 효과가 있는 반면, 나머지 하나는 생명에 치명적일 수 있다. 그 대표적인 예가 바로 탈리도마이드(Thalidomide)이다.

과거 유럽에서 임산부의 입덧을 완화시킬 목적으로 개발되었던 의약품인 탈리도마이드는 광학 이성질체를 지니고 있는데, 이는 부작용을 나타내는 이성질체가 태아의 팔과 다리에서 혈관 생성을 촉진하는 단백질에 결합하여 기능을 억제하게 된다. 따라서 팔과 다리의 혈관이 형성되지 않으므로 몸통에 손과 발이 가까이 위치하게 되는 기형이 되는 것이다. 임신 초기의 임산부가 탈리도마이드를 복용한 결과 '해표상지증(phocomelia)'이라는 외형을 지닌 기형아가 전 세계적으로 약 12,000여 명이 출생되었다고 한다.

2) 백조목 플라스크

발효 과정에 관한 연구를 수행하던 중 파스퇴르는 미생물의 근본적인 기원에 관심을 갖게 되었다. 대부분의 사람들은 발효나 부패 과정에서 미생물이 직접 생겨난다고 믿었다. 하지만 이와 달리 파스퇴르는 '음식물의 발효 또는 부패를 일으키는 미생물은 원래 어디에 존재해 있던 것일까?'라는 스스로의 질문에 답을 찾고자 했다. 미생물이 공기 중에 살고 있다고 믿은 그는 '자연 상태에서 발생하는 것이 아니라 미생물은 미생물로부터만 발생한다'고 생각해서 이를 증명해 보이고자 일련의 실험을 설계했다. 미생물이 자연발생에 의한 것이 아니라면 공기는 통하지만 미생물은 통과하지 못할 실험 도구가 필요했다.

효과적인 실험 설계를 고민하던 파스퇴르는 어느 날 호수에 떠 있는 백조의 목을 보고 실험의 영감을 얻고서 플라스크의 목을 S자형의 백조목처럼 만들기 위하여 플라스크의 목을 가열했다. 이것이 바로 백조목 플라스크이다. 플라스크에 담긴 고기즙을 끓일 때 발생한 수증기가 식은 후 백조목 플라스크의 굽은 부분에 물이 되어 고이게 되면서 공기는 통과시키지만 대기 중의 미생물이나 먼지 등을 차단하는 역할을 했던 것이다. 파스퇴르의 예상은 적중했다. 공기 중에 존재하는 미생물이 백조목 플라스크의 굽은 부분을 통과하지 못하므로 플라스크 안에 담긴 가열 살균한 고기즙에서는 부패의 원인이 되는 미생물이 더 이상 발생하지 않는다는 것을 증명할 수 있었다. 이로써 그의 노력은 오랫동안 지배적이었던 자연발생설이 잘못되었음을 증명하는 명쾌한 실험인 동시에 생물속생설을 입증하는 결정적인 실험이었다.

그림 8.12 파스퇴르의 백조목 플라스크 실험 과정

(가) 과정
① 플라스크에 고기즙을 담고 몇 분간 가열
② 뜨겁게 달군 백금관을 통과시켜 무균 상태로 만든 공기를 플라스크에 주입한 뒤 밀봉해 28~30℃로 유지했을 때 고기즙에는 아무런 변화가 생기지 않는 것을 확인

(나) 과정
① 플라스크의 굽은 부분을 제거한 후 2~3일 만에 미생물 번식
② 고기즙에서 번식한 미생물이 공기 중의 미생물과 같은 것임을 확인

3) 발효와 저온살균

대학 교수로 재직하던 무렵 파스퇴르는 나폴레옹 3세(Napoleon III)로부터 연구 의뢰를 받았는데, 이는 양조업자들이 제기한 문제로서 포도주가 쉽게 상하는 이유를 밝혀달라는 것이었다. 당시 대부분의 사람들은 발효 과정에 대한 이렇다 할 지식이 많지 않았기 때문이다. 포도가 재배되는 포도밭을 직접 방문하여 포도주가 제조되는 과정을 살펴본 파스퇴르는 포도주가 상하는 이유를 발효 과정에 관련된 미생물 때문이라고 생각하게 되었다. 그는 효모의 작용으로 이루어지는 포도주의 발효는 화학적 과정일 뿐 아니라 이는 미생

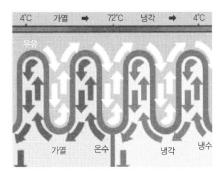

그림 8.13 저온살균법의 원리(좌)와 이를 위해 연구 중인 파스퇴르의 모습(우)

물과 관련되는 과정이며, 그 과정에서 원치 않는 젖산균과 같은 미생물이 생긴다는 것을 알고서 이를 제거하기 위하여 발효에 대한 연구를 본격적으로 하게 되었다.

파스퇴르는 동료인 베르나르(Claude Bernard, 1813~1878)와 함께 발효 음료의 부패를 유발하는 미생물의 존재를 발견했는데, 그 결과 그들은 50~60 °C에서 약 30분 동안 가열해서 미생물이나 세균을 죽인 후 오염을 막기 위하여 급속 냉동하는 방법을 알아냈다. 대부분 끓는 온도인 100 °C에서 살균하는 것과는 달리 상대적으로 낮은 온도에서의 살균법이므로 이를 '저온 살균법' 또는 '파스퇴라이제이션(pasteurization)'이라 부르게 되었다.

4) 예방접종과 광견병

발효 과정은 미생물의 작용에 의한 것이지만 미생물은 음식의 부패를 초래한다는 것을 알게 된 파스퇴르는 질병의 원인 또한 공기 중의 미생물일 수 있다고 생각하게 되면서 전염병으로 인한 죽음을 막아야 한다고 마음먹었다. 당시 그는 장티푸스라는 전염병으로 사랑하는 두 딸을 잃은 불행한 일을 경험하게 되었기 때문이다. 이후 미생물과 전염병의 관계에 관한 본격적인 연구를 통하여 파스퇴르는 1865년 프랑스 농림부의 요청으로 누에병의 원인이 세균임을 밝혀내면서 프랑스 실크산업 혁신의 발판이 되었다. 이렇듯 질병과 미생물인 세균과의 관계에 대한 연구가 진행됨에 따라 그는 인간의 감염성 질병의 대부분은 세균이 체내로 들어가서 유발된다는 것을 더욱 확신하게 되었다.

파스퇴르는 탄저병에 대한 연구를 하면서 백신(vaccine)을 만드는 데 관심을 쏟았다. 이를 실험하기 위하여 그는 준비한 양 24마리, 염소 1마리, 소 6마리에게 약한 탄저균 배양액인 백신을 주사하였고, 열흘 후 이들에게 좀 더 강한 배양액을 주사하였다. 그로부터 2주 후 병을 유발하는 강한 탄저균이 배양된 용액을 동물들에게 다시 주사하였다. 그리고 동시에 이와 똑같은 배양액을 단 한 차례도 주사하지 않은 양 24마리, 염소 1마리, 소 4마리에게 동일하게 주사했다. 한 달 후 두 차례의 백신을 주사한 동물들은 강한 탄저균으로부터 안전할 수 있었지만 그렇지 않은 동물들은 탄저병으로 죽게 되었던 것이다. 파스퇴르의 백신에 관한 생각과 연구가 옳았음이 입증되는 사건이었다.

이후 파스퇴르는 광견병 백신을 만드는 연구에 착수하게 되는데, 이를 계기로 대중들에게 그는 더 잘 알려지게 되었다. 백신 연구를 위하여 파스퇴르는 광견병으로 죽은 토끼의 척수를 채취하여 건조시킨 후 이를 잘게 조각내어 현탁액을 만들고, 이 용액을 광견병에 걸리지 않은 개에게 주사하였다. 그 결과 그는 현탁액을 주사한 개에게서 광견병이 발생하지 않는다는 것을 확인할 수 있었다. 일련의 실험을 통해 파스퇴르는 백신의 효과가 인간에게도 동일할 것이라 판단하였다.

1885년 어느 날 광견병에 걸린 개에게 심하게 물려서 의사들로부터 치유할 수 없다는 진단을 받은 소년이 파스퇴르를 찾아왔던 적이 있었다. 광견병 백신을 사용하기로 결심한 파스퇴르는 소년에게 백신을 접종하였고, 마침내 소년은 광견병에 걸리지 않고 완전히 회복되었다. 그의 감염성 질병에 대한 예방법은 예상 적중하였고, 사람의 질병을 해결하는 데에 커다란 도움이 되었다. 그리고 그의 업적을 기념하고자 하는 사람들에 의하여 파스퇴르 연구소가 설립되었다.

현재 이 연구소는 세계 의학 및 과학 연구의 중심지로서 그 역할을 담당하고 있다. 1895년 뇌출혈로 세상을 떠난 '미생물의 아버지'이자 '면역학'이라는 새로운 분야를 개척한 파스퇴르는 자신의 이름이 붙은 파스퇴르 연구소에 묻혔으며, 인류는 감염의 위험에서 벗어날 수 있었다.

8.3 세포설

1. 로버트 브라운과 브라운 운동

19세기 무렵부터 현미경의 배율이 개선되자 생물학자들은 세포 이하의 수준을 묘사할 수 있게 되었다. 스코틀랜드 출신의 의사인 브라운(Robert Brown, 1773~1858)은 난초의 표피세포에서 원형 구조를 발견한 후 모든 세포에서도 이와 비슷한 구조를 발견하였다. 그는 이를 '핵(nucleus)'라 명명하였으며, 얼마 후 세포 내 핵 이외의 부분인 투명하고 유동성 있는 물질로 구성된 '세포질(cytoplasm)'도 발견하게 되었다.

1827년 브라운은 식물의 생식에 관한 연구에 전념하던 중 화분관핵(꽃가루관핵, pollen tube nucleus)에 의해 형성되는 화분관(꽃가루관)이 밑씨에 도달하는 과정을 현미경으로 관찰하게 되었는데, 이때 화분(꽃가루) 속의 작은 입자의 움직임이 그의 눈에 띄었다. 그것은 물 위에 떠있는 화분의 끊임없는 불규칙적인 움직임이었다. 이를 '브라운 운동(Brownian movement)'이라 불렀다. 당시 대부분의 과학자들은 브라운 운동은 꽃가루의 생명력에 의한 것이라 생각했으나, 브라운은 미세한 입자로 구성된 무기물이나 유기물에서 나타나는 현상이라고 확신했다. 브라운 운동은 우유의 지방 입자, 연기의 작은 입자 그리고 물속에 있는 콜로이드(colloid) 등의 움직임에서도 볼 수 있는데, 사실 이러한 움직임의 원인은 작은 입자들의 매질인 기체 분자나 액체 분자의 충돌 때문에 발생한 것이다.

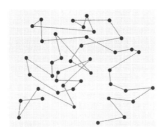

그림 8.14 ●은 30초 간격으로 관찰한 꽃가루의 브라운 운동

2. 마티아스 슐라이덴과 테오도르 슈반

독일 출신의 슐라이덴(Mathias Schleiden, 1804~1881)은 법학을 공부하고 변호사가 되었으나 변호사 업무에 적응을 잘 하지 못하자 권총 자살을 시도하기도 했다. 이후 의학을 공부

그림 8.15 슐라이덴

한 그는 의학보다는 식물학에 더 많은 관심을 보였다. 특히 현미경을 통해 보는 식물의 세계에 푹 빠지게 되면서 식물학 연구원이 되었다. 연구를 진행하는 동안 생물을 구성하는 기본 단위가 있을 것이라 추측한 슐라이덴은 현미경을 통한 지속적인 관찰 결과를 정확히 해석하고 싶었다. 그러던 중 동물 조직을 현미경으로 관찰하는 동물학자인 슈반(Theodor Schwann, 1810~1882)의 연구실에서 자신이 식물 조직에서 보았던 것과 유사한 모양의 구조들을 발견하였다. 이를 계기로 1838년 「식물의 기원」이라는 저술을 통해 슐라이덴은 '식물은 세포로 이루어져 있으며, 세포는 생명의 기본 단위이다'는 내용을 담고 있는 식물 세포설을 주장하게 되었다.

1783년 스팔란차니가 최초로 확인했었던 위액 속의 물질을 1836년 슈반이 '펩신(pepsin)'이라 명명하였는데, 이는 최초로 발견된 동물 효소이며, '소화'라는 의미를 지닌 그리스어 'pepsis'에서 유래한다. 슐라이덴의 '세포가 식물의 기본단위'라는 주장 이후 슈반은 동물세포와 식물세포를 비교한 결과, 이를 토대로 '모든 생물은 하나 또는 그 이상의 세포들로 구성'되며, '세포는 모든 생명의 기본단위'라는 내용을 담은 '세포설(Cell Theory)'을 일반화하는 데에 기여하였다. 이제 세포학이라는 새로운 분야의 학문이 개척된 셈이다.

1858년 독일 출신의 병리학자이자 '의학의 교황'이라 불리기도 했던 피르호(Rudolf Virchow, 1821~1902)는 '모든 세포는 기존의 세포로부터 생겨난다'는 내용을 담고 있는 「세포병리학」을 저술함으로써 질병의 원인을 밝히는 데에 기여하였다. 이는 당시 대부분의 학자들이 인정하던 '생물은 무생물에서 발생한다'는 자연발생설과는 대립되는 주장이었다.

그림 8.16 피르호

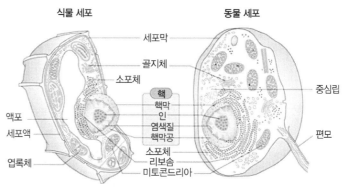

그림 8.17 식물세포와 동물세포의 모식도

8.4 그 외 학자들: 빛의 성질에 관한 연구

사실 빛의 성질에 관한 연구, 즉 빛이 입자성을 지니는지 또는 파동성을 지니는지에 관한 연구는 고대 그리스 시대의 학자들 사이에서도 이견이 분분했었던, 아마도 인류 역사상 가장 해묵은 논쟁이라고 해도 과언은 아닐 것이다.

빛을 불연속적인 작은 알갱이의 흐름으로 설명했었던 빛의 입자성이란 빛이 어느 물질에 충돌하면 충돌된 물질을 움직이게 하는 운동에너지를 지닌다는 것을 의미하는 반면, 빛을 연속적인 파동이라 여겼던 빛의 파동성이란 빛에너지가 물결의 파장과 같은 굴곡을 형성하고 있다는 것이다. 수세기 동안 빛의 이러한 대립되는 성질들로 인하여 수많은 학자들은 각기 다른 의견을 주장하였는데, 빛에 대한 본격적인 연구가 수행되었던 17~18세기에는 뉴턴의 영향력에 힘 입어 빛의 입자성이 더 입지를 굳히는 경향이 강했다. 하지만 18~19세기에 들어서 프레넬과 영(Tomas Young, 1773~1829)의 빛의 파동성에 관련된 실험을 통해서 빛의 파동성이 중론을 형성하게 될 뿐만 아니라 맥스웰의 '빛과 전자기파는 본질적으로 같은 것'이라는 주장까지 합세하게 되었다. 20세기에는 플랑크(Max Karl Ludwig Planck, 1858~1947), 아인슈타인(Albert Einstein, 1879~1955) 그리고 콤프턴(Arthur Holly Compton, 1892~1962) 등은 빛의 입자성을 제기하는 실험 결과에 도달함으로써 빛의 파동성은 다시 그 자리를 빛의 입자성에 내어주게 되었다. 이와 같이 빛의 대립되는 성질에 대한 의견이 엎치락뒤치락 하는 시기를 거쳐서 이후 빛은 파동성뿐 아니라 입자성 모두를 지니고 있다는 빛의 이중성에 대한 주장에 대다수의 과학자들이 동의하기에 이르렀다.

1. 오거스틴 프레넬과 빛의 회절

프랑스 출신의 물리학자인 프레넬(Augustin Jean Fresnel, 1788~1827)의 유년 시절은 또래 아이들에 비하여 학습 능력이 더딘 탓에 9세에도 독서를 제대로 할 수 없었다고 전한다. 토목 학교를 졸업한 후 토목 관련 직장을 구했으나 실직을 당하기도 했다. 그렇더라도 그는 실직 기간 동안 빛의 성질에 관한 연구에 전념하였다. 프레넬은 빛의 파동성에 확신을 가지고 일련의 실험을 진행하였으며, 빛의 입자성으로 설명하기 힘든 빛의 회절(diffraction) 현상을 파동성으로 설명한 논문을 작성하면서 회절 현상을 깔끔하게 해결했다. 하지만 당시만 하더라도 빛의 입자성에 대한 의견이 보편적인 탓에 그의 회절 실험을 통한 빛의 파동성은 주변 과학자들에게 쉽사리 받아들여지지 않았다.

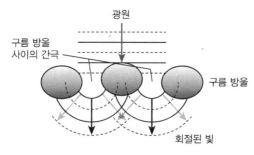

그림 8.18 빛의 회절현상

　'회절'이란 빛의 파동성으로 설명되는 대표적 현상인데, 장애물을 만났을 때 빛의 파동이 장애물 뒤쪽으로 굽어 돌아 들어가는 현상을 말한다. 이는 빛의 입자성으로는 설명하기 어려운 현상이기도 한데, 만일 이와 같은 상황을 빛의 입자성으로 설명하려고 한다면, 빛의 알갱이는 장애물의 틈을 지나서 직진한다는 특성을 감안해야만 한다. 따라서 빛이 장애물의 틈을 지나서 직선으로 나아갈 뿐 아니라 장애물 뒤쪽으로 굽어 돌아 들어가는 현상까지 모두 기술해내기 위해서는 입자가 아닌 파동으로 설명이 가능하다는 것을 알 수 있다. 이때 빛의 회절 정도는 장애물의 틈의 크기와 파장의 길이에 의해 결정되는데, 장애물 틈의 크기가 작을수록 그리고 파장이 길수록 회절현상은 더욱 선명해진다.

　한때 아리스토텔레스에 의해 제기되었던 빛의 파동성은 빛을 소리(음파)와 마찬가지로 탄성파(elastic wave)라고 판단했다. '탄성파'란 탄성 매질이 필요한 파동을 의미하는데, 공기를 매질로 하는 소리나 물을 매질로 하는 물결파 등이 이에 해당하며, 이때 탄성 매질은 교란 상태의 변화에 의해 에너지를 전달하게 된다. 따라서 당시 탄성파라고 여겼던 빛은 매질을 필요로 했으며, 이 매질은 에테르라고 생각했기에 에테르라는 물질의 존재를 설명하는 데에 또 다른 커다란 어려움이 뒤따랐던 것이다. 이는 후에 맥스웰에 의해 '빛이 전자기파'라는 이론이 확립되면서 빛은 매질과 무관하게 전달되는 비탄성파이므로 매질의 존재가 불필요하다는 사실이 입증되었다. 그후 아인슈타인이 발표한 광양자가설을 기점으로 '빛은 입자와 파동의 성질을 동시에 가지고 있다'는 개념이 자리하게 되었다.

2. 토머스 영과 빛의 간섭

　어려서부터 여러 나라 언어의 학습 능력이 탁월했던 영국 태생의 토머스 영(Thomas Young, 1773~1829)은 의학을 공부한 후 의사로서 명성과 부를 누렸으며, 감각생리학에 관한 연구를 하던 중 소리와 빛에 관한 실험에 흥미를 느끼게 되었다. 빛의 파동성에 관한 이

그림 8.19 토머스 영

론을 수립하고자 했던 토머스 영은 당시 뉴턴의 영향으로 인하여 지배적이었던 빛의 입자성을 겨냥하여 빛의 파동성을 증명할 수 있는 확실한 근거들을 찾아내야만 했다. 빛의 파동성에 관련된 그의 대표적인 업적 중 하나인 이중 슬릿(double slit) 실험은 빛의 간섭(interference) 현상을 확인함으로써 파동성을 우위에 놓게 되는 중대한 계기가 되었다.

토머스 영이 고안한 실험을 도식화한 그림 8.20에 따르면, 빛(입사파)이 단일 슬릿 S_0를 통과할 때 회절 현상을 나타내면서 이중 슬릿 S_1과 S_2에 도달하게 된다. 이때 $S_0 - S_1$과 $S_0 - S_2$의 거리는 같으므로 이중 슬릿에 도달한 빛의 파동은 동일하며, 단일 슬릿 S_0를 통과할 때와 마찬가지로 S_1과 S_2를 통과한 빛도 회절 현상을 나타내게 된다. S_1과 S_2를 통과한 빛은 서로 중첩하게 되는데, 이를 '빛의 간섭'이라 한다. 간섭이 발생하게 된 위치에 따라 동일한 파동 위상을 지닌 경우에는 파동이 보강되는 반면, 반대의 경우에는 파동이 상쇄된다. 이를 각각 '보강 간섭'과 '상쇄 간섭'이라 한다(그림 8.21). 이와 같은 두 종류의 간섭

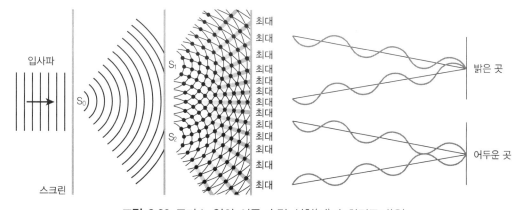

그림 8.20 토머스 영의 이중 슬릿 실험(좌)과 회절무늬(우)

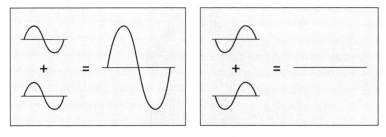

그림 8.21 빛의 간섭: 보강간섭(좌)과 소멸간섭(우)

은 스크린에 비친 모습으로 확인 가능하며, 보강 간섭에서는 밝은 빛을, 상쇄 간섭에서는 상대적으로 어두운 빛을 관찰할 수 있다. 하지만 만일 빛이 불연속적인 알갱이로 이루어진 입자라면 스크린에는 빛의 일정한 밝기의 무늬가 나타날 것이다. 따라서 토마스 영의 실험은 빛의 파동성을 입증하는 명확하고도 대표적인 예이다. 이후 그의 빛의 파동성에 관한 연구는 계속되었고, 프레넬과 파동설에 관한 연구 내용을 서신으로 교환하기도 했다.

9장 우주의 과학

9.1 관측으로 발견된 행성, 천왕성

1. 프레데릭 허셜과 밤하늘의 관측

독일 출신의 허셜(Frederick William Herschel, 1738～1822)은 군악대에서 연주자로 근무했던 아버지의 재능을 닮아서인지 유년 시절부터 배운 바이올린 연주 실력이 대단했다고 전한다. 허셜의 아버지는 음악에 재능이 있는 허셜과 허셜의 형에게 본격적으로 악기를 연주할 수 있도록 하기 위하여 청소년기의 두 아들들을 자신이 근무하던 군악대의 대원으로 입대시켰다. 하지만 불행하게도 그들이 군악대원으로 군복무를 하던 중 독일은 프랑스와 전쟁을 치르게 되었다. 이에 허셜의 아버지는 어린 두 형제를 탈영하게 하여 영국으로 도주하도록 했다. 낯선 영국으로 건너 온 두 형제, 허셜과 허셜의 형이 생계를 위하여 할 수 있는

© Books'Hill

그림 9.1 허셜

일이라고는 교회에서 바이올린 연주와 오르간 연주를 하는 것이 전부였다. 시간이 흘러 두 나라 간의 종전 소식이 들리자 허셜의 형은 고국 독일로 돌아갔으나 허셜은 영국에 남아서 음악가로서의 입지를 굳히게 되었다. 유명한 오르간 연주자와 음악가로서 안정된 생활을 하게 됨에 따라 허셜의 관심은 어려서부터 공부하고 싶어했던 천문학으로 차츰 옮겨가고 있었다.

나이들어 시작한 천체 관측에 몰두한 허셜은 지름 122 cm의 천체망원경을 직접 제작하여 자신의 여동생 캐롤라인(Caroline Herschel, 1750~1848)과 함께 매일같이 밤하늘을 살펴보았다. 그러던 1781년 어느 날 그들은 푸른빛을 띠는 천체 하나를 관측하게 되었고, 이후 계속 관찰한 기록을 왕립학회에 제출하였다. 허셜 남매가 발견하여 관측한 기록은 바로 태양계의 영역을 확대하는 사건이 되었던 것이다. 그 천체는 바로 토성 너머의 행성, '하늘의 신'이라는 뜻을 가진 '천왕성(Uranus)'이었다.

이외에도 허셜은 적외선을 발견하였을 뿐 아니라 화성의 자전축 기울기를 측정하였으며, 우주에는 수많은 은하가 있음을 밝혀냈다. 나아가서 그의 천왕성의 발견은 천왕성 너머의 행성인 해왕성 존재의 발견에 결정적 역할을 하게 되었다.

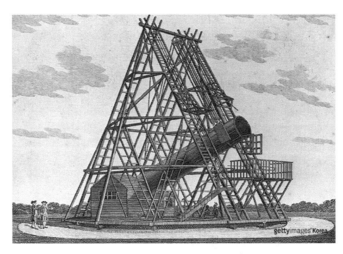

그림 9.2 허셜이 만든 40피트 망원경(1789)

2. 토성 이후의 세계, 천왕성

천왕성의 존재 발견으로 인하여 독일의 천문학자 보데(Johann Elert Bode, 1747~1826)에 의해 제기된 '태양에서 각 행성까지의 거리'를 예측하는 내용을 담은 '보데의 법칙(Bode's law)'이 입증되는 계기를 맞게 되었다. 인류 최초 육안이 아닌 망원경을 통해 관측된 행성인 천왕성의 크기는 지구의 약 4배, 목성의 약 1/3 정도에 해당되며, 질량은 8.7×10^{25} kg 정도로 지구의 약 15배에 해당된다. 대기는 주로 수소(H) 83 %, 헬륨(He) 15 %, 메탄(CH_4) 2 %, 암모니아(NH_3)와 황(S) 등으로 이루어졌으며, 태양빛의 청색과 녹색 파장을 반사하므로 지구에서 천왕성은 청록색으로 관측된다. 또한 태양과는 먼 거리에 떨어져 위치하므로 천왕성의 온도는 $-215\,^\circ$C 정도이다.

천왕성의 특징 중 가장 흥미로운 점은 자전축의 기울기인데, 이는 공전궤도면에 대하여

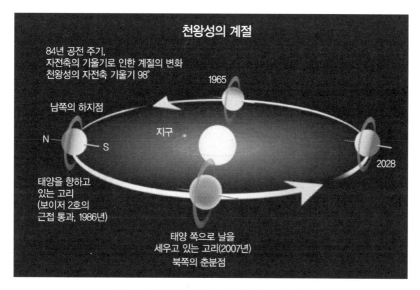

그림 9.3 천왕성의 공전과 자전축의 기울기

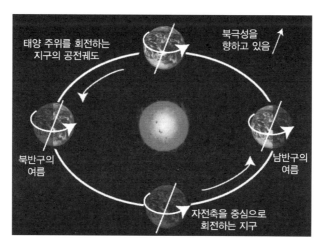

그림 9.4 지구의 공전과 자전축의 기울기

약 98° 기울어져 있으므로 마치 자전축이 17시간을 자전주기로 하여 공전궤도면에 누워서 자전하는 것처럼 보인다. 약 84년 주기로 타원궤도를 상대적으로 느리게 공전(약 6.8 km/s)하는 천왕성은 공전주기의 절반인 42년 동안은 남극이, 나머지 42년은 북극이 태양을 향하게 되므로 태양을 향하는 곳은 42년 동안 여름이 되는 셈이다.

다른 목성형 행성들과 마찬가지로 천왕성 주변을 공전하는 여러 위성들 중 타이타니아(Titania)와 오베론(Oberon)은 천왕성을 발견한 허셜에 의해 제일 먼저 발견되었고, 이후 아리엘(Ariel), 움브리엘(Umbriel) 그리고 이들 중 가장 작은 미란다(Miranda)가 차례대로 발견되었다.

그림 9.5 천왕성의 위성

그림 9.6 태양계 8행성의 자전축 기울기(╱)와 공전방향(↪)

9.2 계산과 예측으로 발견된 행성, 해왕성

1. 해왕성의 발견

1781년 허셜이 토성 너머에 위치한 천왕성을 발견한 후 여러 천문학자들은 천왕성의 궤도 추적에 관심을 가지고 연구하던 중 천왕성의 공전궤도가 원인을 알 수 없는 섭동(perturbation)현상에 의해 영향을 받는다는 것을 알게 되었다. 이는 천왕성의 공전에 영향을 미칠 만한 또 다른 행성이 궤도 밖에 존재할 수 있다는 의문으로 이어지게 되었다. 태양계

어디엔가 미지의 행성이 존재할지도 모른다는 의미이다.

해왕성 발견은 1843년 당시 23세였던 영국의 캠브리지 대학에서 수학을 전공한 애덤스 (John Couch Adams, 1819~1892)에 의해 미지의 행성이 존재할 것이라는 주장이 제기되면서부터 시작되었다. 그는 미지의 행성에 관한 질량과 궤도를 계산한 결과 2년 후 드디어 양 (羊)자리 근처에 행성이 있을 거라는 확신을 얻었다. 그러나 애덤스가 전문적인 천문학자가 아니라는 이유로 그의 의견은 영국의 왕립 천문학자들에 의해 묵살되었다.

이와 비슷한 시기인 1845년 프랑스의 천문학자 위르뱅 르 베리에(Urbain Jean Joseph Le Verrier, 1811~1877) 또한 애덤스와 같은 결론을 얻게 되었고, 그는 이듬해 독일의 천문대 대장인 요한 고트프리트 갈레(Johann Gottfried Galle, 1812~1910)에게 자신이 예측한 위치에 미지의 행성이 존재하는지에 대한 관측을 요청하였다. 갈레는 요청에 따라 르베리에가 예측한 위치 부근을 탐사하던 첫 날 예측했던 위치로부터 1° 이내의 범위에서 8등급의 별을 발견하였다. 그것은 태양계의 마지막 행성, 해왕성이었다.

2. 천왕성의 섭동과 해왕성

1) 천왕성의 섭동현상

태양계의 모든 행성은 태양을 하나의 중심으로 하여 그 주변을 공전하는데, 이는 태양과 각 행성 간의 인력에 의한 것이며, 동시에 다른 행성들 간의 인력 그리고 기타 천체들과의 인력에 의한 것이기도 하다. 그러한 이유 때문에 각 행성들은 태양을 중심으로 타원궤도를 그리며 공전하고 있는 것이다. 이와 같이 중심에 위치한 물체를 중심으로 천체가 공전하고 있을 때, 중심에 위치한 물체의 중력 이외의 중력에 의해 천체의 공전궤도가 흔들리는 현상을 '섭동(perturbation)'이라 한다. 따라서 섭동은 최소한 3개 이상의 물체 사이에 작용하는 중력에 의해 발생하는 현상인데, 이를 뉴턴역학으로 해결하기에는 한계가 있다.

천왕성의 공전궤도가 흔들리는 섭동현상을 고려하여 궤도 바깥쪽에 위치할지도 모를 행성의 위치를 예측하여 해왕성 발견에 성공한 후, 르베리에는 수성의 공전궤도의 섭동현상에 관심을 갖게 되었다. 사실 섭동현상은 그 영향력이 눈에 띌 정도로 발생하는 것이 아니기 때문에 좀처럼 쉽게 관측되지는 않는다. 하지만 수성만큼은 예외였다. 즉 수성의 섭동현상이 눈에 띌 정도로 관측되었기 때문이다. 해왕성의 발견 과정과 마찬가지로 르베리에는 '수성의 공전궤도 안쪽인 태양-수성 사이에 미지의 행성이 존재하기 때문에 그 중력으로 인한 섭동현상이 발생하며, 수성의 근일점 이동이 관측되는 것이 아닐까'라는 생각을 하게 되었다. 그는 아직 발견되지도 않은 그 미지의 행성을 '불칸(Vulkan)'으로 이름 짓고 태양-수성 사이의 미지의 행성 발견에 더욱 매진하였다. 일식(eclipse) 즈음에 지속적인 탐색을 하였으나 예측과는 달리 가상의 행성 불칸은 결국 발견되지 않았다. 현재 수성의 근일점 이동은 아인슈타인의 일반 상대성이론에 의해 설명될 수 있다고 한다.

2) 해왕성의 대기와 대암점

천왕성의 대기와 매우 유사한 해왕성 대기의 구성성분을 살펴보면 수소 약 80%, 헬륨 약 19% 정도, 나머지는 물이나 메탄, 암모니아 등으로 이루어져 있다. 천왕성의 대기와 다른 점이 있다면 해왕성의 대기는 청색광을 반사하기 때문에 전반적으로 푸른색을 띠고 있으며, 해왕성 대기의 흐름이 천왕성에 비하여 더 활발한 편이다. 따라서 천왕성에서는 관측되지 않는 '대암점(Great Dark Spot)'을 관찰할 수 있는데, 이는 해왕성 대기의 활발한 움직임으로 인해 회오리가 형성되기 때문이다. 해왕성의 전체 표면에 비해 상대적으로 어둡게 보이는 대암점은 목성의 대적점 크기와 유사하다.

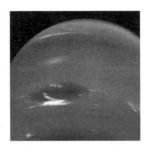

그림 9.7 해왕성의 대암점

해왕성은 태양으로부터 받는 열에 비하여 방출하는 열이 많아서 평균 온도가 -214℃ 정도로 낮은 편이다. 이는 해왕성 내부에 열원이 있다는 추측이 가능하다는 의미이기도 하다. 또한 해왕성의 크기(반지름)는 약 24,766 km, 질량은 약 1.02×10^{26} kg, 밀도는 1,638 kg/m^3 정도로 천왕성과 매우 비슷하므로 내부구조 또한 비슷하다고 여겨진다.

3) 해왕성의 공전과 자전

해왕성의 자전축은 공전궤도면에 대하여 약 29.6° 기울어져 있어서 계절의 변화가 발생하며, 자전주기는 약 16.08시간이다. 태양에서 약 45억 km 떨어진 위치에서 회전을 하는 해왕성은 장반경과 단반경의 차이가 1억 km 이하인 원에 가까울 정도의 이심률이 낮은 궤도를 공전하며, 공전속도는 약 23.5 km/s, 공전주기는 약 163.7년이다.

4) 해왕성의 고리

쉽게 관측되지 않았던 해왕성의 고리는 해왕성이 주변의 별을 가리는 식(蝕)을 일으킬 때, 별빛의 밝기 변화를 근거로 해왕성 고리의 존재를 발견할 수 있었다. 고리를 가지고 있는 다른 행성들과 마찬가지로 해왕성의 고리도 여러 개로 이루어져 있다. 총 5개의 고리로 이루어져 있는 해왕성 고리 구조의 대부분은 희박하고 희미한 먼지 성분으로 구성되었다. 각 고리들에는 해왕성 발견에 기여한 학자들의 이름이 붙여졌는데, 안쪽의 고리부터 차례 대로 각각 갈레, 르베리에, 라셀, 아라고, 그리고 애덤스이다.

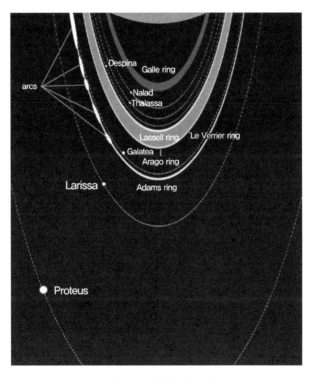

그림 9.8 해왕성의 고리

5) 해왕성의 위성, 트리톤

현재까지 해왕성 주변에서 발견된 위성들은 총 13개이다. 그중 가장 큰 것은 해왕성이 발견된 지 17일 만에 1846년 라셀(William Lassell, 1799~1880)에 의해 밝혀졌는데, 이것이 바로 '트리톤(Triton)'이며, 두 번째 위성인 '네레이드(Nereid)'는 1949년에 발견되었다. '바다의 신'이라는 트리톤은 프랑스 천문학자 플라마리옹(Camille Flammarion, 1842~1925)이

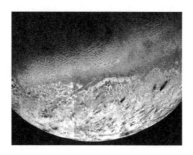

그림 9.9 해왕성의 위성, 트리톤

제안하면서 붙여진 이름이다(1880). 트리톤의 지름은 약 2,710 km, 질량은 약 2.16×10^{22} kg이며, 자전주기는 약 5.88일, 공전주기는 약 25년이다. 이는 다른 위성과 달리 자전축과 공전방향이 반대라는 점이 특이할 만하다. 또한 지구－달 거리의 125배나 될 만큼 해왕성에서 멀리 떨어져 위치하는 트리톤은 질소입자들로 이루어진 얼음 화산을 가지고 있다. 트리톤의 공전궤도는 원에 가까운 편이다.

그림 9.10 해왕성의 정보를 지구로 전송해주는 보이저(Voyager) 2호

9.3 미지의 행성 X

1. 퍼시벌 로웰의 생애 및 업적

로웰(Percival Lawrence Lowell, 1855~1916)은 하버드 대학을 졸업하고 1883년 일본을 유람하고 있던 중 그곳에서 조선의 미국수호통상사절단을 만나게 되었다. 이후 고종의 초대

그림 9.11 퍼시벌 로웰

로 조선에서 약 3개월간 체류하면서 책 「고요한 아침의 나라, 조선(Chosen, the Land of Morning Calm, 1885)」을 출간하기도 할 만큼 우리나라와도 인연이 깊은 편이다. 조선을 방문하고 자신의 나라로 돌아간 로웰은 법학을 전공하였으나 사유재산으로 로웰 천문대(Lowell Observatory)를 건립할 정도로 천문학에도 많은 관심을 가지고 있었다.

로웰 천문대에서 매일 밤 천체를 관측하던 로웰은 당시 프랑스 천문학자인 플라마리옹의 저서 「행성 화성(La Planète Mars)」을 읽게 되면서부터 화성 관측에 많은 시간을 할애했다. 그러던 중 로웰은 이탈리아 천문학자인 스키아파렐리(Giovanni Virginio Schiaparelli, 1835~1910)가 1877년부터 화성을 관측하여 상세하게 그린 화성도를 제작했다는 소식을 듣게 되었다. 스키아파렐리는 화성도에서 최초로 화성의 표면을 바다와 대륙으로 분류했으며, 화성의 카날리(canali, 수로)에 관한 연구도 발표했다. 이에 자극을 받아 화성 관측에 더욱 열의를 쏟았던 로웰은 이후 로웰천문대에서 약 15년 동안 화성을 집중적으로 관찰하며 스케치하였고, 관측 결과를 토대로 당시 지배적이었던 화성의 지적 생명체 거주설을 더욱 확신하기도 했다.

한편 해왕성의 존재가 발견된 후 수많은 천문학자들의 해왕성 관측은 계속되었다. 그런데 해왕성의 공전궤도는 예측된 궤도에서 크게 이탈되어 있었는데, 이렇다 할 이유를 찾지 못한 천문학자들은 해왕성 너머 어딘가에 존재할지도 모를 태양계의 9번째 행성, 즉 미지의 행성 찾기에 관심이 쏠리고 있었다. 로웰 또한 해왕성 바깥궤도에 존재할 것으로 추측된 '미지의 행성 X'를 찾기로 결심하고, 이를 발견하는 일에 몰두하던 중 1916년에 그만 세상을 떠나게 되었다.

2. 클라이드 톰보

그림 9.12 클라이드 톰보

천문학에 관한 이렇다 할 정식 교육을 받지 못한 톰보(Clyde Tombaugh, 1906~1997)는 어려서부터 밤하늘의 별을 관찰하는 일에 푹 빠져 있었다. 그러던 중 로웰천문대에서 태양계 끝자락에 있을 '미지의 행성 X를 찾는다'는 소식을 듣게 된 톰보는 그 작업에 자신도 동참해 보고 싶다는 생각에 새 망원경으로 관찰한 목성과 화성에 대한 세밀한 스케치를 천문대로 보냈다. 천문대원으로서 일하고 싶었던 톰보의 바램은 현실이 되었고, 마침내 로웰 천문대의 조수로 재직할 수 있었다. 천문대에 머무르면서 톰보는 매일 밤하늘을 관측하였다. 그러던 어느 날 천체망원경으로 관측하여 찍은 사진들을 훑어보던 중 그의 눈길을 사로잡는 천체 하나를 발견하게 되었다. 그것은 로웰천문대의 설립자인 로웰이 그토록 찾고 싶어 하던 '미지의 행성 X'였던 것이다.

마침내 태양계의 영역이 또 다시 확장되는 사건이었던 것이다. 태양계의 어두운 끝자락에서 발견되었던 새 행성은 '플루토(Pluto)'라 명명되었고, 이는 그리스 신화에 등장하는 저승의 신 '하데스(Hades)'를 의미하기도 한다.

명왕성 발견 이후에 톰보는 천체 관측에 매진하면서 혜성 1개, 성단 6개, 초은하단 1개, 다수의 소행성들을 발견하였으며, 그의 대표적 저서로는 「어둠 저편에: 명왕성(Out of the Darkness: The Planet Pluto)」(1980) 등이 있다.

그 후 톰보는 1992년 미국 항공우주국(National Aeronautics and Space Administration, NASA)으로부터 명왕성 탐사를 위한 프로젝트를 함께 하자는 특별한 제안을 받게 되었고, 그 일을 진행하던 중 그만 세상을 떠나고 말았다. 하지만 미국 항공우주국에서의 명왕성 탐사를 위한 작업은 계속 진행되었고, 드디어 2006년 1월 19일 무인 우주선 뉴호라이즌(New

그림 9.13 발사 직전 단계의 뉴호라이즌호

Horizons)호를 발사하는 데 성공하였다. 그리고 우주선은 인류 최초로 2015년 7월 14일 명왕성에서 10,000 km 거리까지 접근하여 명왕성과 그 위성들의 자세한 사진과 정보를 우리에게 알려주었다.

3. 명왕성

태양과 지구와의 거리(1억 5천만 km, 1AU)에 비해 40배 정도 멀리 떨어져 위치한 명왕성은 공전궤도가 상당히 찌그러진 타원모양이므로 태양과 가장 가까울 때의 거리는 약 30AU이며, 가장 멀 때는 약 50AU의 위치에서 공전한다. 태양계에서 가장 늦게 발견된 9번째 행성이었던 명왕성의 질량은 1.3×10^{22} kg로서 지구 질량의 약 0.26 %에 해당하는 작은 천체이다. 이를 중심으로 움직이고 있는 그 위성에는 카론(Charon), 히드라(Hydra), 닉스(Nix), 케르베로스(Kerberos) 그리고 스틱스(Styx)가 있다.

이처럼 5개의 위성을 거느리고 있는 명왕성은 태양계의 8행성들과는 상당한 차이점을 가지고 있다. 첫째, 명왕성의 크기이다. 명왕성을 제외한 태양계에서 가장 작은 수성(반지름 2,439 km)을 차치하고라도 지구의 유일한 위성인 달의 크기(반지름 1,738 km)보다 명왕성의 크기(반지름 1,151 km)가 더 작아서 명왕성 부근의 카이퍼 벨트(Kuiper Belt)에 위치한 기타 소행성들과 다를 바 없는 천체이다. 둘째, 명왕성의 공전궤도이다. 이는 높은 이심률(0.248)을 나타내는데, 태양계의 다른 행성들의 공전궤도, 즉 사실상 거의 원에 가까운 타원궤도와는 확연히 다른 궤도이다. 셋째, 명왕성의 공전궤도면이다. 태양을 중심으로 수성에서 해왕성에 이르는 8개 행성의 공전궤도면은 거의 일치하는 반면 명왕성의 공전궤도는 다른 행성들의 궤도면에 대하여 약 17° 정도 기울어져 있다.

행성 사냥에 관심이 많은 미국의 천문학자 브라운(Mike Brown, 1965~현재)은 2004년 하우메아(Haumea)를 발견한 후, 이듬 해 그는 명왕성보다 더 큰 천체인 '분쟁의 여신'이란 의미를 지닌 에리스(Eris)를 발견했다. 하지만 에리스 발견으로 명왕성의 지위는 재평가 받아야 할 상황이 벌어지게 되었다. 그도 그럴 것이 에리스의 직경이 2,400 km로 명왕성보다 무려 100 km나 더 커서 질량이 30 % 가량 더 무거운 천체였기 때문이다. 따라서 명왕성은 얼음이 많은 카이퍼 벨트 근처에 위치한 여러 천체들 중 하나에 불과하다는 판단이 지배적이 되자, 2006년 8월 국제천문연맹(IAU, International Astronomical Union)은 총회를 통해 행성의 정의를 수정해야만 했다. 동시에 '왜행성' 또는 '왜소행성(dwarf planet, 소행성과 행성의 중간단계의 천체)'이라는 새로운 분류를 정하여 명왕성, 에리스, 세레스(Ceres) 등을 이에 포함시켰다.

마침내 명왕성은 태양계의 행성 자격을 상실하고 새로운 이름을 얻게 되었는데, 그것이 바로 왜행성 '134340 플루토'이다. 세레스(정식명칭은 1 세레스)는 태양계의 소행성대에 존재하는 유일한 왜행성이며, 에리스(정식명칭은 136199 에리스)는 태양계에서 가장 큰 왜행성이다.

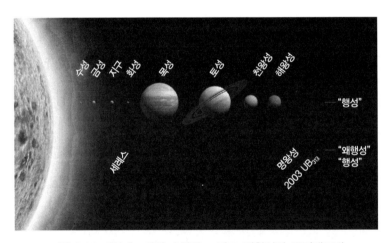

그림 9.14 태양계: 태양, 8행성 그리고 명왕성의 공전궤도면

4. 왜행성

2006년 8월 24일 제26차 총회에서 국제천문연맹은 세 개의 천체들, 즉 최초의 소행성으로 유명한 세레스, 행성으로 알려진 명왕성, 명왕성 바깥에 위치한 에리스에 '왜행성'이라는 등급을 붙여 주었다. 왜행성에 대한 정의는 다음과 같다.

첫째, 태양을 중심으로 하는 공전 궤도를 갖는 천체이어야 한다.

둘째, 원형에 가까운 형태를 유지할 수 있는 중력을 위한 충분한 질량(5×10^{20} kg 혹은 800 km 이상의 직경)을 갖는 천체이어야 한다.

셋째, 공전 궤도 주변의 다른 천체들을 흡수할 수 없는 천체이어야 한다.

넷째, 다른 행성의 위성이 아닌 천체이어야 한다.

이러한 점을 감안해 볼 때 소행성(Asteroid)은 왜행성과 마찬가지로 태양을 중심으로 공전을 하며, 다른 천체의 위성이 아니라는 점에서도 유사하다. 하지만 몇몇 소행성은 자신의 위성을 거느리고 있다. 현재 태양계 내의 왜행성은 총 5개, 세레스(Ceres), 명왕성(Pluto), 에리스(Eris), 하우메아(Haumea), 마케마케(Makemake) 등이 있다.

9.4 그 외 학자들

1. 피에르 라플라스

1) 라플라스의 우주, 블랙홀

가난한 농부의 아들로 태어난 프랑스의 수학자이자 천문학자인 라플라스(Pierre Samon de Laplace, 1749~1827)는 어려서부터 비상한 재능이 있었다. 1784년 에콜 노르말(École Normale)의 교수가 되었고, 나폴레옹 1세로부터는 백작의 지위를 받았던 인물이기도 하다. 특히 그는 해석학 분야에 탁월했을 뿐 아니라 이를 천체역학이나 확률론에 응용하기까지 하여 많은 업적을 남겼다. 라플라스의 대표적 저서인 「천체 역학(Mécanique Céleste)」은 총

그림 9.15 라플라스

5권으로 구성되었는데, 뉴턴의 기하학적 접근방식에 대한 번역을 해서 당시 물리학을 집대성하면서 '프랑스의 뉴턴'이라 불릴 정도였다.

영국의 과학자 미첼(John Michell, 1724~1793)은 뉴턴의 물리학을 근거로 하여 충분히 무거운 별에서는 그 탈출 속도가 빛의 속도보다 커서 빛마저도 탈출할 수 없을 것이라고 추측하였다(1783). 이로부터 13년 후 라플라스 또한 이와 비슷한 생각을 했다.

우리는 빛마저도 탈출할 수 없는 천체를 '블랙홀(Black hole)'이라 한다. 이는 우주에서 가장 미스터리한 천체라 해도 과언이 아닌데, 이 천체의 밀도와 중력은 상상 그 이상으로 크기 때문에 모든 천체의 표면에서 방출되는 빛도 이로부터 헤어나올 수 없는 것이다. 바로 이 천체의 존재 가능성을 최초로 제안한 인물이 라플라스이다. 그는 만일 이러한 천체가 존재한다면 아마도 검고 불투명할 것이라고 가정하기도 했다.

2) 라플라스의 결정론적 세계관

15세기 이전에는 아리스토텔레스의 주장대로 천상계와 지상계가 명확히 둘로 구분되는 세계관이 지배적이었다. 지구는 우주의 중심이었고, 달은 천상계와 지상계를 나누는 경계였으며, 이 두 세상 사이에는 서로 다른 자연법칙이 지배하고 있었다. 하지만 15세기 이후에 접어들면서 코페르니쿠스로부터 제기된 우주에 대한 의문으로 인하여 천상계와 지상계 사이에 동일한 법칙이 적용되는 기반이 마련되기 시작했다. 급기야 17세기 뉴턴의 관성과 중력 개념이 세상에 빛을 보게 되자 우주는 하나의 동일한 원리인 만유인력으로 설명이 가능하게 되었다. 아리스토텔레스의 천상계와 지상계의 구분은 더 이상 불필요한 구시대의 유물이 되어버린 것이었다.

라플라스가 그려낸 '결정론(Determinism)'이란 과거의 결과가 미래의 원인이 된다는 것이다. 과거와 현재의 정확한 위치와 운동량을 알고 있다면, 세상의 모든 사건은 그 미래도 예측가능하다는 의미이다. 그러기 위해서 세상은 어떤 법칙에 따라 한 치의 오차도 없이 합리적으로 움직여야 한다. 이러한 라플라스의 결정론은 후에 '라플라스의 악마(Laplace's Demon)'라고 불리기도 했는데, 20세기에 들어서면서 특히 물리학 분야에서는 하이젠베르크 (Werner Karl Heisenberg, 1901~1976)의 '불확정성 원리(Uncertainty Principle)'와 기상 분야에서는 로렌츠(Edward Lorenz, 1917~2008)의 '나비효과(Butterfly Effect)'와 이를 토대로 한 '카오스이론(Chaos Theory)'에 힘이 실리면서 라플라스의 악마는 설 자리를 잃고 힘없이 사라지고 말았다.

2. 그레고르 멘델

그림 9.16 멘델

부모 세대의 형질이 자식 세대로 전달되는 이유와 방식에 대한 관심은 인류의 역사만큼이나 오래되었을 것이다. 이에 대하여 과학적 접근으로 실험을 행했던 인물은 바로 유전법칙을 발견한 오스트리아의 멘델(Gregor Johann Mendel, 1822~1884)이다. 수도사 출신인 멘델이 몸담고 있었던 수도원이 자리한 지역은 당시 과학 탐구의 중심지였던 유럽의 도심들 근처라는 특성 덕분에 주로 농장에서 생활하면서 그는 농업 원리와 그 활용에 대하여 쉽게 터득할 수 있었다. 자신의 관심 분야를 연구하는 동안에도 멘델은 육종실험에 관한 문헌을 탐독했고, 식물의 품종개량에도 힘썼다. 그는 수도사 신분이었지만 비엔나 대학(University of Vienna)에서 수학, 물리학 및 식물학에 관한 여러 분야를 공부했다. 그렇다고 해서 멘델의 동료들도 그의 관심분야인 식물 육종이나 수학 분야에 이렇다 할 관심을 보이지는 않았다고 한다.

대학을 졸업한 후 멘델은 식물 육종에 관한 연구 소재로 완두(Pisum sativum)를 택했다. 완두는 두 가지의 뚜렷한 대립 형질을 지니고 있어서 우성과 열성의 구분이 용이했으며, 한 세대가 비교적 짧고, 개체수가 많아 번식이 잘 된다는 장점이 있었기 때문이다. 또한 자가교배한 완두는 특정형질에 대하여 순종의 계통으로 유지될 수 있었다. 뿐만 아니라 완두는 한 식물의 꽃에서 다른 식물의 꽃으로 꽃가루가 옮겨지는 타가교배로도 번식이 가능했다.

865년 완두 교배실험을 하던 중 유전에 관한 법칙을 정리하여 논문「식물잡종에 대한 실험(Versuche über Pflanzenhybriden)」을 발표하였다. 하지만 멘델이 사망하는 날까지도 그의 이론은 당시 학계로부터 이렇다 할 관심을 받지 못했다. 그 후 1900년 무렵 세 명의 과학자들에 의해 멘델의 견해가 새롭게 관심의 대상에 오르게 되었는데, 그중 달맞이꽃을 연구

형질	종자 모양	종자 색	종자껍질 색	콩깍지 모양	콩깍지 색	꽃 위치	키
우성	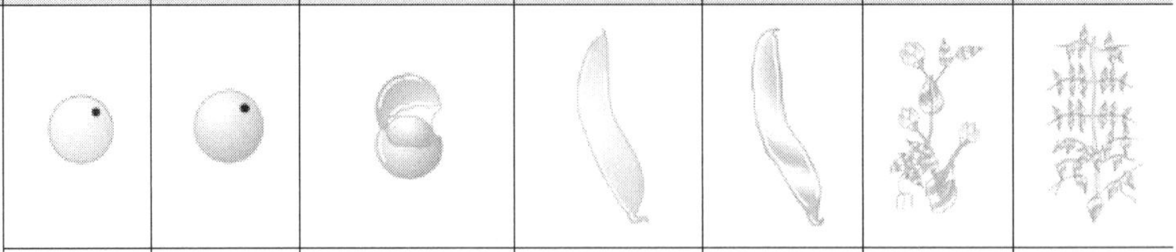						
	둥글다	황색	갈색	매끈하다	녹색	잎겨드랑이	크다
열성	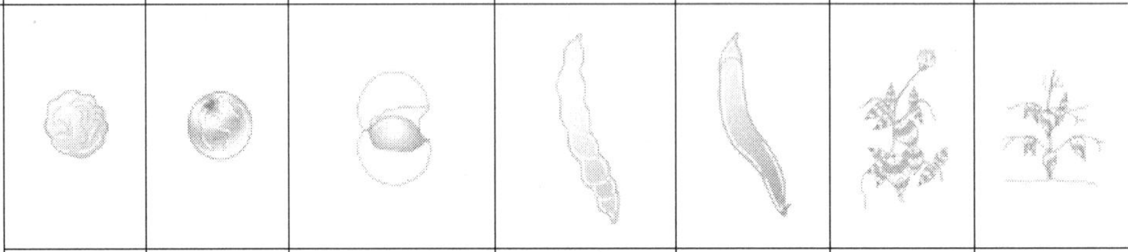						
	주름지다	녹색	흰색	잘록하다	황색	줄기의 끝	작다

그림 9.17 멘델이 선택한 완두의 7가지 형질

Versuche über Pflanzen-Hybriden.

Gregor Mendel

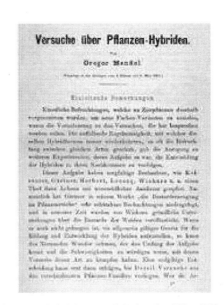

그림 9.18 멘델의 논문: 식물잡종에 대한 실험(1865)

한 네덜란드의 식물학자 드브리스(Hugo De Vries, 1848~1935)에 의해 재발견 되었다. 독일의 코렌스(Karl Correns, 1864~1933)는 완두를 대상으로 실험 및 연구함으로써 멘델의 유전법칙과 동일한 결과를 얻게 되었다. 또한 오스트리아의 체르마크(Erich von Tschermak, 1871~1962)도 완두를 대상으로 연구한 결과를 발표하게 되면서 멘델의 유전법칙은 마침내 세상에 빛을 보게 되었다.

멘델의 유전법칙을 정리하면 다음과 같다.

① 우열의 법칙

생물은 같은 부위에 동일한 기능을 하는 한 쌍의 염색체, 즉 상동염색체를 갖고 있으며, 각 쌍의 상동염색체에는 대립유전자(allele)가 자리하고 있다. 가령, 완두콩의 색깔이 황색일 경우 우성 유전자를 Y로, 색깔이 녹색일 경우 열성 유전자를 y로 표시한다. 따라서 각 상동염색체를 지닌 완두의 유전자 쌍은 YY, Yy 그리고 yy 총 세 가지로 나타낼 수 있으며, YY와 Yy의 표현형은 황색이며, yy는 녹색이다.

멘델은 YY와 yy를 교배한 결과($YY \times yy$), 자손 제1대(F1; Filial 1)에서는 모두 황색 형질(Yy)만을 얻을 수 있었다. Y유전자가 y유전자에 대하여 우성으로 작용하기 때문에 두 순종(동형, homo) 간의 교배에서는 우성 형질 잡종(이형, hetero)인 Yy만을 얻게 되는 것이다. '우성(優性, dominance)'이란 상대 유전자의 표현형을 숨기는 유전 형질을, '열성(劣性, recessive)'이란 상대 유전자에 의해 숨겨지는 유전 형질을 가리킨다.

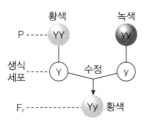

그림 9.19 우열의 법칙

② 분리의 법칙

멘델의 우열의 법칙에서 얻은 자손 제1대와 유전자형이 동일한 개체를 다시 교배(자가교

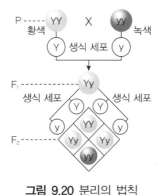

그림 9.20 분리의 법칙

배)할 경우($Yy \times Yy$), 자손 제2대에서는 우성 형질과 열성 형질의 비율이 3:1로 나타난다. 이때 1/4의 확률로 열성이 우성에게서 분리된다는 것을 알 수 있다. 또한 순종 YY와 잡종 Yy는 모두 우성 형질로 황색이다.

③ 독립의 법칙

우열의 법칙과 분리의 법칙이 완두의 한 가지 형질만을 교배하는 방식의 단성교배였다면, 독립의 법칙은 두 가지 형질을 동시에 교배하는 양성교배이다. 만일 우성 형질인 둥글고 황색($RRYY$) 완두와 열성 형질인 주름지고 녹색($rryy$) 완두를 교배할 경우, 자손 제1대에서는 둥글고 황색($RrYy$)인 잡종 개체를 얻게 된다(그림 9.21). 이때 자손 제1대를 자가교하면($RrYy \times RrYy$), 둥글고 황색인 개체($RRYY$, $RRYy$, $RrYY$, $RrYy$) 9, 둥글고 녹색인 개체($RRyy$, $Rryy$) 3, 주름지고 황색인 개체($rrYY$, $rrYy$) 3 그리고 주름지고 녹색인 개체($rryy$) 1의 비율로 나타난다. 9:3:3:1의 비율에서 알 수 있는 것은 우성인 둥근 형질과 열성이 주름진 형질의 비율이 3:1이며, 우성인 황색 형질과 열성인 녹색 형질의 비율이 3:1이다(그림 9.22). 따라서 형태와 색깔, 두 형질은 서로 독립적으로 유전되는 양상을 띠고 있다는 것이다.

그림 9.21 양성교배

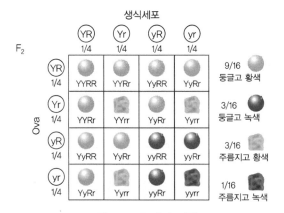

그림 9.22 독립의 법칙

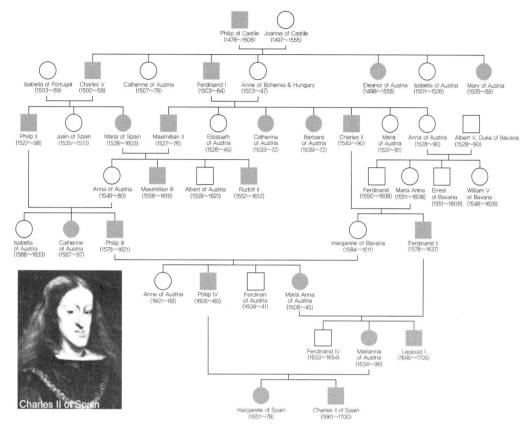

그림 9.23 합스부르크 왕가의 근친결혼 가계도

　유전법칙이 적용되는 대표적인 예로는 유럽 최대의 왕실 가문인 합스부르크(Habsbrug)가이다. 현재 스위스에 위치한 슈바벤(Schwaben) 지방에 있는 '매의 성'이란 뜻을 가진 합스부르크 성에서 그 이름이 유래되었다고 한다. 13세기 후반부터 약 600여 년간 합스부르크 왕가는 거의 모든 유럽의 왕실과 관련을 맺고 있는 것으로도 유명하다. 16세기 스페인 왕으로 재위했던 필립 2세(Philip II)는 일생 동안 네 차례의 결혼을 했는데, 자신의 권력을 유지하기 위한 욕심으로 첫 번째 결혼은 사촌인 마리아와 두 번째 결혼은 아버지의 사촌 동생인 메리 I세와 네 번째 결혼은 사촌인 안나와 결혼하였다. 근친 간의 결혼이었던 것이다. 하지만 이들은 이로 인하여 간질이나 통풍 등의 질병이 생겼을 뿐 아니라 비정상적인 머리 모양과 크기로 상당한 고통을 받았다고 한다. 그중에서도 독특한 유전병으로도 잘 알려져 있는 하악전돌증(Prognathism)은 '합스부르크 립(Habsbrug lip)'이라 불릴 정도였다. 주걱턱 모양으로 아래턱이 유독 길게 돌출되어 있어서 음식을 씹거나 의사소통을 할 때 많은 불편과 고통이 있었는데, 이는 상염색체(autosome) 우성 유전 질환으로 추측된다. 그들은 남들과

다른 기다랗게 돌출된 턱을 가리기 위해 수염을 길렀으며, 당시 궁정화가들은 왕실의 초상화를 그리는 과정에서 턱을 실물보다 보기 좋게 그려야 하는 노고가 있었다.

10장 원자의 세계

10.1 돌턴의 원자론

1. 존 돌턴과 원자론

'화학적 원자설의 창시자'라고 하면 단연 영국 출신의 돌턴(John Dalton, 1766~1844)이라고 하는 데에 어느 누구의 이의도 없을 것이다. 초등학교 졸업 후 12세에 마을에 작은 사설 강습소를 개설하여 아이들을 가르치는 교사로 지내면서 일찍이 자립 생활을 하였던 그는 학교를 경영하는 형을 도우면서 수학과 자연과학을 담당해서 가르쳤다. 그곳에서 교사로서 지내는 동안 돌턴은 기상 관측 관련 일을 시작하는 계기로 하여 후에 기체의 부분 압력에 관한 업적을 저서 「기상관측자료와 소론(Meteorological Observations and Essays)」으로 남기기도 하였다. 1793년에 맨체스터대학(Manchester College)에 입학해 본격적으로 자연학

그림 10.1 돌턴

을 배우기 시작했으며, 자신의 색각장애로 인하여 색맹에 대한 연구를 수행하면서 여러 편의 논문을 발표하였다.

퀘이커(Quaker) 교도이자 평생 독신으로 지냈던 돌턴은 고대 그리스 학자인 데모크리토스의 원자론을 화학적으로 부활시키는 데 공헌하였을 뿐 아니라 이를 '돌턴의 법칙'으로 발표하였다. 정량적인 근대적 원자설을 주장한 이듬해에는 배수비례의 법칙을 발표했는데, 이는 자신의 원자설을 뒷받침하였고, 후에 분자설로 이어지는 기초가 될 수 있었다.

돌턴은 질량보존의 법칙(Law of conservation of mass)과 일정성분비의 법칙(Law of definite composition)이 모순되지 않도록 설명하기 위해서 '만물이 원자로 구성되었다'는 원자설을 제창했다. 하지만 1808년경 그의 원자설의 일부에서 오류가 판명되자 수정해야 했지만, 그의 원자론이 최초로 주장되었기에 화학은 오늘날의 모습을 갖추게 되었을지도 모른다. 다음은 돌턴의 원자설과 현대의 원자설을 비교하여 나열한 것이다(그림 10.2).

당시 프랑스의 물리학자이자 화학자인 게이뤼삭(Joseph Louis Gay-Lussac, 1778~1850)이 발견한 '기체 반응의 법칙'은 돌턴이 주장한 원자설과 일부 일치되지 않는 부분이 있었는데, 그러한 이유로 돌턴과 게이뤼삭의 사이는 그다지 좋지 않았다고 한다. 기체 반응의 법

돌턴의 원자설		현대의 원자설
(1) 원자는 더 이상 쪼개질 수 없다.	 쪼개지지 않는다.	(1) 원자는 양성자, 중성자, 전자 등으로 쪼개진다.
(2) 같은 원소의 원자는 같은 크기, 같은 질량 및 같은 성질을 가진다.	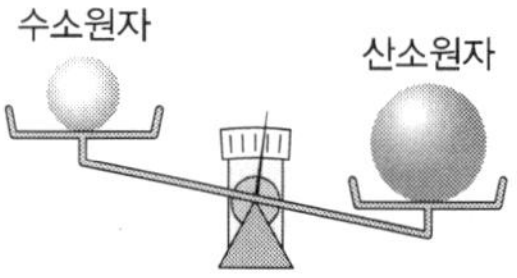 수소원자 산소원자	(2) 동위원소는 같은 원소의 성질은 거의 같지만, 질량은 다르다.
(3) 원자는 다른 원자로 바뀔 수 없으며, 없어지거나 생겨날 수 없다.	변하지 않는다. 없어지지 않는다.	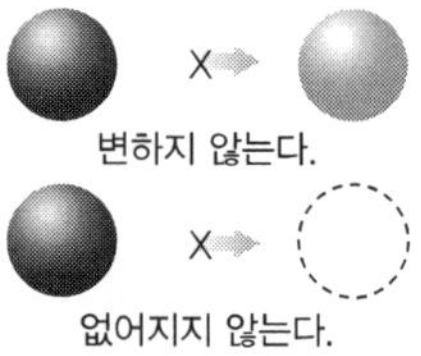 (3) 핵반응을 통해서 원자는 다른 원자로 바뀔 수 있다.
(4) 화합물은 두 종류 이상의 원자가 모여서 이루어지며, 간단한 정수비로 결합한다.	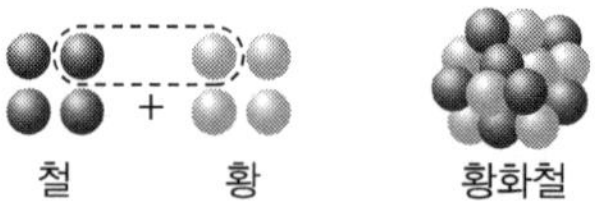 철 + 황 황화철	(4) 수정할 필요 없다.

그림 10.2 돌턴의 원자설

수소 수소   산소   수증기 수증기   수소 수소   산소   수증기 수증기

원자모형   분자모형

그림 10.3 기체 반응의 법칙

칙은 '같은 온도와 같은 압력에서 기체와 기체가 반응할 때, 반응하는 기체와 생성되는 기체의 부피 사이에는 간단한 정수비가 성립한다'는 내용을 담고 있다. 이를 도식화 하면 그림 10.3과 같다.

하지만 이 법칙의 예를 돌턴의 원자설의 내용 중 하나인 '원자는 더 이상 쪼개질 수 없다'는 부분에서 적용해 본다면, 우리는 두 사람의 주장에서 모순점을 하나 발견하게 된다. 돌턴의 원자설로 설명한 기체 반응의 법칙은 쪼개질 수 없다던 산소 원자가 절반으로 쪼개져야 한다는 것이다. 따라서 이러한 오류를 해결하기 위해 등장한 것이 아보가드로(Amedeo Avogadro, 1776~1856)의 '분자설(1811)'이다.

2. 배수비례의 법칙

1804년 돌턴은 '두 종류의 원소가 화합물을 형성할 때, 두 원소의 질량 사이에는 항상 간단한 정수비가 성립한다'는 내용을 담고 있는 '배수비례의 법칙(Law of multiple proportions)'을 발표했다. 그의 새로운 법칙인 배수비례의 법칙은 '원소들은 한 가지 이상의 비율을 가질 수 있다'는 의미를 담고 있다. 예를 들어 생물이 호흡할 때 또는 석탄이나 종이를 연소시킬 때 발생하는 흔한 기체인 이산화탄소(CO_2)는 탄소와 산소의 질량비 12 : 32 = 3:8로 결합하여 생성된다. 그러나 돌턴은 탄소 : 산소의 질량비가 12 : 16 = 3 : 4로도 반응하여 일산화탄소(CO)가 형성된다는 것도 발견하였다. 돌턴은 이와 같이 다양한 법칙을 설명하고자 자신의 원자론을 근거로 주장하였다.

일산화탄소(탄소 원자수 : 산소 원자수 = 1 : 1)   이산화탄소(탄소 원자수 : 산소 원자수 = 1 : 2)

그림 10.4 배수비례의 법칙

10.2 원자의 구조 발견

1. 원자 모형의 변천

1) 돌턴

돌턴은 최초의 원자 모형을 '단단한 공 모형'으로 제시한 인물로 잘 알려져 있다. '원자(atom)란 더 이상 쪼개지지 않은 가장 작은 입자'라는 의미로서 이는 고대 과학자인 데모크리토스가 만물의 근원은 가장 작은 알갱이 '$\alpha\tau o\mu o\varsigma$(atomos)'로 이루어져 있다는 생각에 그 근거를 두고 있다.

2) 조셉 톰슨

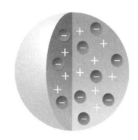

그림 10.5 톰슨과 그의 원자 모형

원자는 물질을 구성하는 기본 요소라는 사실을 바탕으로 영국의 물리학자인 톰슨(Joseph John Thomson, 1856~1940)은 최초로 '전자(electron)'를 발견한 업적으로 잘 알려져 있다. 그는 그림 10.6과 같은 진공관을 준비하여 그 안에 음극과 양극을 설치한 후 전기를 통하게

그림 10.6 톰슨의 진공관

하면, 음극에서 양극 쪽으로 이동하는 그 무언가를 관찰할 수 있었다. 톰슨은 이것이 질량이 있고 −전하를 띠고 있을 뿐 아니라 원자를 구성하는 입자라고 판단하였다. 그리고 원자는 전기적으로 중성이어야 한다고 생각했던 그는 −전하를 띠는 입자 이외에도 원자 내부는 +전하를 띠고 있을 것이라 추측했다. 이는 +전하의 전체 전하량과 동일한 양으로 −전하인 전자가 균일하게 분포하고 있는 모습이 마치 백설기 떡 안에 박혀있는 건포도와 같다는 의미의 '플럼 푸딩 모형(plum pudding model)'인 것이다.

3) 어니스트 러더퍼드

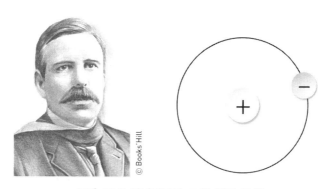

그림 10.7 러더퍼드와 그의 원자 모형

'원자핵(nucleus)을 발견한 과학자'로 유명한 뉴질랜드 출신의 러더퍼드(Ernest Rutherford, 1871~1937)는 10살 때 책에 적힌 내용대로 폭탄을 제조하였다고 하니 과학에 남다른 그의 관심과 재능을 어린 시절부터 발휘하였음을 알 수 있다. 더 많은 공부를 하기 위하여 영국의 캠브리지 대학(Cambridge University)에 위치한 캐번디시 연구소(Cavendish Laboratory)로 자리를 옮긴 후 그곳에서 그는 '전자의 발견자'인 톰슨(Joseph John Thomson)을 만나게 되었다. 톰슨의 지도 덕분으로 러더퍼드는 광전효과 및 우라늄의 방사선에 대해 연구하던 중 1898년에 우라늄의 방사선 중 물질투과성이 서로 다른 2개의 방사선을 발견하였다. 그것이 바로 α선과 β선이다. 또한 우라늄에서 라듐이 발생한다는 것을 알았을 뿐만 아니라 방사선인 α선이 양성자 2개와 중성자 2개로 구성되는 헬륨 원소와 동일한 질량과 전하량을 갖는다는 것과 방사성 원소의 반감기에 관련한 개념들을 발표하면서 핵화학의 기초를 마련하는 데 커다란 업적을 쌓았다. 이로 인해 1908년 러더퍼드는 노벨 화학상을 수상하게 되었다.

평소 톰슨의 '플럼 푸딩 모형'에 관심이 많았던 러더퍼드는 실험을 통하여 원자를 구성하는 물질들과 그 분포 정도를 알아보고자 얇은 금속박에 α선의 진행 경로를 조사하였다 (그림 10.8). 그 결과 대부분의 α입자들은 금속박을 통과하였는데, 이 과정에서 그는 α입자

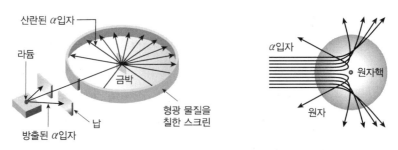

그림 10.8 러더퍼드의 금속박 실험(좌)과 산란되는 α입자들(우)

가 전자와 충돌하여도 전자에 비하여 질량이 훨씬 더 크기 때문에 α입자가 직진할 것이라 예측했다. 그렇지만 몇몇의 α입자는 그의 예상과 달리 매우 큰 각도로 산란된다는 사실을 발견하였다. 이는 톰슨의 원자 모형으로는 설명할 수가 없었던 것이다. 즉 '대부분의 α입 자들이 통과할 수 있다'는 것은 금속박을 구성하는 원자의 상당 부분의 밀도가 낮다는 것을 의미하지만, '몇몇 α입자들이 산란되어 튕겨 나온다'는 것은 원자의 작은 중심부의 밀도가 높다는 것을 의미했기 때문이다. 이를 설명하기 위해 러더퍼드는 원자의 중심부의 무거운 입자를 '원자핵'이라 명명하고, '원자의 대부분은 빈 공간으로 이루어져 있지만, 원자 내부는 밀도가 높은 핵이 존재하며 그 주위를 전자가 돌고 있다'고 추측하여 '+전하를 띤 원자핵 주위를 전자가 돌고 있는 새로운 원자 모형(행성 모형)'을 제시하게 되었다(1911년).

이후에도 러더퍼드는 질소 원자핵에 α입자를 조사하여 인공 핵전환 실험을 하였고, 나아가 자신의 제자 채드윅(James Chadwick)과 함께 질량이 상대적으로 가벼운 원소들(붕소(B)에서부터 칼륨(K))의 원자핵반응 실험을 수행하기도 했다. 그러던 중 수소(^{1}H)로부터 질량이 더 무거운 중수소(^{2}H)의 존재를 예측한 후 삼중수소(^{3}H)에 대한 연구를 계속하였다.

4) 제임스 채드윅

'핵물리학의 아버지'라 불리는 러더퍼드(Ernst Rutherford)의 제자인 영국 출신의 물리학자인 채드윅(James Chadwick, 1891~1974)은 제2차 세계대전 중에 원자폭탄을 제조하는 연구 맨해튼 프로젝트의 영국 팀 수장에 참여하기도 했다. 그렇지만 그를 과학사에 기억될 만한 인물로 만든 것은 바로 '중성자(neutron)'의 발견일 것이다. 당시 그의 스승 러더퍼드는 질소 원자핵에 α입자를 조사하여 질소 원자핵을 인공적으로 파괴시키는 핵전환 실험에 성공할 즈음이었고, 채드윅은 질량이 비교적 가벼운 다른 원소를 α입자로 충돌시켜 원자핵의 구조를 규명하는 연구에 전념하였다. 그는 러더퍼드와 함께 원자핵의 하전을 측정하기 위하여 α입자 산란에 대한 연구를 통하여 핵 하전수가 원자 번호를 의미한다는 것을 입증할

그림 10.9 채드윅

수 있었다. 또한 양성자의 질량과 거의 같지만 어떠한 전하도 갖지 않아 전기적으로 중성인 중성자를 발견하였다(1932년). 이 업적으로 인해 스승에 이어 제자 채드윅은 노벨 물리학상을 수상하게 되었다.

5) 닐스 보어

 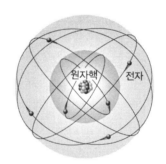

그림 10.10 보어와 그의 원자 모형

당시 수소의 선스펙트럼에 일련의 계열 관계가 있음을 발견한 스위스의 물리학자 요한 발머(Johann Balmer, 1825~1898)가 '발머의 공식'을 정리한 것과 독일의 물리학자 막스 플랑크(Max Planck, 1858~1947)가 에너지의 불연속성을 발견하여 발표한 '플랑크의 양자 가설'을 토대로 보어(Niels Bohr, 1885~1962)는 새로운 원자 모형을 제안하였다(1913년). 그에 따르면 전자는 원자핵 주위를 일정한 궤도에서 계속해서 회전하고 있으며, 그러기 위해서 전자는 모든 에너지를 가질 수 있는 것이 아니라 불연속적인 에너지 값을 가지는 안정한 상태에만 존재할 수 있다고 가정하였다. 그리고 만일 전자가 자신의 회전궤도에서 다른 궤도로 이동할 때에는 두 궤도 간의 에너지 차이, 즉 에너지 준위(level)가 낮은 궤도에서 에너지

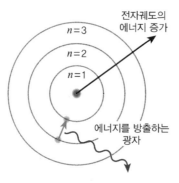

그림 10.11 전자껍질

준위가 높은 궤도로 전자가 이동할 때에는 에너지를 흡수해야 하고, 반대의 경우에는 에너지를 방출해야 한다는 것이었다(그림 10.11).

보어의 원자 모형에서 가리키는 전자궤도는 흔히 '전자껍질(shell)'로 불리며, 원자핵에서 가장 가까운 첫 번째 전자껍질에 K, 두 번째 전자껍질에 L, 그리고 세 번째와 네 번째 껍질에 각각 M과 N의 명칭을 붙여주었다. 이들 중 에너지 준위가 가장 높은 것은 N껍질이며, 가장 낮은 것은 K껍질이다(그림 10.12).

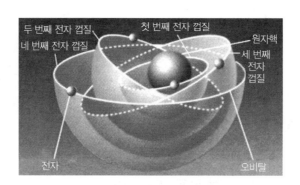

그림 10.12 에너지 준위에 따른 전자껍질

이와 같은 보어의 원자 모형은 양자화(quantization)된 특별한 에너지를 갖는 궤도에서 회전하는 전자에 의해 원자의 구조를 밝혀주고 있다는 데에 그 의미가 있다고 말할 수 있다. 하지만 그의 원자모형에 전혀 문제점이 없었던 것은 아니다. 그도 그럴 것이 전자가 원자핵 주위의 일정한 궤도에서 회전하고 있다는 증거가 없었기 때문이다.

6) 현대의 원자 모형

돌턴으로부터 시작되었던 원자 모형은 시간의 흐름과 과학기술의 발전에 따라 여러 과학자들에 의해 변모하게 되었고, 이는 원자핵 주위에서 전자가 일정한 궤도를 회전하고 있다

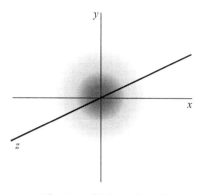

그림 10.13 원자의 전자구름

는 보어의 원자 모형도 일부 수정이 요구되었다. 정확히 말해서 '특정한 궤도를 전자가 돌고 있는 것'이 아닌 '원자핵 주변에 단지 전자가 존재하거나 혹은 분포할 확률로 표현하는 것'이 더 바람직하다는 말이다. 이를 표현하기 위해 등장한 새로운 개념이 바로 원자핵 주위의 '전자구름(electron cloud)'이다. 전자구름은 원자핵 주위를 쉬지 않고 회전하고 있는 전자의 위치를 정확히 알아내기 어려우므로 단지 전자가 존재할 가능성을 수학적 함수를 이용하여 확률로 나타내는 것이다. 이 확률을 '오비탈(orbital)'이라고 한다. 다시 말해서 전자의 위치에너지와 운동에너지 둘 다 모두를 동시에 정확히 측정하기란 불가능하므로 어느 순간에 전자의 정확한 위치를 알아낸다는 것은 사실상 어렵다. 따라서 전자를 발견할 확률을 계산하여 그 분포 정도를 점으로 찍어 구름 모양으로 나타낸다.

전자의 존재 여부를 확률로 표현하게 되는 데에는 독일의 물리학자 하이젠베르크(Werner Karl Heisenberg, 1901~1976)가 주장한 '불확정성 원리(1927년)'의 영향에 의한 것이기도 하다. 그에 따르면, 관찰자는 각 입자의 정확한 위치를 측정할 수 있는 것이 아니라 단지 그 입자가 존재할 위치를 확률로 표현할 수 있다는 것이다. 반대로 원자핵 주위 어느 위치에 전자가 존재하지 않을 가능성이 높은 곳도 있다는 말이 된다. 따라서 오늘날의 원자의 전자구름 모형에서는 원자핵 주위의 전자의 불연속적인 존재 가능성을 확률로 표현하게 된 것이다.

2. 원자핵(Nucleus)

1) 원자핵

흔히 원자 내부의 구조를 태양계로 비유하기도 하는데, 원자핵은 태양계의 중심에 자리한 태양에 해당하며, 원자 주위를 회전하는 전자(electron)들은 태양을 중심으로 공전하는 여

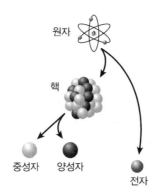

그림 10.14 원자의 내부 구조: 원자핵(양성자, 중성자)과 전자

러 행성들에 해당한다. 태양계 전체 질량의 99.8 % 정도를 태양이 차지하듯이 원자핵 또한 원자 전체 질량의 거의 대부분을 차지하고 있으며, 원자핵 내부는 +전하를 띠고 있는 양성자(proton)와 전기적으로 중성인 중성자(neutron)로 구성되어 있다. 하지만 원자핵의 부피는 핵을 제외한 나머지 공간, 즉 전자가 회전하고 있는 공간에 비해서 무시해도 될 정도로 적으며, 원자 반지름이 약 10^{-8} cm 정도에 비하여 원자핵의 반지름은 약 10^{-13} cm 정도에 불과하다. 이는 원자핵의 밀도가 매우 높다는 의미이다.

+전하를 지닌 양성자는 -전하를 지닌 전자의 전하량과 거의 같지만, 그 질량은 1.673×10^{-24} g 정도이며, 전자의 질량 9.11×10^{-28} g의 약 1,836배 정도에 해당한다. 양성자의 +전하는 양성자를 구성하는 소립자인 '쿼크(quark)'의 전하량 때문인데, 이는 전하량이 $+\frac{2}{3}$인 2개의 업(up)쿼크와 전하량이 $-\frac{1}{3}$인 1개의 다운(down)쿼크로 이루어져 있다. 양성자와 달리 0의 전하를 지닌 중성자는 전하가 없으므로 전기량도 없지만, 그 질량은 1.675×10^{-24} g 정도로 양성자와 거의 비슷한 편이며, 전자 질량의 약 1,800배 정도이다. 또한 중성자는 1개의 업쿼크와 2개의 다운쿼크로 구성되기 때문에 전하량이 '0'이 되는 것이다.

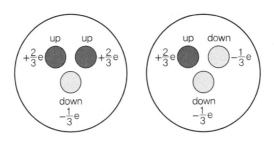

그림 10.15 양성자(좌)와 중성자(우)를 구성하는 쿼크

2) 동위원소와 방사능

원자핵의 크기는 우리의 상상 그 이상으로 작지만, 핵이 원자 질량의 대부분을 차지하므로 원자핵의 밀도가 믿을 수 없을 만큼 크다는 것을 알 수 있다. 가령 물의 부피 $1\ cm^3$의 질량은 $1\ g$이고, 금은 $19\ g$이다. 하지만 순수한 원자핵의 부피 $1\ cm^3$의 질량은 1억 t 그 이상이 된다. 더 놀라운 것은 원자핵의 크기와 밀도만이 아니라 원자핵이 가지고 있는 엄청난 양의 에너지이다.

일반적으로 원자번호가 적은 원소는 양성자 수와 중성자 수가 동일한 편이다. 이럴 경우 원자는 꽤 안정하다고 할 수 있다. 한 원소가 지닌 양성자 수는 원자번호를 가리키는데, 가령 원자번호가 6번인 탄소는 양성자의 수가 6개이다. 반면에 자연상태에 존재하는 대부분의 원소들은 양성자 수보다 중성자 수가 더 많은데, 이런 원소들은 상대적으로 불안정하므로 다른 원소로의 변신을 시도하게 된다. 이를 '방사성 붕괴(radioactive decay)'라고 하며, 방사성 붕괴를 하는 원소를 '방사성 동위원소(radioisotope)'라고 한다. 붕괴 과정에서 해당하는 원소는 α입자, β입자 또는 γ입자 중 한 가지 이상의 에너지(방사선)를 방출하게 된다. 우리는 항상 방사선에 노출되는데, 태양과 우주 밖에서 전해지는 우주선(cosmic ray), 그리고 공기, 흙, 물 등에 있는 자연 동위원소로부터 오는 방사선이 해당된다. 이와 같이 항상 존재하는 방사선을 '배경 방사선(background radiation)'이라고 한다.

해로운 효과는 방사선과 생물체의 세포 간의 상호작용에서 발생된다. 원자나 분자로부터 전자를 분리시켜 이온으로 만드는 방사선을 '전리 방사선(ionizing radiation)'이라고 한다. 핵방사선이나 X선(X ray)이 이에 해당한다. 방사선이 생물체의 세포에 초래하게 되는 화학적

그림 10.16 체르노빌 핵발전소 사고(1986)의 피해, 기형 송아지

변화는 대단히 파괴적인데, 이는 정상적인 화학 과정을 방해하여 살아있는 세포와 조직을 변형시킨다.

10.3 그 외 학자들

1. 앙투안 라부아지에

1) 라부아지에의 생애

프랑스의 유명한 변호사였던 라부아지에의 아버지는 아들 라부아지에(Antoine Laurent Lavoisier, 1743~1794)가 자신의 뒤를 이어 법률가가 되기를 원했지만 라부아지에는 어려서부터 오히려 수학과 자연과학에 더 많은 관심을 보였다. 그의 과학 실험에 대한 열정은 남달랐는데, 세금징수 업무를 하지 않는 시간인 아침 6시부터 9시와 밤 7시부터 10시, 총 6시간을 일생동안 실험에 몰두하였다고 전한다. 모든 사물을 정확히 측정하고 기록하는 라부아지에의 면밀함과 타고난 재능은 마침내 화학 발전에 크게 기여할 수 있게 되었다. 그런데 사실 라부아지에가 시도했었던 과학 실험의 내용들은 우연이라 하기에는 믿기 어려울 정도로 당시 여러 과학자들에 의해 이미 실행되었던 것들이 있었다. 그중에서도 산소의 발견으로 잘 알려진 동시대 영국 출신의 화학자 프리스틀리(Joseph Priestley, 1733~1804)의 실험 내용과 유사한 부분이 많았다.

라부아지에에게는 그의 곁에서 항상 실험을 도와주는 아내이자 실험 조수였던 마리 폴즈(Marie Paulze, 1758~1836)가 있었는데, 그녀는 그의 실험과정을 그림으로 정교하게 나타내

그림 10.17 라부아지에

기도 했다. 그들이 결혼할 당시 라부아지에의 나이 28세, 폴즈의 나이는 14세였으며, '화학 교과서'라 불리는 라부아지에의 대표적 저서인 「화학원론」을 출간하는 데에도 그녀가 함께 했다고 한다.

하지만 그의 삶이 그리 평탄하지는 않았다. 1789년 프랑스의 대혁명이 일어나자 세금 징수인이라는 이유로 라부아지에는 반역죄로 체포되었고, 마침내 여러 세금 관리인들과 함께 사형을 선고 받게 되었다. 그의 죽음을 반대하는 주위 몇몇 과학자들의 여론이 있었으나 라부아지에는 51세의 나이로 단두대에서 생을 달리하게 되었다. 이를 애통해하던 당시 프랑스의 수학자 라그랑주(Joseph Lagrange, 1736~1813)는 "이 머리를 베어 죽이는 것은 순간이면 되겠지만, 이러한 두뇌가 생겨나려면 100년도 더 걸릴 것이다"라는 말로 슬픔을 표현했다고 한다.

2) 현대화학의 아버지, 질량보존의 법칙

18세기에는 관찰과 측정이 대세인 시대였다. 물질의 보편적인 성질이 질량이라는 사실을 토대로 물질세계의 가장 기본적인 법칙인 질량보존의 법칙(Law of conservation of mass)을 세운 사람은 프랑스 과학자 라부아지에다. 그는 무엇보다도 화학을 정량적인 과학으로 확립하는 데 많은 노력을 기울였으며, 닫힌 계(closed system, 외계와의 에너지 출입은 있어도 물질 출입은 없는 물질계) 안에서는 전체 계의 질량은 불변한다는 것을 발견하였다. 다시 말해서 라부아지에는 반응 전과 반응 후에 존재하는 모든 물질의 질량을 측정했던 첫 번째 인물이라 해도 과언이 아닐 것이다.

'물질은 화학 변화를 하는 동안 창조되지도 없어지지도 않는다'는 한 문장으로 질량보존의 법칙을 요약해 볼 수 있는데, 이는 '생성물의 총질량은 반응물의 총질량과 항상 같다'는 의미이다. 당시 일부 과학자들은 아리스토텔레스 시대부터 형성되어 전해 내려온 4가지 원소가 존재한다는 그리스인들의 생각을 버리고 보편적으로 로버트 보일(Robert Boyle, 1627~1691)의 주장을 수용하고 있었다.

라부아지에의 스승이었던 보일은 '원소'라고 여겨지는 물질이 정말 간단한 물질인지를 알기 위한 실험을 행했다. 그러는 동안 보일은 한 물질이 더 간단한 물질로 분해되면 그 물질은 원소가 아니며, 분해되어 생겨난 더 간단한 물질이 바로 원소일 수 있고, 이 물질이 더 간단한 물질로 분해되기 전까지는 원소일 수 있다고 주장했다. 이러한 보일의 정의를 이용하여 라부아지에는 원소표를 작성했으며, 화학 원소에 체계적인 이름을 붙이게 되었다. 라부아지에는 정량적 방법, 즉 질량 측정에 근거해서 물질의 변화를 설명하는 방법을 이용

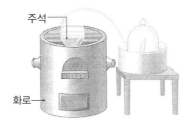

주석

화로

그림 10.18 플로지스톤 이론을 부정하기 위한 라부아지에의 실험장치

해 당시 연금술에 뿌리를 두고 있던 잘못된 연소이론인 플로지스톤설(Phlogiston Theory)의 오류를 입증했고, 실험에 의해 원소를 발견할 수 있는 방법을 제시했다.

하지만 당시 많은 실험 과학자들은 물질의 연소 현상을 '플로지스톤'으로 설명했는데, 이는 그리스어로 '불꽃'의 의미를 지니고 있다. 가령 연소 과정에서 다량의 열을 발생시킬 수 있는 물질에는 플로지스톤이 많이 함유된 것이지만, 그렇지 않은 물질에는 플로지스톤이 거의 함유되지 않아 잘 연소되지 않는다고 생각했던 것이다. 또한 종이나 나무가 연소된 후 재로 남게 될 때 그 질량이 작아지는 것은 플로지스톤이 공기 중으로 빠져 나갔기 때문이라고 여겼다. 그 후 연소된 금속에서 생겨난 재는 그 질량이 증가한다는 것이 새롭게 발견되자, 플로지스톤설을 주장한 사람들은 플로지스톤 중에는 음(−)의 질량을 갖는 경우도 있다는 어설픈 설명을 하기도 했다.

하지만 라부아지에는 종이의 연소나 금속의 연소는 모두 동일한 현상이므로 이를 통일된 방식으로 설명하고자 했다. 밀폐된 용기 내에서 종이의 연소 반응을 실험한 그는 연소 전과 연소 후의 밀폐된 용기의 총질량은 변함없다는 사실을 확인했다. 반면 동일한 실험 장치에서 금속을 연소시켰을 경우 연소 전후 총질량은 변함없지만 종이의 연소와는 달리 연소 후 금속의 질량은 증가하였을 뿐 아니라 증가한 질량만큼 공기의 질량은 감소했다는 것을 발견하였다. 라부아지에는 실험을 통해 연소에 관여하는 물질이 공기 중에 존재한다는 것을 확신하게 되자 이를 공기 중에서 모을 수 있는 방법을 모색하던 중이었다. 다행스럽게도 이 때 그 방법을 해결할 수 있는 결정적 단서를 제공해 준 사람은 영국의 목사이자 플로지스톤설의 신봉자들 중 한 사람인 프리스틀리였다. 프리스틀리는 수은을 연소시키면 붉은색의 산화수은(HgO)이 된다는 사실을 기초로 하여 밀폐된 수조에 산화수은을 넣고 수조를 가열하면, 산화수은은 다시 수은이 되고 그 결과 공기의 부피는 증가한다는 것을 발견했다.

프리스틀리의 실험에 대한 내용을 알게 된 라부아지에는 동일한 실험을 재현해 보기로 한 후 그림 10.18과 같이 자신이 손수 제작한 장치에 수은을 넣고 가열하여 산화수은을 얻어냈다. 프리스틀리와 마찬가지로 라부아지에는 산화수은을 재가열해서 수은으로 환원시켰

그림 10.19 질량보존의 법칙의 예

염화칼슘(CaCl₂) 용액
황산나트륨(NaSO₄) 용액
염화나트륨(NaCl) 용액에 흰 침전물 (황산나트륨, NaSO₄)

300.20 g
300.23 g

는데, 수은을 산화시키는 데 사용된 기체의 질량과 산화수은을 환원시켜서 얻어낸 기체의 질량이 같다는 것을 실험적으로 입증했다. 그 결과 그는 이 기체에 '산소'라 이름 붙였으며, 연소 과정은 한 물질이 산소와 결합한 것이라 주장했다. 이를 계기로 마침내 플로지스톤설이 무너지게 되었으며, 라부아지에는 화학 분야의 혁명을 일으킨 인물로 자리매김하게 되었다.

2. 조셉 루이 게이뤼삭

1) 게이뤼삭의 업적

18세기 기체에 관한 연구는 물질의 반응에 관련된 여러 원자들을 정량화할 수 있는 방법 모색에 큰 발전을 일으켰다. 프랑스의 물리학자이자 화학자인 게이뤼삭(Joseph Louis Gay-Lussac, 1778~1850)은 화학과 공업을 연관시키는 데에 많은 관심을 보였다. 그는 에콜 폴리테크니크(Ecole Polytechnique)에 입학하여 우수한 성적 덕분으로 화학자 베르톨레 (Claude Louis Berthollet, 1748~1822)의 실험조수가 될 수 있었다. 1802년에는 공기, 산소,

© Books'Hill

그림 10.20 게이뤼삭

수소, 이산화탄소 등의 기체가 0~100 °C의 범위에서 온도가 상승함에 따라 본래 부피의 0.375배씩 팽창한다는 '기체팽창 법칙(Pressure- Temperature Law)'을 발견하였으나 사실 이는 프랑스의 과학자 샤를(Jacques Charles, 1746~1823)이 1780년경에 발표했던 내용이다. 또한 게이뤼삭은 기체를 대상으로 하여 원자를 정량화하려는 시도를 하였는데, 그와 그의 스승 베르톨레는 대기의 성분비에 관한 실험에서 '산소와 수소가 1 : 2의 간단한 정수비로 화합한다'는 사실을 새로운 법칙으로 요약하여 발표하였다. 이것이 바로 게이뤼삭이 발견한 기체 반응의 법칙(1808)의 기초였다.

1810년대에 게이뤼삭의 관심은 유기물의 분석에 집중되었는데, 그는 라부아지에의 유기 분석법을 개량하여 유기물을 완전 연소하는 방법을 발견하게 되었다. 이후 시안화수소산(HCN)의 조성에 대한 연구를 통해 시안화수소산 속에 비교적 안정된 원자단인 시아노기(-CN)가 존재함을 밝혔고, 이것은 후에 식물 연구에서 '최소량의 법칙(Law of minimum)'[11]으로 잘 알려진 그의 제자 리비히(Justus von Liebig, 1803~1873) 등이 유기분자 구조를 연구하게 된 실마리가 되었다.

그림 10.21 리비히의 최소량의 법칙

2) 기체 반응의 법칙

'같은 온도와 같은 압력에서 모든 측정이 일어날 때, 기체 반응물과 생성물의 부피 사이에는 간단한 정수비가 성립한다'는 내용을 담은 기체 반응의 법칙(Law of combining volume)을 발표한 게이뤼삭은 분자들의 수와 기체 반응물과 생성물의 부피 사이에는 어떤 관계가 성립해야만 한다고 생각했다. 그러나 그는 이러한 현상에 대한 이유를 밝히지는 못했으며,

---

11) 최소량의 법칙: 생물의 성장은 최대로 존재하는 영양소가 아니라 최소로 존재하는 영양소, 즉 제한요인 (limiting factor)으로 작용하는 성분에 의해서 결정된다는 이론이다.

기체 반응의 법칙을 처음으로 설명한 사람은 1811년에 아보가드로(Amedeo Avogadro, 1776~1856)였다. 그때만 하더라도 분자(molecules) 개념이 잘 알려지지 않았기 때문에 원자 개념으로 기체 반응의 법칙을 설명하기에는 다소 어려움이 있었다. 그도 그럴 것이 수소 원자(H)와 산소 원자(O)가 반응하여 형성되는 물(H_2O)의 경우 수소 : 산소 : 물 사이의 결합비는 2 : 1 : 2이다. 그런데 이를 만족시키기 위해서는 산소 원자가 절반으로 쪼개져야만 그 설명이 가능하다는 것인데, 이는 돌턴의 원자설에 위배된다는 것을 알 수 있다.

3. 아메데오 아보가드로

당시 과학자들은 원자나 분자에 대한 올바른 인식을 하지 못했으나 이탈리아 과학자 아보가드로(Amedeo Avogadro, 1776~1856)는 게이뤼삭의 기체 반응의 법칙을 접하게 된 후, 질소 기체는 2개의 원자로 구성되어 있고, 이와 마찬가지로 수소 기체도 2개의 원자로 구성되어 있을 것이라고 생각했다. 다시 말해서 1개의 질소 분자(N_2)가 3개의 수소 분자(H_2)와 결합하여 2개의 암모니아 분자(NH_3)가 된다는 것이다($N_2 + 3H_2 \rightarrow 2NH_3$). 이를 근거로 아보가드로가 분자설을 주장(1811년)하게 되면서 게이뤼삭의 기체 반응의 법칙에 대한 완벽한 설명이 뒷받침될 수 있었다.

아보가드로는 기체 반응의 법칙을 설명하기 위해 '같은 온도와 같은 압력에서 측정했을 때 같은 부피의 모든 기체는 같은 개수의 분자를 갖는다'는 내용을 담은 새로운 가설인 '아보가드로의 가설(Avogadro's hypothesis)'을 제안했다. 그의 가설은 여러 해에 걸쳐 다양한 방법으로 검증되었다. 하지만 같은 부피를 지닌 다른 기체의 질량을 측정하면 그 질량은 같지

그림 10.22 아보가드로

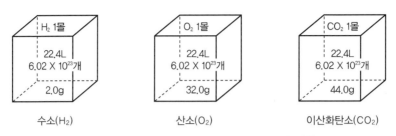

그림 10.23 모형으로 나타낸 아보가드로의 법칙

않다는 것이다. 온도와 압력이 일정한 표준상태(STP; Standard Temperature pressure, 0 ℃, 1기압)에서 기체 1 mol이 차지하는 부피는 22.4 L이며, 이때 기체 분자의 개수는 6.02×10^{23} 개다.

4. 조셉 루이 프루스트

18세기 말 라부아지에와 주변 과학자들은 대부분의 물질이 2개 이상의 원소로 구성된다는 것을 알게 되었다. 그리고 각 화합물은 어느 상태에 있든지 항상 같은 원소를 같은 비율로 가지고 있다는 것이다. 이에 대하여 프랑스의 과학자 프루스트(Joseph Louis Proust, 1754~1826)는 일련의 실험을 통하여 탄산구리(copper carbonate, $CuCO_3$)는 질량비로 계산했을 때 항상 구리(Cu) 51.61 %, 탄소(C) 9.68 %, 산소(O) 38.71 %로 구성된다는 것을 알아냈다. 이에 따라 프루스트는 1799년 '한 화합물을 구성하는 성분 원소들의 질량비는 항상 일정하며, 다른 비율은 존재하지 않는다'는 일정성분비의 법칙(Law of definite proportions)을 제안하였다.

$$Pb(NO_3)_2 + 2KI \rightarrow PbI_2 \ (앙금, \ 노란색) + 2KNO_3$$
질산납 + 요오드화칼륨 → 요오드화납 + 질산칼륨

그림 10.24는 30 ml의 요오드화칼륨(KI) 용액에 질산납($Pb(NO_3)_2$) 용액의 부피를 각기 달리하여 가함에 따라 생성되는 노란색의 요오드화납(PbI_2) 앙금의 양이 증가하게 되지만 어느 지점에 도달하면 그 양은 더 이상 증가하지 않았다. 이는 요오드화칼륨과 질산납의 반응으로 생성되는 요오드화납과 질산칼륨(KNO_3) 사이에는 일정한 성분비가 존재한다는 것을 알 수 있다.

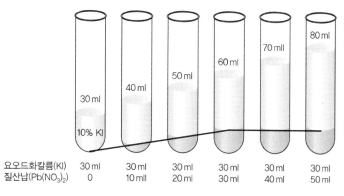

	30 ml	40 ml	50 ml	60 ml	70 mll	80 ml
	10% KI					
요오드화칼륨(KI)	30 ml	30 ml	30 ml	30 ml	30 ml	30 ml
질산납(Pb(NO₃)₂)	0	10 mll	20 ml	30 ml	40 ml	50 ml

그림 10.24 일정성분비의 법칙

5. 드미트리 멘델레예프와 상대 원자질량

18세기에 들어 많은 새로운 원소들이 발견되면서 돌턴은 상대적 원자질량표를 작성하였고(1808년), 1830년 무렵 약 55개의 원소가 알려졌다. 존재가 드러난 여러 원소들의 화학적 성질은 서로 달랐고 그들 사이에는 어떠한 질서나 규칙 등은 없어 보였다. 19세기에 실제 원자량을 밝히는 것이 불가능했지만, 화학자들은 한 원소에 결합하는 다양한 원소들의 질량을 측정할 수 있었다. 이를 근거로 상대적 원자질량을 알아낼 수 있었는데, 돌턴은 수소의 원자질량을 기준 1로 정하였다. 이후 더 정확히 원자량을 결정할 수 있게 되자 원자량의 기준은 수소에서 산소(원자량 16.00)로 수정되었으며, 1961년에 원자량의 상대적 기준은 다시 산소에서 탄소(원자량 12.00)로 바뀌었다. 그리고 상대적 질량인 원자량의 단위는 '원자질량 단위(atomic mass unit, amu)'로 나타내기로 했다.

러시아 출신의 화학자인 멘델레예프(Dmitri Mendeleev, 1834~1907)는 화합물이나 홑원소로 구성된 순물질의 특성과 그 성분에 관한 연구에서 출발하였다. 이는 오늘날 우리가 공부

그림 10.25 멘델레예프

했던 원소주기율표를 발견할 수 있는 기초가 되었던 것이다. 1865년 저서 「유기화학 교과서」에서 그는 원자량과 분자량 개념의 혼돈을 정리하여 새로운 원자량 체계를 기록하였다. 그 후 멘델레예프는 대표적 저서 「화학의 원리」 집필에 착수하였으며, 당시 알려진 60여 종의 원소를 배열할 필요성을 느꼈다. 그는 각 원소들의 화학적 성질뿐 아니라 그들 간에 존재하는 일정한 규칙과 순서를 찾아내야만 했다. 이를 해결하기 위하여 멘델레예프는 각 원소의 원자량을 비교하는 방법을 택했다. 그 결과 그는 각 원소의 화학적 성질은 질량과 관련이 있으며, 원자량이 증가하는 순서로 배열된 각 원소들은 그 성질이 주기적으로 변한다는 사실을 발견할 수 있었다. 그리하여 마침내 원소주기율이 완성되었다(1869년).

19세기 중반 화학자들에 의해 원소를 체계적 방법으로 배열하고자 하는 다양한 시도가 이루어졌다. 그중 가장 성공적인 배열이 멘델레예프에 의한 주기율표(periodic table)였다. 그는 약 60여 종의 원소들의 성질을 고려하면서 원자량이 증가하는 순서로 배열하였다. 또한 비슷한 성질을 가진 원소들은 같은 세로 줄(group, 족)에 두는 과정에서 빈 칸을 남겨두었다. 이는 미완성인 주기율표가 아닌 아직 발견되지 않은 원소를 위한 자리였던 것이다. 다시 말해서 멘델레예프는 언젠가는 발견될 원소의 성질을 예측했다는 말이다. 그의 이와 같은 예측은 놀라울 정도로 성공적이었다. 갈륨(Ga, 1875년), 스칸듐(Sc, 1879년), 게르마늄(Ge, 1866년) 등 세 원소의 성질은 그 예언과 정확하게 일치했다.

오늘날 우리가 사용하는 주기율표에는 118개의 원소가 배열되어 있다. 그리고 그를 기념하기 위해 주기율표에서 101번째 원소에는 '멘델레븀(Md)'이라 명명하였다.

족 주기	1	2	3	4	5	6	7	8	9	10	11	12	13	14	15	16	17	18
1	1 H																	2 He
2	3 Li	4 Be											5 B	6 C	7 N	8 O	9 F	10 Ne
3	11 Na	12 Mg											13 Al	14 Si	15 P	16 S	17 Cl	18 Ar
4	19 K	20 Ca	21 Sc	22 Ti	23 V	24 Cr	25 Mn	26 Fe	27 Co	28 Ni	29 Cu	30 Zn	31 Ga	32 Ge	33 As	34 Se	35 Br	36 Kr
5	37 Rb	38 Sr	39 Y	40 Zr	41 Nb	42 Mo	43 Tc	44 Ru	45 Rh	46 Pd	47 Ag	48 Cd	49 In	50 Sn	51 Sb	52 Te	53 I	54 Xe
6	55 Cs	56 Ba	*71 Lu	72 Hf	73 Ta	74 W	75 Re	76 Os	77 Ir	78 Pt	79 Au	80 Hg	81 Tl	82 Pb	83 Bi	84 Po	85 At	86 Rn
7	87 Fr	88 Ra	*103 Lr	104 Rf	105 Db	106 Sq	107 Bh	108 Hs	109 Mt	110 Ds	111 Rg	112 Uub	113 Uut	114 Uuq	115 Uup	116 Uuh	117 Uus	118 Uuo

*란탄족 Lanthanoids	*	57 La	58 Ce	59 Pr	60 Nd	61 Pm	62 Sm	63 Eu	64 Gd	65 Tb	66 Dy	67 Ho	68 Er	69 Tm	70 Yb
*악티늄족 Actinoids	*	89 Ac	90 Th	91 Pa	92 U	93 Np	94 Pu	95 Am	96 Cm	97 Bk	98 Cf	99 Es	100 Fm	101 Md	102 No

그림 10.26 원소의 주기율표

11장 진화의 시대

11.1 장 밥티스트 라마르크의 용불용설

프랑스의 동물학자인 라마르크(Jean Baptiste Lamarck, 1744~1829)는 다윈에 앞서 '생물이 진화한다'는 생각을 구체적으로 정리하여 발표(1809년)한 최초의 인물로 잘 알려져 있다. 하지만 생물의 '종(Species) 불변설'을 주장하고 '천변지이설(天變地異說, Catastrophe theory)' 또는 '격변설(catastrophism)'이라는 이론을 지지하는 프랑스의 동물학자 퀴비에(Georges Léopold Cuvier, 1769~1832)로부터 라마르크의 생각과 진화론은 공격을 받고 학계에서 무시 당하며 무신론자라는 비난을 받아야만 했다. 게다가 불행과 빈곤은 계속되었으며, 그의 말년에는 실명하게 되었다.

라마르크는 평소 '생물은 환경의 변화 속에서 살아남기 위하여 환경 변화의 방향으로 생물체 습성의 변화가 일어나므로 생물체에는 본래 진화하려는 경향이 내재되어 있다'고 생

© Books'Hill

그림 11.1 라마르크

각했다. 그 과정에서 각 기관(organ)은 사용되는 정도에 따라 달라지는데, 생물체가 빈번하게 사용할수록 해당 기관은 더욱 발달하는 반면, 그렇지 않은 기관은 퇴화된다. 나아가서 이전보다 더욱 발달하게 된 기관의 획득된 형질(acquired character)은 다음 세대에게 그 형질이 거듭하여 전달된다는 것이다. 이것이 라마르크의 유명한 '용불용설(Law of Use and Disuse)'이다. 이를 설명하기 위한 대표적인 예가 바로 기린의 목 길이이다. 그에 의하면, 키큰 나무의 높은 가지에 있는 잎을 먹기 위해 기린은 목 늘이는 자세를 반복하게 되는데, 지속적인 과정을 되풀이 하면서 기린의 목은 이전보다 더 늘어난다는 것이다. 즉 생물이 필요에 의해 신체 일부를 자주 사용한 결과 형질의 변화가 발생하게 된다는 의미이다. 반면 라마르크는 사용하지 않는 기관은 오히려 그 형질이 약해지거나 작아지며, 오랜 시간이 지나면 퇴화될 것이라 생각했다. 가령 펭귄의 날개는 하늘을 날기 위한 목적으로는 자주 사용되지 않아서 오늘날과 같은 형질로 작아지고 기능이 퇴화된 것이라는 말이다. 라마르크는 이러한 생각을 저서 「동물철학(Philosophie Zoologique)」에 담아 출간하였다.

용불용설을 충분히 설명하기 위해서 라마르크는 '획득형질의 유전(Lamarckian Inheritance)'이라는 개념을 도입했다. 그는 한 생물 개체의 형질 변화가 계속해서 유지되려면 자손을 통한 번식에 의해서 가능해진다고 생각했다. 앞에서 언급했던 기린 목 길이의 경우, 높은 곳의 먹이를 먹기 위해 목을 자주 늘이는 시도를 한 결과 한 개체의 변이가 발생한 것이고, 이러한 변화는 암수 기린 모두에게서 발생했거나 최소한 암컷에게서 발생했을 때 그 자손에게 변화된 획득형질이 유전되면서 진화될 수 있다는 것이다. 라마르크는 한 개체의 생물이 환경에 적응하면서 일생 축적되고 획득된 형질의 변화가 자손을 통해 유전되며, 마침내 한 종의 점진적 변화 및 변이가 발생한다고 주장했다.

하지만 이후 그의 이론은 영국의 생물학자 다윈의 '자연선택(Natural selection)' 이론으로 대체되었고, '진화'라는 개념은 우리로 하여금 다윈을 더 먼저 떠올리게 만들었다. 또한 오스트리아 출신의 수도사이자 식물학자인 멘델(Gregor Mendel)이 발표했던 '유전법칙'에 비

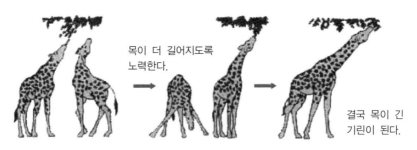

목이 더 길어지도록 노력한다.

결국 목이 긴 기린이 된다.

그림 11.2 기린의 긴 목: 라마르크의 용불용설

추어 볼 때 한 개체의 획득된 형질은 유전되지 않는다는 것이 밝혀지게 되었다.

그렇다 하더라도 생물 종의 변이 과정을 설명하는 최초의 이론이라는 점에서 라마르크의 주장은 충분히 의미가 있다고 할 수 있다. 최근 21세기 후성유전학(Epigenetics)은 유전자 발현을 제어하는 '메틸기(methyl group, 메탄(CH_4)에서 1개의 수소원자를 제거한 원자단인 $-CH_3$)'와 같은 생화학 물질이 생물이 처한 환경에 따라 유전자 작동 방식에 변화를 일으킬 뿐 아니라 유전 가능하다는 것이다. 이는 라마르크가 주장했지만 이후 과학자들은 잘못된 이론이라 여겼던 '획득형질의 유전'을 결국에는 받아들이는 셈이 된다. 환경의 영향으로 인한 개체의 획득된 형질이 유전될 수 있음을 인정한다는 점을 고려한다면, 과거 라마르크의 학설이 잘못되었다고 하기엔 다소 무리가 있다는 의미가 된다.

11.2 찰스 다윈의 자연선택설

1. 종의 기원

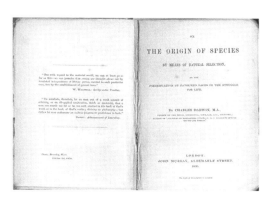

그림 11.3 다윈과 그의 저서 「종의 기원」 표지

영국 출신의 다윈(Charles Rober Darwin, 1809~1882)은 목사가 되길 바라는 아버지의 권유에 따라 캠브리지 대학에 진학하였으나 신학보다는 곤충이나 식물에 더 많은 관심을 보였다. 대학 졸업 후 다윈은 예상치 않았던 제의를 받게 되는데, 그것은 훗날 우리에게 다윈이 진화이론으로 유명해지게 되는 계기이기도 했다. 바로 해군 측량선 비글호(Beagle)의 승선 제의였던 것이다. 당시 비글호의 선장이었던 피츠로이(Robert FitzRoy, 1805~1865)는 두 번째 항해를 계획하던 중, 첫 번째 항해 기간 동안 지질학에 관한 전문 지식을 지닌 사람이

필요하다는 것을 경험한 바 있었기에 두 번째 항해에서는 육지를 탐사하는 데 도움이 될 박물학자를 물색하게 되었다. 따라서 다윈이 동행하게 되었고, 1831년 그들과 함께 다윈은 비글호에 몸을 싣고 남아메리카로 향했다.

5년간의 항해를 위해 다윈은 영국의 지질학자인 라이엘(Charles Lyell, 1797~1797)의 저서 『지질학 원론(Principles of Geology)』을 가지고 비글호에 승선했다. 이 책은 근대 지질학의 기초를 세운 라이엘이 '지구의 미세한 지질학적 변화들이 아주 오랜 시간 동안 서서히 변화하여 오늘날과 같은 커다란 변화를 이루게 되었다'는 동일과정설(uniformitarianism)을 기초로 저술한 것으로서 17세기 후반 퀴비에의 격변설을 반박한 내용을 담고 있다. 다윈은 지구에서 발생하는 변화는 오랜 기간에 걸쳐 점진적으로 일어나고 있다는 라이엘의 생각에 심취하였고, 후에 "자연선택 이론의 근간은 라이엘에게서 비롯되었다"고 고백하기도 했다. 1835년 갈라파고스 군도(群島)에 도착한 다윈은 동식물을 수집하며, 생물학이나 지질학에 관련된 것들을 관찰하고 기록하였다. 그는 그 곳에서 다양한 종류의 새들을 관찰하였는데, 그들 중 부리의 생김새가 서로 다른 몇 마리의 새들이 모두 핀치새라는 사실을 항해 후 영국의 조류학자 존 굴드(John Gould, 1804~1881)에게서 듣게 되었다.

그림 11.4 핀치새의 다양한 부리 모양(갈라파고스 군도)

굴드의 말은 다윈을 흥분시키기에 충분했다. 모두 핀치새라 하기에는 부리 모양이 제 각각이었기 때문이었다. 동일한 종(species)에 속하는 새이지만 섬의 환경과 먹이에 따라 마치 서로 다른 종으로부터 유래한 것처럼 보였다. 가령 곤충을 주로 잡아먹는 핀치새의 부리는 짧고 뭉툭하며, 곡식의 낱알을 주로 먹고 사는 새의 부리는 가늘고 뾰족했다. 모두 한 종류에 속한 새들의 부리 모양이 그들이 서식하고 있는 환경과 먹는 먹이의 종류에 따라 달라질 수 있다는 결론에 도달한 다윈은 '한 종의 안정성이 깨질 수 있다'고 생각하게 되었다. 그의 진화이론의 기본이 되는 '자연선택설(Natural Selection)'이 수면 위로 올라오는 순간인 것이다.

그림 11.5 핀치새의 종류, 종의 분화

고정된 것이라 여겼던 '종은 고정된 것이 아니라 환경에 의해 변화한다'는 생각은 줄곧 다윈의 머릿속에서 떠나질 않았다. 단지 그에게는 한 종이 다른 종으로 변화하는 그 이유를 알아내고자 하는 마음뿐이었다. 그러던 중 1838년 그는 영국의 경제학자 맬서스(Thomas Robert Malthus, 1766~1834)의 대표적 저서 「인구의 원리에 관한 일론(An Essay on the Principle of Population)」12)에서 '식량은 산술급수적으로 증가하는 반면, 인구는 기하급수적으로 증가하는 경향을 지닌다'는 내용에서 자신의 이론을 뒷받침할 만한 단서를 발견하게 되었다. 마침내 다윈은 자신의 생각을 저술하기 시작했고, 그것이 저서 「종의 기원(Origin of Species)」이다(1859년). 그리고 출판 당일 매진된 다윈의 책은 이후 세상에 커다란 파문을 불러 일으켰다.

「종의 기원」은 모든 생명체는 신의 섭리가 아니라 자연의 선택 과정에 따라 진화한다는 내용을 주로 담고 있다. 어떤 환경에서 살아남은 생물 종은 다른 종보다 더 우수하거나 더

---

12) 책 이름이 「인구론」으로 더 익숙하다.

지적인 종이 아니라 환경 변화에 가장 잘 적응한 종이라는 것이다. 따라서 보다 잘 적응하여 살아남게 된 종(적자생존, Survival of the Fittest)은 진화라는 과정에 들어서게 된다. 이와 같은 다윈의 진화이론이 생물학 분야에 미친 영향은 과거 코페르니쿠스의 지동설 주장이 사회에 미친 영향에 견주어도 결코 부족하지 않을 것이다. 다윈의 진화이론을 토대로 하고 있는 「종의 기원」의 발표 소식을 접한 비글호의 선장 피츠로이는 다윈이 사악한 짓을 했다며 자살했다고 한다.

2. 자연선택

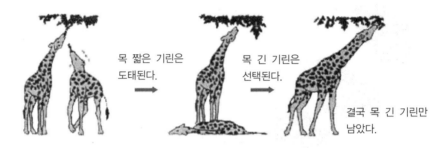

목 짧은 기린은 도태된다.

목 긴 기린은 선택된다.

결국 목 긴 기린만 남았다.

그림 11.6 기린의 긴 목: 다윈의 자연선택설

다윈의 진화이론의 근거는 '자연선택(Natural Selection)'이다. 그의 저서 「종의 기원」에서도 알 수 있듯이 부모의 형질이 자손에게 전해지는 과정에서 주위 환경에 더욱 잘 적응하는 형질이 자연선택을 통하여 후대로 전달되어 진화가 일어난다는 것이다. 또한 환경에 적

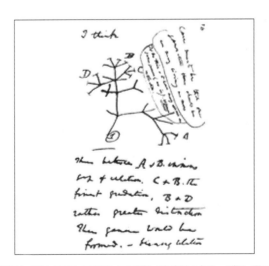

그림 11.7 다윈이 생물 종의 기원을 고안한 진화의 나무: 생물 종의 기원(1837)

응하는 동안 같은 종이라 하더라도 각 개체에서는 다양한 변이(variation)가 유발되는데, 여러 변이체들 중에서도 생존과 자손 번식에 유리한 변이를 일으킨 개체의 생존 가능성이 더 높으며, 이 형질은 계속하여 후대로 전달될 것이다. 뿐만 아니라 여러 개체들 간에는 개체 수에 비하여 비교적 한정된 먹이를 사이에 두고 경쟁을 해서 살아남아야 한다. '생존경쟁(struggle for existence)'과 '약육강식의 법칙(law of the jungle)'이 그대로 적용되는 환경이다.

이때 다윈이 생각하는 변이는 우리가 흔히 말하는 돌연변이(mutation)와는 다른 개념인데, 생물 개체는 처한 환경에 따라서 조금씩 변화하며, 그 변화가 후대로 유전된다는 의미로서 엄밀히 말하면 변이보다는 변화의 개념에 더 가깝다고 할 수 있겠다. 어찌 보면 이는 라마르크의 용불용설로 인한 '획득형질'과도 유사하다.

11.3 그 외 학자들

1. 토마스 헉슬리

「종의 기원」을 통해 진화이론을 발표함과 동시에 유럽 여러 나라에서 이견이 분분하자 다윈은 대립하는 격론을 감당할 수 없었다. 하지만 영국의 동물학인 헉슬리(Thomas Huxley, 1825~1895)는 다윈의 진화론 발표 소식을 접하고, 즉시 진화론에 대한 올바른 인식 보급에 앞장섰다. 다윈의 든든한 지원군이 되어준 셈이었다.

어려서 가난한 가정형편으로 정규교육이라고는 기껏해야 2년 정도 받았을 뿐 제대로 된 교육을 받지 못하여 독학을 했으나 헉슬리는 동물학자로 유명해졌다. 어느 날 다윈의 진화

그림 11.8 헉슬리

론을 접한 그는 다윈의 주장에 감탄하며, 당시 격렬했던 진화 논쟁에 발을 내딛었다. 그런 이유에서인지 그에게는 '다윈의 불독'이라는 별명이 따라다녔는데, 사실 그 별명은 영국과학진흥협회(British Association for the Advancement of Science) 부회장인 월버포스(Samuel Wilberforce, 1805~1873) 주교와의 유명한 논쟁으로 붙여진 것이다. 1860년 영국과학진흥협회에서 주관하는 회의가 개최되는 옥스퍼드 대학 강연장에는 수백 명의 청중이 모여들기 시작했다. 다윈의 「종의 기원」에 대한 찬반 격론이 진행 중이었기 때문이었다. 다윈을 옹호하는 대표 인물로는 헉슬리가, 다윈을 비판하는 대표 인물로는 성직자인 옥스퍼드 주교 월버포스가 자리하고 있었다. 월버포스는 「종의 기원」에 관한 한 논평을 통해서 '생물의 한 종에서 다른 종으로 진화되는 어떠한 경우도 그에 해당되는 지질학적 기록은 없다'고 했는데, 사실 다윈은 월버포스의 논평에 대해 부분적으로 인정하고 있었다. 당시 종교관과 세계관을 반영하는 "인류가 원숭이의 친척이라는 것이 가당한 말인가? 그야말로 터무니없는 망상이다!"라는 말로 월버포스는 진화론에 대하여 신랄하게 비난하였다. 또한 진화이론은 과학적 사실로 수용하기 불가할 정도로 왜곡되었음을 증명했으며, 이를 밝히고자 하는 그의 논평은 청중으로부터 좋은 반응을 얻었다. 이에 질세라 헉슬리는 인간의 유인원 조상(ape ancestors)에 대한 이야기로 청중의 관심을 끌었다. 왜냐하면 헉슬리는 월버포스에게서 "당신의 할아버지 또는 할머니 중 누가 유인원(ape)의 친척인가?"라는 질문을 받았기 때문이다. 헉슬리는 "자신의 재능과 힘을 중대한 과학 토론을 조롱하고 비판하는 데에 사용하는 인간보다는 유인원을 할아버지로 두는 것이 더 좋겠다"고 답했다. 한 치의 양보도 없었던 두 진영의 첨예한 대립은 극렬했으며, 그 날의 승리는 월버포스의 몫이었다. 하지만 후에 진정한 승리는 성직자인 월버포스가 아니라 과학자인 헉슬리에게 돌아갔다. 당시 인간의 자연계에서의 위치를 올바르게 인식하고 있는 이들은 성직자가 아니었다. 과학자였다. 과학으로의 발걸음이 진일보된 것이었다.

헉슬리가 분명 다윈의 불독으로서 진화이론을 열렬히 그리고 절대적으로 지지했던 것은 사실이다. 다윈의 진화이론을 대중화하는 데 큰 몫을 담당한 것도 사실이다. 하지만 그는 진화의 과정이나 원인을 설명하는 기작(mechanism)에 대해서는 다윈의 견해와는 사뭇 달랐다. 진화의 '속도' 때문이었다. 쉽게 말하자면 다윈은 진화가 일어나기 위해 오랜 시간과 개체의 점진적인 변화 및 변이를 그 원인으로 생각하였다. 즉 '급격한' 변화 또는 '도약'하는 진화의 개념을 수용하지 않았다는 말이다. 이와 달리 그의 기질만큼이나 헉슬리는 진화를 유도하는 데에는 '돌연' 변이에 더 많은 비중을 두었다. 바로 이 부분에서 다윈은 자신을 전폭적으로 지지하는 헉슬리에 대하여 탐탁지 않게 여겼고, 헉슬리가 자신의 진화에 관한 사상을 제대로 이해하지 못했다고 생각했다.

1880년 영국왕립학회 회장이 된 헉슬리는 '불가지론자(Agnostic)'라는 단어를 처음으로 만들어 신의 존재에 대한 자신의 생각을 표현한 인물이기도 하다. 그에 의하면, 신의 존재에 대해 안다는 것은 인간의 능력 범위를 벗어난 문제이므로 인간이 이성적으로 신을 증명할 수도 그리고 반증할 수도 없다는 것이다. 그렇지만 1895년 숨을 거두기 며칠 전 헉슬리는 지금까지 믿지 않았던 보이지 않는 영적 세계를 실재처럼 보았다고 전한다.

2. 휴고 드브리스

네덜란드 출신인 드브리스(Hugo de Vries, 1848~1935)는 식물생리학 분야에서는 식물의 호흡작용과 공변세포의 팽압(turgor pressure)[13]에 대하여 연구하였으며, '원형질 분리 (plasmolysis)'[14]라는 단어를 만들어서 그 현상에 대해 설명하였다. 유전학 분야에서는 식물 잡종에 관한 연구를 통해 유전현상을 세포내 '판겐설(pangenesis)'로 발표하였으며, 그는 멘델의 유전법칙을 재발견하고, 큰 달맞이꽃의 교배실험 결과 '돌연변이설(Mutation theory)'을 발표(1901년)하였다. 그의 세포 내 판겐설은 유전자설의 선구자적 역할을 하였을 뿐만 아니라 다윈과는 다른 의미에서의 진화론을 설명하였다.

© Books'Hill

그림 11.9 드브리스

---

13) 식물세포 내 소기관들 중 하나인 액포(vacuole)가 양분 및 수분을 흡수하여 세포의 부피를 팽창시킬 때, 액포막이 세포벽에 가해지는 압력이나 힘을 가리킨다.
14) 식물세포를 고장액에 담글 경우, 동물세포와 달리 원형질(세포질)이 세포벽으로부터 분리되는 현상을 말한다. 이는 식물 세포막의 반투과성으로 인하여 원형질의 세포액이 고장액 쪽으로 빠져나와(탈수) 팽압이 감소하게 되는데, 그 결과 원형질 분리 상태에 이르게 된다. 이때 팽압은 0이 된다.

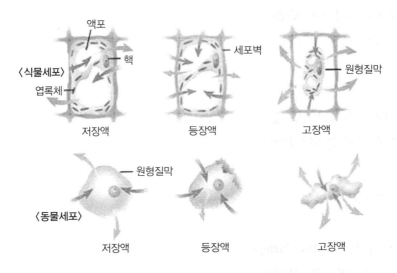

그림 11.10 식물세포의 원형질 분리 현상(고장액)

다원은 진화론을 주장할 즈음만 해도 진화의 원인에 대해서는 잘 설명하지 못했다. 그는 생물 개체의 몸속에는 유전을 이루는 물질인 '제뮬(gemmule)'이 환경에 의해 변화하고, 생식을 통해 후손에게 전달된다고 생각하기도 했다. 그런데 사실 '판게네시스(pangenesis)' 또는 '판겐설' 또는 '범생설'이라고도 하는 이론은 의학의 아버지인 히포크라테스(Hippocrates, BC 460~377)의 발상으로서, '판겐(pangen)'이라는 작은 입자가 몸의 각 부위에 있다가 정자와 난자로 이동한 후, 다음 세대로 전달되면서 유전 현상이 나타난다는 이론이다. 드브리스도 마찬가지로 자신의 유전학 연구를 판게네시스에 근거를 두고 있었으나, 이러한 유전 입자에 지속적으로 작은 변화가 일어나서 진화가 일어난다는 다원의 주장에 쉽게 동의할 수 없었다. 대신 드브리스는 거의 변화하지 않는 유전 단위 판겐을 가정하여 다원의 제뮬과는 다른 유전 이론을 전개하였으며, 이를 증명하기 위해 달맞이꽃을 재배하여서 실험재료로 사용하기로 했다. 그 과정에서 그는 멘델의 유전법칙을 재발견하게 되었고, 7가지 종류의 새로운 형질을 지닌 큰 달맞이꽃을 발견하게 되었다. 드브리스는 큰 달맞이꽃의 형질이 자손 세대에 전달되는지에 대한 실험을 이어나갔다. 종자를 파종하여 발아시킨 후 새로운 형질의 큰 달맞이꽃은 다음 세대에 유전된다는 사실을 확인할 수 있었고, 이를 토대로 그는 '돌연변이(mutation)'와 '돌연변이체(mutant)'라는 새로운 용어를 만들었다. 그리고 저서 「돌연변이설(The Mutation Theory)」을 출간하였다(1901년).

'점진적인 변이가 진화의 원인'이라는 다원의 견해와 달리 드브리스는 '돌연변이가 진화의 가장 중요한 원인'이라 판단하였다. 그에 의하면 유전 단위 판겐은 매우 안정하여 거의 변화하지 않지만, 간혹 환경에 의해 불안정한 상태에 놓이기도 한다. 바로 이때 유전 단위에 변화가 발생한다는 것이다. 즉 돌연변이에 의한 새로운 종의 출현이 가능해진다는 말이다. 어찌 보면 헉슬리가 주장했던 돌연변이는 드브리스의 돌연변이와 일맥상통하는지도 모를 일이다. 그도 그럴 것이 드브리스는 어느 종이 돌연변이에 의해 갑자기 만들어진다는 '도약진화(saltation)'에 입장을 취하고 있기 때문이다. 하지만 갑작스럽게 발생한 돌연변이라 하더라도 오랜 시간에 걸쳐 다음 세대에 전달 및 누적되어 자연선택을 통해 진화한 후 마침내 종의 분화가 일어난다는 현대 진화론과는 다소 거리가 있다. 현재까지 '발생한 돌연변이로 인하여 곧바로 종의 분화가 발생한 일은 관찰된 바 없다'는 게 그 이유이다. 그렇다 하더라도 드브리스는 다윈이 미처 설명하지 못했던 진화의 원인을 착안하는 데에는 지대한 공헌을 이루었다.

3. 닐스 헨릭 아벨

그림 11.11 아벨

가난한 목사의 아들로 태어난 노르웨이 출신의 아벨(Niels Henrik Abel, 1802~1829)은 당시 영국과의 전쟁으로 인하여 국가의 재정 상태가 무척 빈곤한 시절을 지내야 했다. 경제적으로 어려웠지만 수학에 뜻을 두고 있었던 15세의 아벨은 고등학교에 입학하였는데, 그곳에서 인생의 지표를 제시해 줄 여자 수학 선생님 홀름보에(Bernt Michael Holmboe)를 만났다. 그녀는 아벨의 수학적 재능을 알아차리고, 그의 실력이 향상될 수 있도록 아낌없는 지원을 해주었다. 그러던 중 18세 때 아버지를 여의게 된 아벨은 어머니와 6남매를 부양해야 할 어려운 상황이었음에도 불구하고 끊임없는 노력과 주변의 경제적인 지원 덕분에 자신이 원하는 공부를 이어나갈 수 있었다. 대학에 진학한 아벨은 어느 날 5차방정식의 일반적인 해법을 구하는 문제에서 내린 결론을 덴마크의 코펜하겐 대학(University of Copenhagen)의 데겐(Ferdinand Degen) 교수에게 검토해 줄 것을 요청하였다. 데겐은 아벨의 해법에서 어떠한 오류도 발견하지 않았기에 아벨에게 더욱 심도 있는 지속적인 연구를 권유했고, 그에 따라 아벨은 추가적인 연구를 하게 되었다.

그런데 아벨은 자신의 5차방정식 해법에 약간의 오류가 있음을 발견하게 되었는데, 이 과정에서 5차방정식의 해를 구할 수 있는 일반적인 해법이 존재하지 않을 수도 있을 거라는 추측을 하게 되었다. 마침내 그는 '일반적인 5차방정식$(ax^5+bx^4+cx^3+dx^2+ex+f=0)$의 근의 공식 발견과 더불어 5차 이상의 방정식의 근의 공식은 대수적 방법으로 구할 수 없다'는 사실을 증명해내었다. 이것이 '아벨의 극한 정리(Abel's Limit Theorem)' 또는 '아벨의 정리(Abel's Theorem)'라고 하는 것이다. 아벨의 극한 정리는 어떤 무한급수의 합을 구할 때 그것을 적분으로 변환시키기 위해 이용된다. 약 3세기 동안 풀리지 않은 문제로 남아 있던 5차방정식의 일반적인 답에 관하여 '5차방정식에는 일반적인 답이 없다'라는 놀라운 증명을 과시했던 때는 그의 나이 22세였다.

1822년 대학을 졸업한 아벨은 자신의 연구 성과를 바탕으로 하여 대학에서 근무하기를 원했으나 당시의 재정적으로 어려웠던 노르웨이 정부는 그에게 어떠한 지원도 해줄 수 없었다. 독일로 자리를 옮겨온 아벨은 '아벨의 정리'를 더욱 다듬은 후 주위의 유명한 수학자들에게 자신의 논문의 우수함을 보여주고 싶었으나 그들의 무관심으로 아벨은 기회조차 얻을 수 없었다. 자신의 수학적 재능에 대한 올바른 평가를 받지 못한 그는 생계를 위하여 고향에서 학생들에게 수학을 가르치는 일로 일상을 보내고 있었다. 그러는 동안 영양부족으로 인한 결핵때문에 그의 건강은 더욱 악화되었지만 그칠 줄 모르는 학문에 대한 열의를 불태우던 중 마침내 독일에서 아벨의 실력을 인정하여 그를 대학 교수로 초빙하였다. 하지만 아벨의 불행은 이것으로 끝나지 않았다. 대학으로부터 초대장을 받기 이틀 전 아벨은 생을 마감하게 되었던 것이다.

아벨이 죽은 후 노르웨이 학술원에서는 아벨을 기리기 위해서 아벨상(Abel Prize)을 제정(2002년)하였고, 매년 응용수학에 탁월한 업적을 남긴 학자에게 이를 수여하고 있다. 아벨상은 수학분야의 노벨상으로서 5차방정식의 불가해성을 증명한 수학자 아벨의 탄생 200주년을 기념하기 위한 것이다. 비록 젊은 나이로 생을 마쳤지만 훗날 그의 위대한 업적은 세상에 널리 알려지게 되었고 수학 용어에 '아벨의(Abelian)'라는 수식어가 사용되고 있다.

4. 프리츠 하버

© Books' Hill

그림 11.12 하버

독일 출신이자 유태계 가정에서 태어난 하버(Fritz Haber, 1868~1934)는 대학에서 유기화학을 공부한 후 그의 나이 30세에 카를스루에(Karlsruhe) 대학의 교수로 재직하던 중 화학자 임머바르(Clara Immerwahr, 1870~1915)와 1901년에 결혼하였다. 당시 독일의 화학자 리비히(Justus von Liebig)는 생물체 내에서의 물질 변환 과정을 화학적으로 밝히는 연구를 계기로 하여 유기화학의 발달을 촉진시키는 데 기여하였다. 농작물 및 식물을 대상으로 하는 리비히의 '최소량의 법칙(Law of minimum)'은 이후 농업기술 발달의 견인차 역할로 이어지게 되었다.

과학자들은 대기 중 78 %의 가장 높은 비율을 차지하는 질소가 식물의 성장에 제한인자가 된다는 것을 발견하였다. 탄소(C), 수소(H) 그리고 산소(O)와 더불어 단백질의 구성원소인 질소(N)는 모든 생물체의 생존에 필수 원소이지만, 대기 중 풍부한 질소는 식물이 성장에 직접 이용할 수 없는 형태로 존재하고 있기 때문이었다. 한 마디로 대기 중 질소는 식물에게 단지 '그림의 떡'일 뿐이었다. 대기 중 질소를 식물 생육에 이용되는 형태로 전환될 가능성은 '번개' 혹은 콩과 식물의 뿌리에 공생하는 질소고정 세균인 '뿌리혹 박테리아(root nodule bacteria)'의 존재에 달려있었다. 좀 더 많은 양의 질소를 이용 가능한 형태인 질산태 질소(NO_3-N, nitrate nitrogen)나 암모니아태 질소(NH_4-N, ammonia nitrogen)로 바꾸기 위한 다른 방법이 필요했던 것이다.

하버는 질소 기체(N_2)와 수소 기체(H_2)를 반응시켜 암모니아(NH_3)를 만드는 연구에 착수하여 마침내 1908년 인공적으로 암모니아 합성에 성공하였다($N_2 + 3H_2 \rightarrow 2NH_3$). 이듬 해 그는 독일 출신의 화학자 보슈(Carl Bosch, 1874~1940)와 함께 공중 질소고정법(nitrogen

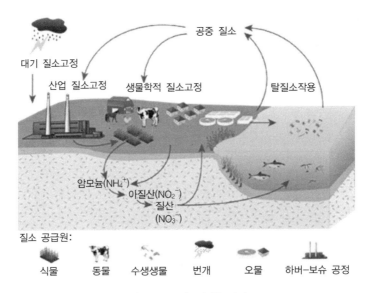

그림 11.13 질소순환 과정

fixation) 개발에 착수하게 되면서 질소 비료를 대량 생산할 수 있는 길을 마련하게 되었다. 이를 '하버-보슈 공정(Haber-Bosch process)'이라 한다(1913년). 이로써 하버는 노벨 화학상 을 수상하게 되었다(1918년).

하지만 이후 하버는 1914년 제1차 세계대전이 발발하자 자국 독일의 전쟁을 지원하기 위한 방법으로 화학 무기 제조 개발에 힘썼다. 바닷물에서 염소 기체(Cl_2)를 얻어내어 독가 스 개발과 관련된 연구에 몰두하였고, 자신이 제조한 독가스의 위력을 알아보기 위하여 독 가스 살포에 직접 앞장서기도 했다. 그 결과 약 5,000명의 프랑스군이 사망했다고 전한다.

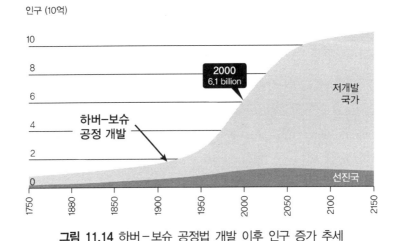

그림 11.14 하버-보슈 공정법 개발 이후 인구 증가 추세

이 일로 그의 아내 임머바르는 남편 하버의 살인적 행위를 비관하여 자살을 택했다. 이것이 바로 그가 오늘날 '독가스의 아버지'라 불리는 이유인 것이다. 한때 질소 비료를 대량 생산할 수 있는 길을 열어 인류에게 식량문제 해결이라는 커다란 공헌을 안겼던 한 인물인 하버는 많은 인명을 앗아가는 독가스 개발에 주도적 역할을 했던 것이다.

그림 11.15 제1차 세계대전 중 독가스의 희생자들

12장 급변하는 과학

12.1 도플러 효과

1. 요한 도플러의 도플러 효과

우리는 간혹 기차의 경적소리나 구급차의 사이렌 소리를 들어본 적이 있다. 우리가 위치한 곳을 향해 다가오는 소리와 우리에게서 멀어지는 소리의 변화를 아마 느꼈을지도 모른다. 그 소리의 경험이 기억난다면, 도플러 효과를 쉽게 이해하는 데 도움이 될 것이다. 관찰자를 향해 다가오는 소리는 크고 높게 들리던 반면, 관찰자에게서 멀어지는 소리는 작고 낮게 들린다. 이와 같이 소리나 빛을 내는 물체가 관측자에 대해서 움직일 때 주파수의 변화 또는 소리의 변화가 생기는 것을 '도플러 효과(Doppler Effect)'라고 한다.

© Books'Hill

그림 12.1 도플러

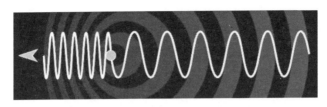

보라색(단파장)　　　　　　　　　　　　빨간색(장파장)

그림 12.2 도플러 효과 1

그림 12.3 도플러 효과 2

도플러 효과는 1842년 오스트리아의 물리학자 도플러(Johann Christian Doppler, 1803∼1858)에 의해 발견된 것으로 소리를 내는 음원과 관측자의 상대적 운동에 따라 음파의 진동수가 다르게 관측되는 현상이다. 관측되는 음파의 진동수는 원래의 진동수와 음원−관측자 사이의 상대속도에 의해 결정된다. 이는 소리의 파동이 운동하는 물체에 부딪쳐 반사되어 나올 때 그 파동의 진동수가 변화는 현상으로, 진동수의 변화량은 물체와 관측자를 잇는 선상에서의 상대속도에 비례한다. 이때 물체가 관측자를 향해서 접근해 오면 소리의 진동수가 증가하고 멀어지면 감소한다. 도플러는 이러한 도플러 효과가 소리에서만 아니라 빛에서도 일어날 것이라고 예측했지만, 당시에는 이를 증명할 만한 실험이 불가능했다.

2. 적색편이

빛을 프리즘에 통과시키면 선스펙트럼을 얻을 수 있는데, 도플러 효과에 의해 스펙트럼의 선이 적색의 장파장 쪽으로 편향되는 현상이 적색편이(Red Shift)이다. 다시 말해서 물체와 광원 사이의 거리가 멀어질수록 물체가 내는 빛의 파장이 실제의 파장보다 더 길게 늘어나 보이는 것을 말한다.

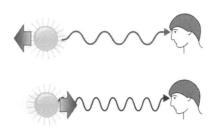

그림 12.4 적색편이와 청색편이

적색편이는 도플러 효과와 마찬가지로 빛을 내는 천체(광원)가 관측자로부터 멀어지는 경우 관측자에게는 실제 빛의 파장보다 더 길게 관측된다. 또는 빛이 강한 중력장에서 빠져나오면서 에너지를 잃어 파장이 더 길어지는 중력 적색편이 현상(gravitational red shift)도 발생한다. 이와 반대로 천체가 관측자를 향해 다가오는 경우 또는 빛이 강한 중력장 안으로 들어갈 때에는 실제 빛의 파장보다 더 짧게 관측되는데, 이를 청색편이(Blue shift)라고 한다. 미국의 천문학자 허블(Edwin Powell Hubble, 1889~1953)은 우주 대폭발이론인 빅뱅이론(BigBang Theory)의 증거를 발견하여 도플러 효과를 그 근거로 제시했는데, 그는 적색편이 현상을 분석하여 '우주가 팽창하고 있다'는 사실을 입증하는 데에 성공했다.

그런데 최근 한 연구에 따르면, 도플러 효과가 시간에서도 적용된다는 사실이 밝혀졌다. 대부분 사람들은 같은 길이의 시간에 대해서도 느끼는 바가 다르다는 것이다. 멀어져가는 과거의 시간에 비하여 다가오는 미래의 시간을 더 가깝게 느낀다는 말이다. 이는 시간이라는 개념도 공간이라는 개념에서 형성되는 경험을 토대로 이루어지기 때문이라는 견해가 있다.

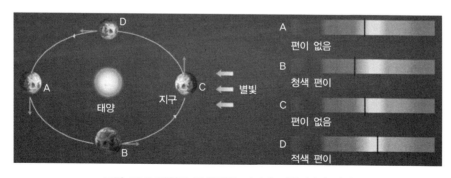

그림 12.5 광원과 관찰자의 거리에 따른 빛의 편이

12.2 에너지

생산하는 모든 것과 소비하는 것은 에너지를 필요로 한다. 18세기 산업혁명을 거치는 동안 인간은 열을 이용하여 동력을 제공받는 다양한 기계들을 개발했지만, 이를 과학적으로 뒷받침해 줄 만한 이론은 거의 없었다. 19세기에 들어서면서 과학자들은 열과 일 사이의 관계를 연구하고, 열에너지로부터 일에너지를 얻어낼 수 있는 연구에 많은 관심을 갖기 시작했다. 그리고 열은 에너지의 한 형태라는 사실을 밝혀낸 것은 열에 대한 이해의 시작에 불과하다는 것과 열은 에너지이므로 높은 온도에서 낮은 온도로 흘러간다고 해도 그 총량은 변하지 않는다는 것을 알게 되었다.

1. 열역학 제1법칙

'에너지 보존 법칙(Law of Conservation of Energy)'이라고도 하는 열역학 제1법칙은 과학의 기본법칙들 중 하나이다. 에너지는 형태가 변할 수 있을 뿐 새로 만들어지거나 소멸될 수 없다. 따라서 우주의 에너지 총량은 우주의 시간이 시작된 때부터 종말에 이르기까지 일정하게 고정되어 있다. 가령 일정량의 열을 일로 바꾸었을 때 그 열은 소멸된 것이 아니라 다른 장소로 이동하였거나 다른 형태의 에너지로 전환된 것이다. 에너지는 새로 창조되거나 소멸될 수 없고 단지 한 형태로부터 다른 형태로 변환될 뿐이다.

19세기에 들어 에너지 보존 법칙은 몇몇 과학자들에 의해 거의 비슷한 시기에 발견되었는데, 1842년 독일의 의사이자 물리학자인 마이어(Robert Meyer, 1814~1878)는 우리가 먹은 음식물이 체내에서 열에너지로 변하여 몸을 움직일 수 있게 하는 역학에너지로 변한다는 생각을 하게 되었다. 그는 이를 토대로 모든 종류의 에너지들은 상호 변환함과 동시에 총에너지의 양은 가감하지 않고 항상 보존된다는 결론을 내렸다. 또한 1847년 헤르만 폰 헬름홀츠(Hermann von Helmholtz, 1821~1894)는 5년 전 마이어의 연구 내용을 알지 못한 채 그와 비슷한 연구 결과를 제안했는데, 생명체에서 발생하는 열에너지는 생명력에 의한 것이 아니라 섭취한 음식물의 화학에너지에 의한다는 내용이었다. 여기에서 헬름홀츠 또한 여러 형태의 에너지들은 서로 변환 가능하며, 나아가서 에너지 보존 법칙을 역학에너지 외의 다른 에너지 분야에까지 확장 및 적용하기도 했다. 뿐만 아니라 같은 해(1847년) 영국의 과학자 제임스 줄(James Prescott Joule, 1818~1889)도 자신의 연구에서 에너지는 보존되며 단지 여러 형태로 변화한다는 사실을 실험으로 증명하는 데에 힘썼으며, 그 과정에서 1 cal

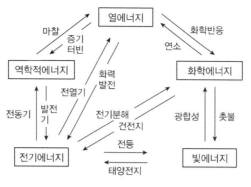

그림 12.6 에너지의 변환

의 열량이 4.184 J(줄)의 에너지와 같다는 것을 밝혀냈다.

　열역학 제1법칙에 비추어 본다면, 제1종 영구기관(perpetual mobile)이란 사실상 불가능하다. 입력 에너지에 비하여 더 많은 출력 에너지를 생성해내는 기관을 제1종 영구기관이라고 하는데, 자신이 지니고 있는 총에너지를 변함없이 유지하면서 계(system) 외부로 일에너지를 전달한다는 것이다. 이는 열역학 제1법칙에 어긋난다는 것을 알 수 있다. 외부에서 새로이 공급되는 에너지의 첨가 없이 계 외부로 일을 해준다면 결국엔 자신이 지닌 에너지가 모두 소멸될 것이다. 그렇기 때문에 입력 에너지 없이 영구적으로 작동하는 기관이나 기계는 존재할 수 없다.

2. 열역학 제2법칙

　'에너지를 아껴야 한다'던지 '지구의 에너지 고갈을 막기 위하여 대체에너지를 개발해야 한다'는 말을 종종 듣게 된다. '에너지는 보존된다'는 열역학 제1법칙을 앞서 언급한 바 있다. 에너지가 보존된다면, 우리는 왜 에너지를 아껴야 하며, 왜 대체에너지 개발을 해야 하는 걸까? 이는 에너지가 보존되지만 보존되는 에너지의 이용 효율성을 고려해야 한다는 점 때문이다. 사실 자연계에서 에너지가 보존되지 않는 경우도 흔히 볼 수 있다. 가령 뜨거운 물체를 차가운 물체에 맞닿게 했을 때, 열은 뜨거운 물체에서 차가운 물체로 전달된다는 것을 알 수 있다. 그러나 이 반대의 경우는 자발적으로 발생하지 않는데, 이는 에너지가 보존되지 않은 것 같아 보인다. 즉 온도가 높은 곳에서 낮은 곳으로 열의 전달은 일어나지만, 반대의 경우는 일어나지 않으므로 비가역적임을 알 수 있다. 이는 이미 진행된 변화는 다시 되돌릴 수 없다는 의미이다. 이러한 에너지의 비가역성 문제를 해결하기 위하여 19세기 후

반 과학자들은 열역학 제2법칙을 통하여 에너지의 비가역성을 설명하고자 시도했다.

1) 루돌프 클라우지우스

그림 12.7 클라우지우스

열역학 제2법칙을 처음으로 언급한 인물은 바로 독일의 물리학자 클라우지우스(Rudolf J. E. Clausius, 1822~1888)이다. 1850년 그는 열의 동력에 관한 프랑스의 물리학자 카르노 (Nicolas Léonard Sadi Carnot, 1796~1823)의 논문에서 '열 분포의 변화에 의하여 동력을 얻을 수 있다'는 내용과 마이어가 제안했던 '일과 열의 당량 관계'를 연관 지어 자신의 대표적 논문 「열역학 이론에 관하여(On the mechanical theory of heat)」에서 열역학 제2법칙을 발표 했다.

그 후 1865년 클라우지우스는 '절대온도'와 '엔트로피(entropy)' 개념을 도입하였다. 그에 의하면, '물질계가 열을 흡수하는 동안 엔트로피의 변화량(dS)은 물질계가 흡수하는 열량(dQ)과 절대온도(T)의 비($dS = dQ/T$)'로 표현된다. 일반적으로 자연계에서 에너지의 비가역성 을 고려할 경우 엔트로피의 양은 증가하는 반면, 이에 역행하는 경우 엔트로피의 양은 감소 하는 경향이 있다는 것이다. 이는 에너지 흐름의 양과 방향에 대한 것으로, 한 계[15]의 에너 지가 더 많이 분산될수록 계의 엔트로피는 더 높고 이 에너지로 유용한 일을 할 가능성은 더 줄어든다. 따라서 열역학 제2법칙을 '엔트로피 증가의 법칙'이라고도 하며, 자연계에서 는 우주 전체의 총에너지 양은 항상 일정하지만, 그 에너지의 엔트로피는 증가한다.

다시 말해서 이용 가능한 에너지는 일정하지만 자연계는 한 방향으로만 움직이므로 그 과정은 다시 되돌릴 수 없을 뿐 아니라 에너지를 변환시킬 때마다 그 과정에서 이용 가능 성이 적은 에너지인 엔트로피가 발생하게 된다. 그 결과 엔트로피의 총량은 증가하게 되며,

---

15) 여기에서 '계(system)'란 가상의 경계선을 그어 만든 우주의 일부분을 가리킨다.

에너지의 가치는 점점 감소하게 된다. 그러므로 열에너지를 100 % 운동에너지로 변환할 수 있는 기관인 제2종 영구기관은 존재할 수 없는데, 이는 에너지의 전환 과정에서 발생하는 엔트로피 때문이다.

2) 루드비히 볼츠만

그림 12.8 볼츠만

엔트로피를 확률적으로 정리한 최초의 인물이 바로 오스트리아 출신의 물리학자 볼츠만 (Ludwig Boltzmann, 1844~1906)이다. 사실 '열량과 온도의 비로 표현'된다는 엔트로피를 이해하기란 그리 쉬운 일은 아니다. 자연계에서는 높은 온도에서 낮은 온도로 열이 전달되고, 열에너지가 운동에너지로 전환되는 데에는 일정한 변화의 방향이 있다. 볼츠만은 '높은 온도에서 낮은 온도로 열이 전달'되는 현상과 '확률이 높은 상태로 변해가는 변화' 사이에는 어떤 관계가 있을 것이라 추측했다. 즉 높은 온도에서 낮은 온도로 열이 전달되어 더 이상 열의 흐름이 일어나는 않는 상태는 확률이 최대인 상태에 비유해 볼 수 있으며, 이때 변화는 더 이상 일어나지 않는다. '확률이 최대인 상태'와 '두 물질계의 온도 차이가 없어져서 모든 부분의 온도가 같아지는 상태'는 같은 의미라는 것이다.

이제 엔트로피를 확률로 표현한 볼츠만의 생각을 쉽게 이해하기 위하여 한 예를 들어보자. 카드놀이를 할 경우 맨 처음 우리는 카드를 임의대로 섞게 된다. 이 상태의 카드 배열을 살펴보면, 배열 순서에는 어떠한 규칙도 없이 무질서하다는 것을 알 수 있는데, 그림이 같은 것끼리 배열되어 있다거나 숫자가 같은 것끼리 혹은 숫자가 순서대로 배열되었을 가능성은 희박하다. 물론 숫자가 순서대로 혹은 같은 그림끼리 배열되는 희박한 경우도 드물게 있을 수 있지만 말이다. 또한 카드를 일정한 규칙대로 배열한 후 다시 카드를 섞는다면, 카드 배열은 그 규칙이나 질서를 잃게 되고 무질서한 상태에 놓일 확률이 증가하게 될 것이다. 뿐만 아니라 일정한 규칙대로 배열된 카드를 앞의 경우와 마찬가지로 섞고 배열하기를 다시 수차례 반복한다고 하더라도 처음 배열된 카드 순서를 기대하기란 사실상 불가능하다는 것을 알 수 있다. 이는 무질서한 배열일 가능성이 높다는 의미이다.

볼츠만은 엔트로피를 '무질서도'의 의미로 간주하였고, 이처럼 확률을 통하여 원자의 운동과 열역학 제2법칙을 설명하려고 했던 것이다. 그는 자연계에서 일어나고 있는 모든 일들은 서로 무작위하게 섞이는 방향으로 진행하고 있으며, 이것이 바로 변화의 방향이라고 결론지었다. 우주 또한 이에 예외일 수 없다. 이에 따르면, 언젠가 우주 모든 부분의 온도가 같아지는 '열 죽음(heat death)' 상태, 즉 엔트로피가 최대인 상태에 이르게 되기 때문에 우주의 종말은 피할 수 없다는 해석이다.

그의 업적과 달리 볼츠만의 노년은 평탄하지 못했다. 늘 두통에 시달렸으며, 평소 나빴던 시력은 더욱 악화되어 사물을 제대로 볼 수 없었다. 1906년 어느 날 가족과 함께 휴가를 보내고 있던 그는 가족들이 해변에서 휴가를 즐기고 있는 사이에 스스로 목을 매어 생을 마감했다. 아직까지도 그의 자살 이유는 정확하게 밝혀지지 않았지만, 과학자로서 이룬 업적으로 인하여 그가 속한 단체에서 느껴지는 고립감과 그의 신경쇠약 증세의 악화였을지도 모른다는 짐작만 있을 뿐이다.

12.3 ▶ 면역

1. 면역의 역사

천연두(smallpox), 소아마비(polio), 페스트(pest), 장티푸스(typhoid fever), 콜레라(cholera), 에볼라(ebola), 에이즈(AIDS, Acquired ImmunoDeficiency Syndrome), 조류독감(avian influenza), 신종플루(novel swine-origin influenza) 및 메르스(MERS, Middle East Respiratory Syndrome) 등은 역사 이래로 인류를 괴롭히는 박테리아(세균)나 바이러스 감염으로 인한 전염병이다. 이로 인해 때로는 셀 수 없이 많은 사람들이 목숨을 잃기도 했으며, 또 다른 사람들은 살아남기도 했다. 아마도 인류의 역사만큼이나 박테리아나 바이러스의 역사도 오래 되었을 것이다. 긴 세월 동안 인류는 이들과 싸우면서 면역체계의 변화를 경험했다.

18세기경 사람들은 전염병에서 치유된 환자들의 경우 이후 동일한 질병에 다시는 감염되지 않는다는 사실을 발견하였다. '면역(Immunity)'이란 '면제 받은 사람(exempt)'이라는 의미인 라틴어의 'immunis (전염병에 대한 방어력이 있는 상태)'에서 유래되었다.

1) 천연두의 역사

'천연두' 또는 '마마' 또는 '두창'이라 불리는 전염병은 모든 연령층에서 감염되며, 치사율이 20~60 %에 이르는 질병이다. 기원전 3000년경으로 추정되는 고대 이집트의 미라 (mummy)에서도 천연두의 흔적이 발견되는 것을 감안한다면, 바이러스로 인한 질병인 천연두의 역사는 인류의 역사와 거의 맞먹는다고 해도 과언이 아닐 것이다. 인도와 중국에서도 기원전 1500년경 천연두로 추정되는 질병에 관한 기록이 있다. 기원전 430년경 전염병에 걸렸다가 나은 사람은 다시는 그 병에 걸리지 않기 때문에 같은 질병에 걸린 환자들을 간호할 수 있다고 기록되어 있다. 하지만 당시 인류는 면역현상을 단순히 인지하는 데에 그쳤을 뿐이다.

면역성을 유도하기 위한 첫 시도는 15세기 중국인들과 터키인들의 기록에서 찾아볼 수 있는데, 그들은 천연두 고름에서 떼어낸 마른 딱지를 건강한 사람의 코 안으로 흡입하게 하거나 피부에 있는 작은 상처로 주입하였다. 천연두 바이러스에 감염되면 고열과 함께 얼굴과 온몸에 수포가 생기고, 시간이 지나면서 수포에는 고름이 차고, 고름이 터진 자리에 딱지가 생기는데, 딱지가 떨어진 부위에는 피부 표면이 움푹 들어가서 흉터가 남는다. 그런 이유 때문에 한번 천연두에 걸리면 치명적이기도 하지만 운이 좋아 회복된다 하더라도 피부에 흉한 상처를 남겼다. 그러던 중 18세기 영국에서 안전하고 효과적인 예방법이 개발됨으로써 인류는 천연두와의 싸움이 끝날 기미가 보였다. 바로 영국의 의사인 제너 덕분이었다. 물론 제너가 종두법의 원리를 최초로 발견한 인물은 아니다.

2) 메리 몬터규

그림 12.9 몬터규

1718년에 외교관인 남편과 동행하여 이스탄불에 체류 중인 영국의 여성 작가 몬터규 (Mary Wortley Montague, 1689~1762)는 어느 날 그곳에서 한 가지 놀라운 사실을 발견하였다. 자신의 나라에서는 치명적이던 천연두가 이스탄불에서는 거의 발생하지 않을 뿐 아니라 천연두에 걸린 사람의 고름을 건강한 사람들의 혈관에 큰 바늘을 통해 주입하면 그 병에 걸리지도 않는다는 것이다. 만일 천연두에 걸린다고 하더라도 그 증상이 경미해서 환자의 얼굴에 흉터가 남는 일도 거의 없다는 사실을 알고서 몬터규는 이 유용한 방법을 영국에 확산시키고 싶었다.

그녀는 우선 자신의 아들과 딸에게 천연두 환자의 고름을 주입했으며, 귀국 후 1721년 영국에서도 천연두가 창궐하자 왕실에 천연두 예방법을 알리는 데 힘썼다. 하지만 영국에서는 아직까지 이 방법이 어느 누구에게도 시행되지 않았던 위험천만한 모험이었으며, 대부분의 사람들은 꺼려하고 경계했기 때문에 왕실의 안전을 위해 범죄자와 빈민을 대상으로 먼저 실시해 보기로 했다. 몬터규의 천연두 예방법은 우려와는 달리 기대 그 이상이었다. 이로 인해 그 효과가 입증되자 결국 왕손들에게도 동일한 방법을 실시했다. 그렇지만 천연두는 치명적인 질병이었기 때문에 예방을 위해 실시한 몬터규가 도입한 방법으로 인하여 오히려 천연두에 걸려 죽는 사람이 종종 발생하기도 했다.

3) 에드워드 제너

그림 12.10 제너

천연두를 예방할 목적으로 천연두 환자의 고름이나 우두에 걸린 소의 고름을 인체에 접종하는 것을 '종두'라 하며, 종두법에는 인두법과 우두법이 있다. 천연두를 면역 물질로 사용하는 인두법은 제너(Edward Jenner, 1749~1823) 이전부터 있었으며, 몬터규가 영국으로 도입한 방법(인두 접종법)이기도 하다. 하지만 우두를 면역 물질로 사용하는 우두법이 바로 제너의 공적이다. 예방을 위해 실시한 인두 접종으로 오히려 천연두에 걸려 죽는 사람이 종종 발생하는 상황에서 등장한 제너의 우두 접종법은 면역 물질을 천연두보다 훨씬 경미한 우두에 걸린 소의 고름으로 바꿈으로써 안전성을 높였다는 점에서 각광을 받았다(1796년).

영국의 의사이자 우두 접종법을 발견한 제너가 병원에서 근무하던 어느 날 우연히 어떤 여성 환자로부터 "과거에 한번이라도 우두에 감염되었던 사람은 이후 일생 동안 천연두에 걸리지 않는다"는 말을 듣게 되었다.

제너는 이 사실을 확인하기 위해서 우두에 걸린 소의 젖을 짜는 일을 하다가 손에 수포와 고름이 생긴 한 여인에게서 고름을 채취한 후 여덟 살 된 소년에게 주사하였다. 며칠 후 그 소년은 우두 증세를 보이며 앓게 되었다. 우두 증세가 호전되자 제너는 소년에게 천연두 환자의 고름을 주사하였지만 약 2개월이 지나도 소년에게서 천연두 증상이 나타나지 않는다는 사실을 알 수 있었다. 그 결과 위험한 모험을 강행했었던 제너의 우두 접종 실험은 성공을 거두게 되었고, 그는 우두에 한 번 걸렸다가 나은 사람이 다시는 천연두에 걸리지 않는다는 사실을 실험적으로 증명하였다.

우두(cowpox)는 라틴어 '바리올라에 바키나에(Variolae vaccinae, 소 천연두)'에서 유래하는데, 라틴어의 '바카'(vacca)는 '소(牛)'라는 뜻이다. 이때부터서 '예방접종'(vaccination)과 '백신'(vaccine)이라는 단어가 알려지게 되었다. 종두법에 성공한 제너는 「우두의 원인과 효과에 관한 연구(An Inquiry into the Causes and Effects of the Variolae Vaccinae)」라는 논문을 발표했다(1798년). 하지만 우두 접종법의 성공적인 결과와 달리 논문 발표 이후 사람들의 반응은 예상과 전혀 달랐다. 그의 논문을 둘러싼 대립 의견이 격렬했던 것이다. 그러나 우두 접종의 유효한 사실이 점차 널리 인정되어 1803년에 천연두 백신 보급을 위한 제너 연구소가 설립되었고, 가난한 사람들에게는 무료로 접종을 해주기도 했다. 그가 발견한 종두법은

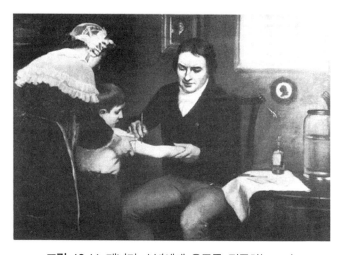

그림 12.11 제너가 소년에게 우두를 접종하는 모습

이후의 모든 백신 개발의 기초가 되었으며, WHO(World Health Organization, 세계 보건 기구)는 1980년 5월 8일 세계에서 천연두가 근절됨을 선언하였다. 이후 제너는 '면역학의 아버지'라는 명성을 얻게 되었다.

12.4 바이러스 감염과 프리온

1. 변형 프리온에 의한 질병

1) 스크래피

1720년대 영국에서는 우량종의 양을 생산하기 위해 좋은 품종의 양들끼리의 교배를 시도하였다. 그 결과 태어난 새로운 품종의 양들은 다른 양들에 비하여 성장이 빠르고 질 좋은 털을 가졌으며, 질병에도 잘 걸리지 않았다. 그로부터 몇 년 후, 영국의 이스트 앵글리아(East Anglia) 지역에서 이상한 증상을 보이는 양들이 발생하기 시작하였다. 마치 몸이 무척이나 가려운 듯이 나무나 바위에 몸을 비벼대며, 다리에 힘이 풀린 듯 주저앉기도 했다. 당시 양들을 사육하던 낙농업자들은 '비벼대다' 또는 '문지르다'는 뜻의 'scrape'에서 양들의 이상한 증상에 '스크래피(scrapie)'라는 병명을 붙였다. 후에 밝혀진 바에 따르면, 스크래피는 가려움증으로 시작하여 운동 실조 증상을 보이다가 급기야 사망에 이르는 양이나 염소의 질환인 '전염성 해면상 뇌병증(TSE; Transmissible Spongiform Encephalopathy)'에 해당된다. 스크래피에 감염되어 죽은 양들의 뇌 조직이 광범위하게 파괴되어 스펀지처럼 구멍이 뚫리는 특성을 보였는데, 이는 뇌신경 세포에서 발견되는 단백질의 일종인 프리온(Prion)의 변형에 의해 감염되는 것으로 판단된다.

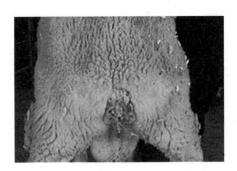

그림 12.12 스크래피에 걸려 척추 끝부분이 벗겨져서 딱지가 형성된 양의 모습

이에 영국 정부는 스크래피가 발생하는 지역의 역학 조사에 나섰고, 그 결과 낙농업자들이 양에게 준 사료에서 문제의 단서를 찾았다. 새로운 우량 품종의 양을 얻게 된 낙농업자들은 생육이 빠르고 덩치가 큰 양들에게 단백질을 다량 공급할 방법으로 죽은 양의 고기를 사용했던 것이다. 즉 양에게 죽은 양을 먹였던 것이다. 이 사실을 발견한 영국 정부는 낙농업자들이 양에게 양고기를 먹이로 공급하던 일을 전면 중단하도록 명하였다.

2) 치명적 가족성 불면증

1765년 11월 유태인 출신의 이탈리아 의사는 치명적 가족성 불면증(FFI; Fatal Familial Insomnia)으로 사망한 첫 사례이며, 20세기 후반까지도 그 후손들의 상당수가 비슷한 증세를 보이며 사망했다. 치명적 가족성 불면증의 일반적 증상은 그 병명에서 알 수 있듯이 발병되어 '죽을 때까지 잠들 수 없는 것'이 특징이다. 불면증으로 인해 공황 상태, 환상, 흥분, 체중 감소, 무언증, 치매 등의 증상이 나타날 뿐 아니라 동공의 크기가 바늘구멍 정도로 축소되며, 땀구멍도 축소되어 다량의 땀을 배출하기도 한다. 보통 발병 후 1년 이내에 사망하게 된다.

치명적 가족성 불면증의 원인은 프리온 단백질의 변형이다. 변형 프리온이 간뇌 시상하부에 영향을 미쳐 자율신경계에 이상이 발생하게 되는데, 아직까지 이렇다 할 예방법도 치료법도 없다. 불면증을 다소나마 해소하기 위하여 수면제를 복용하더라도 잠을 제대로 잘 수 없으며, 심할 경우 혼수상태에 빠지기도 한다. 이 질병의 유전자는 전 세계 28개의 가족이 소유하고 있는데, 상염색체 우성 유전 질환이므로 부모 중 한 쪽이 이 유전자를 가지고 있는 경우 자녀의 유전 가능성은 50 %가 된다.

3) 쿠루병

1950년대 파푸아 뉴기니(Papua-New Ginea) 섬의 한 지역에 살던 원주민 포레(Fore) 부족은 원인 모를 질병에 시달리고 있었다. 공통된 증세로는 운동장애와 근무력증으로 인한 전신 경련, 걸음걸이의 불안정, 지나친 몸 떨림 및 일그러진 표정 등이며, 결국에는 사망하게 된다. 이 질병으로 부족 전체 인구의 약 2 %가 매년 죽음을 맞이해야만 했다. 포레 부족은 이 질병을 '쿠루(kuru)'라고 불렀는데, 이는 '두려움에 떨다' 또는 '웃으면서 맞는 죽음'이라는 의미이다. 자신의 의지와 무관하게 근육이 움직이기 때문에 마치 환자가 웃는 얼굴인 듯 보이지만 '웃는 게 웃는 것이 아니다'는 의미이다.

그림 12.13 쿠루병이 진행된 8세 소녀(1957년)

1957년 쿠루병의 원인을 파악하기 위하여 미국의 의사 다니엘 가이두섹(Daniel Carleton Gajdusek, 1923~현재)이 뉴기니아로 파견되었다. 그는 그곳에서 포레 부족과 함께 생활하면서 오랜 시간을 보내던 중 쿠루가 여성과 아이들에게서만 발병된다는 점에 주목하게 되었다. 그러던 어느 날 가이두섹은 그들에게서 엽기적인 장례풍습을 목격하였다. 바로 식인풍습이었다. 쿠루병으로 죽은 한 가장의 장례식을 치른 후 그의 아내와 아이들은 죽은 사람의 뇌를 먹는 것이었다. 쿠루병에 걸려 죽은 사람의 뇌와 골수를 먹어서 병이 다른 이에게로 전파된 것이라고 판단한 가이두섹은 이 질병의 잠복기가 수년에서 수십 년이나 된다는 것을 근거로 병의 원인이 '슬로우 바이러스(slow virus)'라고 결론지었다.

4) 광우병

1984년 영국의 한 목장에서 이상한 소가 발견되었다. 마치 미친 소처럼 행동하다가 근무력증으로 주저앉는 증상을 보이는 질환이었다. 이상한 증상을 보였던 죽은 소의 뇌는 스크래피로 죽은 양처럼 뇌 조직에 스펀지와 같은 구멍이 뚫려 있는 것을 발견하였다. 이는 4~5세의

그림 12.14 광우병으로 일어나지 못하는 소

소에서 주로 발생하는 질환으로 '소해면상 뇌병증(BSE; Bovine Spongiform Encephalopathy)'이라고 한다. 영국 정부는 약 200여 년 전에 발생했던 스크래피 질환을 떠올리며 광우병(Mad Cow Disease)의 원인을 찾아 나섰다. 1980년대 중반 축산업자들은 성장과 발육을 촉진시켜 우량한 소를 길러내기 위한 목적으로 죽은 소를 재료로 하여 육골분 사료를 소에게 먹이로 공급하였다. 이 사실을 알게 된 정부는 소의 사료에 육골분 사용을 금지하였다.

5) 변형 크로이츠펠트 – 야콥병

1993년 영국에서 한 낙농업자에게서 특이한 질병이 발견되었는데, 주된 증상은 크로이츠펠트 – 야콥병(CJD; Creutzfeldt-Jakob's Disease)과 유사하게 치매나 정신분열증 같은 정신착란 상태가 나타났다. 크로이츠펠트 – 야콥병은 독일의 의사 크로이츠펠트(Hans Gerhard Creutzfeldt, 1885~1964)와 야콥(Alfons Maria Jakob, 1884~1931)에 의해 1920년과 1921년에 각각 발견되었는데, 이는 주로 65세 이상의 고령자들에게서 장기간의 치매를 대표적 증상으로 보이는 질환이다. 하지만 크로이츠펠트 – 야콥병의 증상을 보인 환자는 20대 후반의 젊은이였다는 점이다. 게다가 이 질환으로 1995년 영국에서는 19세의 청년이 사망하는 일이 발생했다. 당시 크로이츠펠트 – 야콥병에 걸린 20~30대 젊은이들에게는 몇 가지 공통점이 있었는데, 그들은 소를 기르는 일에 종사하였으며, 광우병 발생 지역에서 생산된 쇠고기를 오랫동안 먹었다는 것이다. 이 무렵 영국의 의학전문가위원회는 광우병과의 접촉으로 인간에게 감염될 가능성을 고려하게 되었다.

따라서 소의 광우병이 인간에게 전파되어 새로운 형태의 크로이츠펠트 – 야콥병을 초래했다는 결론을 지으며, 이를 '변형 크로이츠펠트 – 야콥병(vCJD, variant Creutzfeldt-Jacob's Disease)' 또는 '인간 광우병'이라 이름지었다(1996년). 주로 고령자에게서 발생되는 종래의 크로이츠펠트 – 야콥병은 발병에서 사망까지 약 4개월의 기간이 소요되는 것과 달리 변형 크로이츠펠트 – 야콥병은 주로 18~41세까지의 비교적 젊은 연령층에게서 발생하여 발병에서 사망까지의 기간은 약 1년이었으며, 병의 원인으로 추정되는 변형 프리온이 뇌 전체에 퍼져있는 양상을 보였다. 잠복기가 약 10~40년으로 매우 긴 편인 이 병은 광우병과 마찬가지로 뇌 신경세포가 죽어 뇌에 스펀지처럼 구멍이 뚫려 결국 사망하게 되는데, 감염 초기에 기억력 감퇴와 감각 부조화 등의 증세를 나타내다가 급기야 평형감각의 둔화와 치매 증상을 드러냈다. 세계보건기구는 인간광우병이 21세기에 가장 위험한 전염병이 될 수 있다고 경고하기도 했다.

2. 프리온

미국의 가이두섹은 뇌에 스펀지처럼 구멍을 내어 뇌 신경조직이 파괴되는 질환들의 원인을 '슬로우 바이러스'라는 내용을 담은 논문을 발표함으로써 노벨상을 수상하였다. 하지만 미국의 화학자인 스탠리 프루시너(Stanley Ben Prusiner, 1942~현재)는 뇌 질환을 유발하는 물질이 슬로우 바이러스가 아니라 '프리온(Prion)'이라는 단백질임을 밝힌 인물이다. 그가 제안한 프리온이란 단백질(protein)과 바이러스의 단위체인 비리온(virion)의 합성어이다.

사실 프리온은 포유류의 뇌 속에 존재하는 정상 단백질로서 아직 정확한 기능이 알려져 있지 않다. 최근 연구에 의하면, 뇌에서 장기 기억이 형성될 때 뇌 신경세포 사이에 새로운 연결이 이루어지는데, 이러한 물리적 연결은 장기 기억을 유지하는 데 필요하며, 이 기억에 관련된 물질이 정상 프리온 단백질이다. 그런데 나선형(helix)인 프리온 단백질이 알 수 없는 이유로 펼쳐져서 시트형(sheet)으로 변형되면 그 구조가 매우 안정적이어서 화학약품이나 물리적 방법을 이용하더라도 변성(denaturation)되거나 잘 분해되지 않는다. 이렇게 형성된 변형 프리온이 뇌 조직에 축적될 경우 조직손상과 세포의 사멸을 초래하여 인접한 정상 프리온을 변형 프리온으로 변질시킨다.

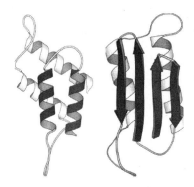

그림 12.15 나선형 단백질 구조인 정상 프리온(좌)과 시트형 단백질 구조인 변형 프리온(우)

변형 프리온의 발견 이후 그동안 발병 원인이 불분명했던 스크래피, 치명적 가족성 불면증, 쿠루병, 광우병 그리고 크로이츠펠트－야콥병과 인간광우병인 변형 크로이츠펠트－야콥병 등이 프리온 관련 질환임이 밝혀졌다.

3. 인간 면역결핍바이러스

1981년 6월 미국에서는 이전에 볼 수 없던 특이한 환자들이 출현하였는데, 이들 5명은 모두 건강한 남자로 원인불명의 폐렴 증상을 앓다가 이들 중 2명이 사망하였다. 그런데 이들에게는 같은 증상이라는 점 이외에도 한 가지 공통점이 있었는데, 남성 동성애자라는 것이다. 병명은 '에이즈(AIDS; Acquired Immune Deficiency Syndrome)'였다.

현재 전세계 에이즈 감염자는 대략 3천5백만 명 정도에 이른다. 프랑스 파스퇴르 연구소는 에이즈 초기 단계인 환자의 세포에서 에이즈 질병을 유발할 것으로 추정되는 물질을 추출한 후 바이러스가 있다는 것을 발견하였다. 이를 토대로 1983년 에이즈는 바이러스에 의해 발생되는 질병임이 밝혀졌다. 이듬해 1984년 에이즈의 원인이 되는 인간 면역결핍바이러스(HIV; Human Immunodeficiency Virus)를 분리하였는데, 이는 침팬지에게서 발견되는 원숭이 면역결핍바이러스(SIV; Simian Immuno-deficiency Virus)가 인간에게 전염되면서 HIV로 변종된 것으로 판단했다.

일반적으로 HIV의 대표적인 특징은 잠복기가 길다는 것, 세포의 핵 내 DNA에 침입한 HIV가 증식하는 동안 변이를 일으키는 것 그리고 사람의 체액 내에서 생존한다는 점이다. 따라서 이 바이러스는 혈액, 정액 또는 모유를 통해서 감염되지만 침, 눈물이나 소변 등은 HIV가 희석된 상태이므로 이로 인한 감염확률은 매우 적다. 감염된 후 에이즈 질병의 증세가 나타나기까지는 성인의 경우 평균 8~10년 정도 걸린다. 그리고 에이즈 증세가 나타나기 전에는 검진을 하지 않고서는 감염 여부를 알 수 없을 뿐 아니라 건강상의 심각한 이상도 드러나지 않는다. 따라서 감염자도 자신의 감염 사실을 알기 힘들어서 또 다른 전염의 매개체가 될 수도 있다. 긴 잠복기 동안 HIV는 인체에 기생하면서 감염자의 면역기능을 담당하는 T세포를 파괴하여 인간의 면역능력을 저하시켜 폐렴이나 암 등을 유발하여 결국에는 사망에 이르게 한다. 한 해 새로이 발견되는 HIV 감염자 수는 270만 명 정도이며, 지금까지 3,000만 명이 에이즈로 사망한 것으로 추산되는데, 1995년 양성 판정을 받은 후 2010년 12월에는 에이즈 첫 번째 완치 환자가 등장했다.

최근에는 HIV에 감염되었다 하더라도 잠복기 동안 HIV의 감염 여부를 알고서 꾸준히 치료를 받으면 면역력을 적절히 유지하여 에이즈로 발전할 가능성을 낮출 수 있다. 그러나 아직까지 HIV의 완치는 불가능하며, 일정한 면역력 유지를 위하여 항 HIV 약제의 지속적 투여에 따른 부작용이 문제이다.

4. 알로이스 알츠하이머

독일의 마르크트브라이트(Marktbreit) 지역 출신인 알츠하이머(Alois Alzheimer, 1864~1915)

그림 12.16 알로이스 알츠하이머

는 대학에서 의학을 전공하고 프랑크푸르트(Frankfurt)의 한 정신병원에서 의사생활을 시작했다. 평소 신경병리학 분야인 두뇌 조직병리에 많은 관심이 있었던 그는 시간이 날 때마다 현미경으로 죽은 환자의 뇌신경 세포를 관찰하는 일에 몰두하였다. 알츠하이머가 정신병원에서 담당했던 환자들의 약 1/3은 마비성 치매 증상을 지녔으며, 병증의 원인은 주로 뇌 매독 감염인 것으로 판단되었다.

어느 날 그는 근무하던 정신병원에서 50대 초반의 여성 환자 아우구스테 데터(Auguste Deter)를 치료하게 되었다. 그녀는 입원 당시 심한 편집증과 불면증과 더불어 간혹 남편을 알아보지 못하기도 했다. 하지만 이후 알츠하이머는 뮌헨 왕립 정신병원 부설연구소에서 근무하게 되었고, 그곳에는 크로이츠펠트(Hans Gerhard Creutzfeldt)와 야콥(Alfons Maria Jakob)이 객원연구원으로 함께 일하고 있었다. 몇 년 후 환자 데터의 사망 소식을 전해 듣게 되자 알츠하이머는 데터와 관련된 의료기록을 받아서 병증에 대한 본격적인 연구를 착수하게 되었다. 그 결과 그는 데터의 뇌 신경조직에서 무질서하게 흐트러져 있는 신경섬유와 이상단백질 덩어리인 플라크(plaque)를 발견했다.

알츠하이머는 이에 대한 내용을 정리하여 논문으로 발표했는데, 당시에는 이렇다 할 주목을 받지 못했다. 정신의학의 진단과 개념의 기초를 확립한 공로로 '근대 정신의학의 아버지'라 불리는 크레펠린(Emil Kraepelin, 1856~1926)은 저서 「정신의학개론서」에서 데터의 질환을 그 예로 다루면서 노인성 치매에 관한 내용에서 그 질환의 이름을 '알츠하이머병'이라 언급하였다. 이로써 다행스럽게도 알츠하이머의 '알츠하이머병'에 대한 재인식이 가능해질 수 있었다.

현재 알츠하이머병의 원인은 뇌 단백질인 베타 아밀로이드(β-amyloid, Aβ)의 축적으로 추정하고 있다. 일반적으로 수용성인 베타 아밀로이드가 정상인의 뇌에 존재하는 것과 달

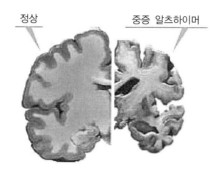

정상

중증 알츠하이머

그림 12.17 정상 노인의 뇌 단면(좌)과 알츠하이머병 노인의 뇌 단면(우): 언어중추와 기억중
추의 심각한 변형을 나타내고 있다.

리 알츠하이머 환자의 신경세포에서는 불용성의 베타 아밀로이드가 과도하게 축적된다는
것이 그 특징이다. 이로 인하여 신경세포가 손상되어 뇌 질환으로 발전하게 된다. 신경세포
내 베타 아밀로이드의 축적은 신경세포 내 소기관들 중 하나인 미토콘드리아의 기능을 멈
추게 하거나 제 기능을 하지 못하게 한다. 세포 내 미토콘드리아는 주로 에너지 발생 기능
을 담당하는데, 이 과정에서 베타 아밀로이드의 축적은 미토콘드리아에서 생성되는 활성산
소의 증가로 이어진다. 이때 고농도의 활성산소는 세포의 노화, 세포 내 단백질이나 DNA
의 손상 및 뇌 신경세포의 세포자살(apoptosis)을 촉진하게 된다. 그 결과 뇌 세포 수의 감소
는 보통 기억, 언어 등의 지적인 기능을 감소시키며, 심지어는 일상생활의 유지 불가나 행
동 장애를 초래하게 된다. 이와 같은 증상들은 발병 후 서서히 진행되어서 약 6~20년 후
환자는 사망에 이르게 된다.

13장 21세기의 과학을 향하여

13.1 아인슈타인의 상대성이론

1. 알버트 아인슈타인의 생애

1) 아인슈타인

1879년 3월 14일 독일에서 태어난 아인슈타인(Albert Einstein, 1879~1955)은 어렸을 때 아버지의 사업 실패로 뮌헨(München)으로 이사 후 다시 이탈리아로 옮겨야 하는 환경에서 지내게 되었다. 어린 아인슈타인은 또래 아이들에 비하여 특히 언어 발달이 더딘 편이어서 9살이 될 때까지 말을 더듬거렸다고 한다. 당시 권위적인 독일식 학교에 잘 적응하지 못했던 이유로 비교적 한적한 스위스로 옮겨서 학교를 다녀야 했기에 부모와 떨어져 지내면서

그림 13.1 아인슈타인

하숙집 생활을 한 지 두 달 후 그는 신경쇠약에 걸릴 정도로 예민했다. 하지만 혼자서 공부한 수학이나 물리학 성적은 항상 우수하였으며, 심지어 그의 삼촌들이 며칠 동안이나 해결하지 못한 미적분학 문제를 아인슈타인은 단 10분 만에 풀어내기도 했다.

스위스 취리히 연방공과대학(Swiss Federal Institute of Technology Zurich)에 입학한 아인슈타인은 대학 교수들의 강의 내용에 불만이 쌓이게 되자 강의에 자주 불참하곤 했다. 그의 지도교수이자 수학을 강의했던 러시아 출신의 민코프스키(Hermann Minkowski, 1864~1909)는 그런 아인슈타인을 무척이나 못마땅하게 여겨서 '게으른 개'라 부르기도 했다.

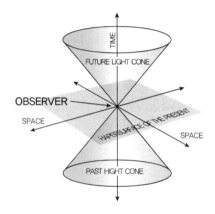

그림 13.2 민코프스키 공간(Minkowski space, 4차원 공간)

1901년 대학을 졸업한 아인슈타인은 스위스에 머무르면서 스위스 특허청 심사관으로 7년간 근무하는 동안 1903년에 같은 대학 출신인 여성 밀레바 마리치(Mileva Marić, 1875~1948)와 결혼했다. 비교적 시간 여유가 많았던 특허청의 업무는 아인슈타인이 자신만의 연구를 하기에 적합하였다. '시공간(space-time)에 대한 기존의 물리법칙을 뒤엎은 특수상대성이론'을 비롯하여 '물질이 원자 구조로 이루어져 있다는 내용의 브라운 운동 이론'과 '빛이

그림 13.3 마리치

에너지 덩어리로 이루어져 있다는 광양자설' 등 중요한 논문들을 발표했던 1905년은 과학 역사상 기적의 해라고 불릴 정도였다. 아인슈타인의 특수상대성이론을 세심하게 읽어 본 민코프스키는 그 이론에서 3차원에 시간을 더한 4차원 시공간 개념으로 발전시켜 논문을 발표하게 되었다. 민코프스키의 4차원 시공간 개념을 쉽사리 동의할 수 없었던 아인슈타인은 그로부터 11년 후 민코프스키의 시공간 개념을 바탕으로 하여 '특수상대성이론에 중력 개념을 첨가한 일반상대성이론'을 발표하였다(1916년). 그리고 광양자설에 관한 연구로 1922년에는 노벨 물리학상을 수상하게 되면서 세계적인 물리학자로 명성도 얻게 되었지만, 아인슈타인은 상금의 대부분을 마리치에게 위자료로 주어야 했다. 1919년 아인슈타인은 자신의 두 아들을 아내 마리치에게 맡긴 채 이혼을 하게 되었기 때문이었다.

히틀러(Adolf Hitler, 1889~1945)가 정권을 잡고 유태인 추방이 시작되자 1933년 나치(Nazis)의 핍박을 피해 유럽 과학자들의 일부는 구소련으로, 나머지 과학자들은 미국으로 망명하기 시작하였다. 미국으로 향한 과학자들 중에는 아인슈타인도 포함되어 있었으며, 미국으로 옮겨온 후 그는 프린스턴(Princeton) 고등연구소의 교수로 정착하게 되었다. 이곳에서 아인슈타인은 현대물리학의 새로운 토대를 마련하게 되었다. 제2차 세계대전 중 독일이 원자폭탄 제작에 혈안이 되었다는 소식을 접한 미국의 과학자들은 미국도 원자폭탄을 비축해야 할 필요성을 당시 대통령 루스벨트(Franklin Roosevelt, 1882~1945)에게 제안하였다. 이것이 미국에서의 원자폭탄 제작을 위한 맨해튼 프로젝트(Manhattan Project)였다. 1952년 노년의 아인슈타인은 이스라엘 국민들에게서 대통령에 취임해 달라는 제안을 받았으나 거절했다.

그림 13.4 이스라엘 지폐(1968년 발행)

2) 아인슈타인의 아내

아인슈타인 보다 4살 연상인 그의 아내 마리치는 헝가리 세르비아계 출신이며, 어려서부터 탁월한 재능으로 재학시절 특히 수학과 물리학 분야에서 늘 1등을 했다. 1896년 유일한

그림 13.5 마리치와 두 아들

여학생으로 스위스 취리히 연방공과대학에 입학한 그녀는 그곳에서 4살 연하의 아인슈타인을 만나게 되었고, 그녀의 수학적 재능은 아인슈타인을 능가했다고 해도 과언은 아닐 것이다. 마리치는 선천적으로 다리에 장애가 있었기에 아인슈타인의 부모는 그녀와의 결혼을 반대했지만, 천재 커플은 결혼 전 이미 딸 리저렐(Lieserl Einstein, 1902년)을 낳았고, 결혼 후 두 아들, 첫째 한스(Hans Einstein, 1904년)와 둘째 에두아르트(Eduard Einstein, 1910년)를 낳았다. 후에 밝혀진 바에 의하면, 대학 재학 시절 아인슈타인이 마리치에게 쓴 연애편지에는 상대성이론에 관한 내용이 담겨 있는데, 이론을 전개해 나가는 중 아인슈타인은 마리치의 의견을 의뢰하기도 했다.

두 사람의 결혼 생활은 주변의 반대가 있었음에도 불구하고 행복하게 출발했다. '기적의 해'라 불릴 1905년에 발표하였던 아인슈타인의 대표적 논문인 광양자설, 브라운 운동 이론 및 상대성이론에 관한 논문 등은 사실 아인슈타인과 마리치의 공동 연구로 이루어진 것들이다. 하지만 그들의 연구와 사랑은 모두 쟁취된 듯 했으나, 둘째 아들의 정신 질환으로 인하여 두 사람의 결혼 생활에는 문제가 생기기 시작했다. 게다가 아인슈타인의 학자적 입지는 점차 높아진 반면, 마리치는 자신의 학문과 연구를 제쳐 두고 아픈 아들을 간호해야만 했다. 1914년 아인슈타인이 독일의 카이저 빌헬름 협회(Kaiser Wilhelm Gesellschaft)의 물리학 연구소 소장으로 자리를 옮겨가게 되면서 마리치와의 관계는 더욱 소원해지게 되었다. 그는 마리치의 여동생이 고통 받았던 증세와 자신의 둘째 아들 에두아르트의 정신분열증이 같은 것을 알고서 에두아르트의 질병이 마리치의 혈통 탓이라 여겼던 것이다.

1916년 일반상대성이론을 발표하면서 더욱 유명세를 얻게 된 아인슈타인은 마침내 1919년에 마치리와 이혼을 요구했다. 같은 해 그는 1912년부터 알고 지냈던 두 딸이 있는 사촌 누이인 엘사 로벤탈(Elsa Lowenthal)과 결혼한 후 1933년 그녀와 함께 미국으로 망명했다. 아인슈타인과의 이혼 후 마리치는 두 아들과 힘든 생활을 꾸려나갔다. 후에 첫째 아들 한스는 취리히 연방공과대학에서 공부하면서 9살 연상 여인과의 결혼했다. 평소 정신분열증으로 고통을 받던 에두아르트는 1965년 스위스의 한 정신병원에서 사망하게 되었고, 아픈 에두아르트를 보살피다 마리치는 73살 뇌출혈로 쓸쓸히 사망했다.

2. 아인슈타인의 업적

1) 광양자설

금속표면에 빛을 비추면 전자가 튀어나오는 현상인 광전효과(photoelectric effect)를 설명하기 위해 아인슈타인은 빛의 성질이 입자(광양자)라 가정하고 제안한 가설이 바로 '광양자설(Light Quantum Theory, 1905년)'이다. 그가 이와 같은 실험을 시도했던 데에는 과학계의 오래된 논쟁 중 하나인 빛의 성질이 파동인지 혹은 입자인지에 대한 자신의 생각을 입증할 필요성을 느꼈기 때문이다.

18세기 근대과학의 혁명을 완성한 뉴턴은 빛의 성질이 입자라고 주장했지만, 19세기에 들어 발견된 빛의 회절과 간섭현상은 빛의 파동성으로 설명 가능했다. 적어도 19세기까지는 빛의 성질은 파동으로 결론 내려지는 듯 했다. 하지만 진공인 상태에서 빛이 전파되는 것을 파동성으로 설명하기 위하여 가상의 물질인 에테르(ether) 개념을 매질로 끼워 넣어야 했다. 20세기에 들어와서 아인슈타인은 에테르의 존재를 부정하게 되었고, 광양자설을 제기함으로써 빛의 입자성을 다시금 수면 위로 떠올렸다. 그리하여 광양자설을 통해 아인슈타인은 빛에 대한 현대적 해석인 파동-입자 이중성의 개념이 만들어지는 데 토대를 마련하게 되었다.

아인슈타인은 빛을 금속에 접촉시키면 전자가 튀어나오는데, 이 튀어나온 전자의 운동에너지는 빛의 세기와 관계없이 빛의 파장만으로 그 최대치가 결정되며, 빛의 파장이 짧을수

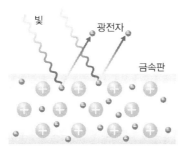

그림 13.6 빛이 조사되었을 때 금속판에서 전자가 방출되는 모습

록 전자의 에너지가 크다는 사실을 발견했다. 또한 그는 '에너지가 연속적이 아니라 띄엄띄엄 떨어져 불연속적'이라고 주장하는 플랑크(Max Planck, 1858~1947)의 양자가설(1900년)을 빛에 적용했다. 전자가 빛에너지를 연속적으로 흡수한다고 여겼던 당시의 과학자들은 이를 좀처럼 이해할 수 없었다.

아인슈타인이 광양자설을 발표할 즈음 당시 네덜란드의 물리학자 로렌츠(Hendrik Antoon Lorentz, 1853~1928)를 비롯한 대부분의 과학자들은 광양자설로는 빛의 파동성의 대표적 현상인 빛의 회절과 간섭 현상을 설명하는 데 어려움이 있었기 때문에 그의 주장을 쉽게 받아들일 수 없었다. 이러한 문제를 해결하기 위해 아인슈타인은 1905년에 발표했던 논문들 중 하나인 브라운 운동의 이론을 토대로 빛의 파동과 입자의 이중적인 특성을 설명하려고 시도했다.

광전효과를 이해하기 위해서는 '빛도 전자와 마찬가지로 일정한 에너지를 가지고 있으며, 셀 수 있는 입자'라는 가정에서 출발해야 한다. 이에 따르면, 금속 내부에 존재하는 전자를 방출시키기 위해서는 에너지가 필요하며, 이 에너지원이 빛이다. 그러나 에너지가 적고 진동수가 작은 빛일 경우 전자를 방출시킬 수 없으며, 빛의 세기가 셀수록 전자가 더 많이 방출되지 않는 것은 전자가 1개의 빛의 입자만 흡수한다는 것이다. 따라서 에너지가 크고 진동수가 많은 빛의 입자(보랏빛)는 금속 내부의 전자를 흥분시켜 방출하는 데에 사용되고, 그 나머지는 전자의 운동에너지로 작용한다. 그리고 후에 1916년 밀리컨(Robert Andrews Millikan, 1868~1953)과 콤프턴(Arthur Holly Compton, 1892~1954)의 실험에 의해 아인슈타인의 광양자설이 확인되었다.

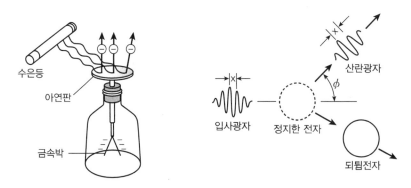

그림 13.7 광전효과의 실험(좌)과 그 원리(우)

2) 브라운 운동

그림 13.8 브라운

　19세기 초 영국의 화학자 돌턴(John Dalton)이 근대 원자론을 주장하고, 그 후 영국의 물리학자 맥스웰(James Clerk Maxwell)은 '기체가 원자와 분자로 구성된다'는 가정 하에서 기체에 운동을 수학적으로 나타냈다. 하지만 여전히 원자가 실제로 존재하는지는 논란거리였다. 원자의 존재에 대한 해결의 실마리를 제공한 것은 화학자나 물리학자가 아닌 스코틀랜드 출신의 식물학자인 로버트 브라운(Robert Brown, 1773~1858)이었다.

　그는 여러 종류 식물의 세포, 조직 및 꽃가루의 수분(受粉) 현상 등에 관하여 현미경으로 식물을 관찰하고 있던 중, 현미경 렌즈를 통해 관찰한 물 위에 떠 있는 미세한 꽃가루의 움직임을 유심히 보고 있었다. 브라운은 꽃가루가 떠 있는 물 위의 수면은 아무 움직임이 없는데, 꽃가루가 처음에는 한 방향으로 움직이다가 점차 다른 방향으로 움직이면서 이동하는 것을 관찰했다. 이 현상이 신기하게 느껴졌던 브라운은 꽃가루처럼 작은 다른 입자들도

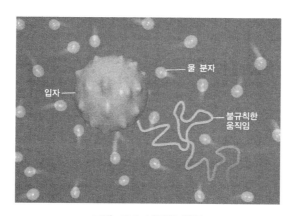

그림 13.9 브라운 운동

그와 같은 움직임을 보이는지 조사한 결과 꽃가루와 마찬가지로 다른 작은 입자들도 움직이고 있었다. '액체 위에 뜬 작은 고체 입자가 쉬지 않고 불규칙하게 운동'(브라운 운동)하는 현상의 원인을 찾던 중 그는 꽃가루의 불규칙한 움직임이 물의 흐름이나 증발 때문이 아니라고 생각하고, 브라운 운동(Brownian Motion, 1905년)이 일어나는 이유를 알아내지 못했다. 이러한 현상에 대하여 일부 학자들은 브라운 운동이 꽃가루의 생명력으로 인한 움직임이라 짐작하기도 했다.

하지만 과학자들은 꽃가루를 비롯해 유리나 금속 같은 무생물도 똑같이 불규칙하게 운동한다는 것을 발견하게 되면서 브라운 운동의 원인이 꽃가루의 생명력으로 인한 것이 아닐 수 있다고 제안했다. 그 후 의미가 확대되어 액체나 기체 안에 떠서 움직이는 미세한 입자의 불규칙한 운동도 브라운 운동이라 불렸는데, 단지 브라운 운동의 원인이 열에 의한 대류의 결과라고 짐작할 뿐이었다. 미세한 입자들은 차가운 상태에서보다 뜨거운 상태에서 더 활발히 움직인다는 것을 감안한다면 실제로 브라운 운동이 열과 관련이 있지만, 브라운 운동의 직접적인 원인이라고 할 수는 없었다. 만일 브라운 운동의 원인을 알아낸다면, 원자의 충돌 현상으로 원자의 존재를 입증할 수 있다는 의미가 된다. 실제 분자들이 빠르고 끊임없이 움직인다 하더라도 그 크기와 움직임이 너무 작아서 관찰하기에는 어려움이 많지만, 꽃가루 크기만 한 입자의 움직임을 관찰하거나 연기 입자들의 운동은 현미경으로 관찰할 수 있다.

거듭된 연구를 통해 과학자들은 브라운 운동의 원인이 주위에 있는 기체나 액체 분자의 열운동에 의한 충돌 때문이라는 것을 알게 되었다. 다시 말해서 액체 위에 떠 있는 작은 입자들의 움직임은 작은 입자들을 아래에서 떠받치고 있는 액체 분자들의 움직임이라는 것이다. 이에 대한 아인슈타인의 견해는 다음과 같다. 액체 위 부유물 입자들은 고농도에서 저농도로 이동하는 확산(diffusion)의 방식을 보이는데, 이들의 움직임은 그 농도가 평형(equilibrium)을 이룰 때까지 활발히 일어나며, 평형으로 인한 농도 차가 없어지면 확산은 멈추게 된다는 것이다. 이때 액체 위에 떠 있는 작은 입자들의 움직임은 무작위적으로 일어나는데, 이러한 움직임은 부유물들 간에 서로 영향을 주고받게 되어서 지그재그(zigzag)의 모형을 드러내게 된다.

1905년 아인슈타인은 브라운 운동을 수학적으로 깔끔하게 정리했는데, 작은 입자들의 충돌에는 맥스웰의 기체분자 이론을 적용했고, 기체 입자들이 브라운이 관찰했던 꽃가루의 움직임과 똑같을 것이라는 내용을 수식으로 증명해 보였다.

후에 1908년 프랑스 물리학자 페랭(Jean Perrin, 1870~1942)은 브라운 운동에 관한 아인슈타인의 수식이 입자의 크기와 거리를 예측한 내용이라는 사실을 입증하기 위하여 유황입자를 이용한 실험을 통해 증명해 보임으로써 원자와 분자가 물리학적 실재라는 것을 확인한 계기를 마련하였다. 그리하여 페랭은 노벨 물리학상을 수상하게 되었다.

3) 특수상대성이론

특수상대성이론(Special Theory of Relativity, 1905년)의 등장은 당시 지배적이었던 뉴턴 물리학에 대한 정면 도전이었다. 그도 그럴 것이 이전의 시간과 공간 개념을 근본적으로 뒤바꾸었는데, 특히 훗날 원자폭탄 제조를 가능케 한 질량과 에너지가 같다는 의미의 '질량－에너지 등가성'과 '광속 불변'은 세계관의 변화와 개혁을 일으키기에 충분했기 때문이다.

19세기부터서 전자기학이 발전하면서 뉴턴의 고전역학으로는 설명되지 않는 현상들이 발견되기 시작했다. 그 중에서도 시간과 공간 속에서 측정되는 속도는 관찰자에 따라서 상대적이지만, 전자기학에서 다루는 속도들 중 빛의 속도는 항상 일정하다는 사실이 발견되었다. 관찰자의 상황에 따라 측정되는 속도는 상대적이었으나 빛의 속도만큼은 절대적이며 불변하다는 것이다. 뿐만 아니라 뉴턴이 생각했던 공간 개념은 한 물체가 존재하기 이전에 이미 존재하고 있었으므로 물체의 운동 방식이 달라진다고 해서 바뀌는 것이 아닌 절대적인 것이었다. 그로부터 11년 후 아인슈타인은 특수상대성이론에 중력 개념을 더하여 일반상대성이론을 발표하였다(1916년).

특수상대성이론은 다음의 두 기본원리에서 출발한다.

① 물리학의 모든 법칙은 관성이 작용하는 기준틀에서 동일하게 적용된다.

그림 13.10은 일정한 속도로 움직이는 트럭 위에서 수직으로 공을 던졌다가 받을 때, (a)의 경우 트럭 위의 관찰자와 (b)의 경우 지면에서 제자리에 서있는 관찰자에게 공의 움직임은 각기 달리 관측될 것이다. 그렇지만 두 경우 모두 공의 움직임에 관한 힘 또는 속도를

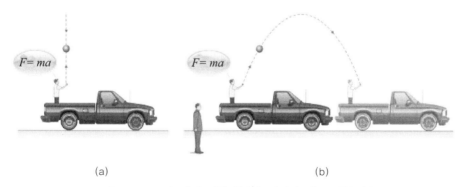

(a)   (b)

그림 13.10 트럭 위의 관찰자(a)와 지면에 있는 관찰자(b)

표현하는 데에는 힘-가속도 법칙인 $F = ma$의 공식을 이용한다. 이는 두 관성 좌표계에서 관찰되는 물리량은 서로 다를 수 있지만, 그 물리량 사이의 관계식은 동일하게 적용된다는 것이다. 다시 말해서 역학, 전자기학 및 광학 등에서 적용되는 모든 물리 법칙이 서로에 대해 일정한 속도로 움직이는 모든 관성 기준틀에서 동일한 수학적 형태를 지닌다는 의미이다.

② 모든 관성 좌표계에서 관찰자의 속도나 광원의 속도에 관계없이 빛의 속력(c)은 $c = 3 \times 10^8$ m/s으로 일정하다.

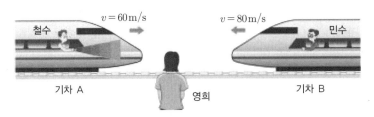

그림 13.11 광속불변

그림 13.11에서 철수가 타고 있는 기차 A가 앞쪽을 향하여 빛을 비추면서 60 m/s 속력으로 나아가고 있다. 이때 제자리에 서있는 영희와 기차 B에 타고 있는 민수의 경우, 두 사람에게 측정되는 철수가 탄 기차 A의 속도는 각각 다르다. 영희가 측정한 기차 A의 속력은 60 m/s이며, 민수가 측정한 기차 A의 속력은 60 m/s + 80 m/s = 140 m/s이다. 하지만 빛의 속력은 철수, 영희, 민수에 대해 모두 $c = 3 \times 10^8$ m/s이다.

사실 빛의 속도가 불변한다는 아인슈타인의 생각은 맥스웰(James Clerk Maxwell)의 생각에 그 근원을 두고 있다. 맥스웰은 '빛도 전자기파의 일부'라는 것과 '전자기파의 속도가 빛의 속도와 동일하다'는 것을 밝힌 바 있다. 맥스웰 방정식(Maxwell's Equation)에 따르면, 빛의 운동방식과 빛의 특성도 알 수 있는데, 운동하는 물체에서 나온 빛이든 정지한 물체에서 나온 빛이든 모두 동일한 속도로 운동한다는 것이다. 그의 방정식에서 빛의 속도를 상수 c로 표시하였고, $c = 3 \times 10^8$ m/s로 계산되었다. 훗날 맥스웰의 생각은 아인슈타인의 특수 상대성이론에서 확실하게 입증된 셈이었다.

하지만 맥스웰의 주장을 근거로 '빛의 속도가 일정하다' 또는 '빛의 속도는 불변하다'는 생각을 당시에는 미처 하지 못했으며, 이는 후에 폴란드 출신의 물리학자인 마이컬슨(Albert Abraham Michelson, 1852~1931)의 실험을 통해 에테르가 존재하지 않는다는 것이 밝혀지면서 아인슈타인의 광속 불변 주장은 더욱 확실해졌다. 19세기는 빛의 파동성이 대세였던 시기인데, 파동의 형태를 지닌 수면파나 음파 등이 진행하기 위해서는 물이나 공기와 같은 매

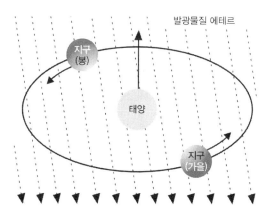

그림 13.12 빛의 매질인 에테르의 흐름

질이 필요한 것과 마찬가지로 파동의 성질을 지닌 빛도 진행하기 위해서는 에테르라는 매질이 필요하다고 가정했다. 이 가정을 충족시키려면, 진공 상태에도 빛의 매질인 에테르가 존재해야만 했다. 그런데 맥스웰 방정식에 의해 계산된 빛의 속도는 너무 빠르기 때문에 마이컬슨은 빛의 매질인 에테르가 실제로 존재하는지에 대한 실험을 착수하기로 했다.

지구는 30 km/s의 속도로 공전하고 있으며, 태양도 우리은하의 중심 주위를 빠른 속도로 공전하고 있다. 마이컬슨은 태양빛이 지구에 도달하는 모습을 떠올렸다. 매질인 에테르를 통해 태양빛이 지구에 도달되는 동안 지구는 공전을 하고 있으므로 지구를 가로지르는 에테르의 흐름은 에테르 바람을 형성하게 될 것이라 추측했다. 그 과정에서 잠시나마 지구의 운동방향과 에테르 흐름의 방향이 동일할 수도 있겠지만, 지구 공전의 방향과 속력은 시시각각으로 변화하므로 어느 시간대에서나 각 방향으로부터 반사되는 빛의 속도를 측정한다면, 에테르와 지구의 상대적인 움직임을 알 수 있을 것이라 판단했다. 그는 에테르의 존재 여부를 파악하기 위해 에테르 바람을 측정하고자 '간섭계(interferometer)'라는 실험 장치를 준비했다. 바람이 부는 현상으로 공기의 존재를 증명할 수 있는 것과 같이 에테르 바람으로 에테르의 존재를 증명할 수 있다는 것이다. 이제 우리는 마이컬슨의 유명한 간섭계 실험 장치를 이해하기 위하여 다음과 같은 예를 들어보자.

그림 13.13에서 알 수 있듯이 질량이 서로 같은 배 A와 배 B는 동일한 속도로 서로 반대 방향을 향하여 움직이고 있다. 그리고 강물의 흐름은 배 B가 이동하는 방향과 같다. 따라서 강물의 흐름의 방향과 반대로 이동하는 배 A의 속력보다 배 B의 속력이 더 빨라지게 된다. 이와 같이 배의 속력이 동일하더라도 강물이 흐르는 방향에 따라 배의 속력도 변하게 되는 것은 당연한 일이다. 여기에서 배는 빛에 해당하며, 강물의 흐름은 에테르 바람에 해당된다.

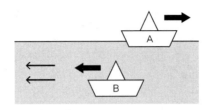

그림 13.13 강물이 흐르는 방향에 따른 배의 속력 변화

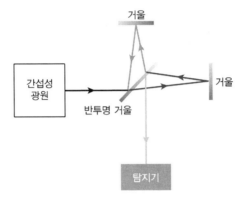

그림 13.14 마이컬슨의 실험장치(간섭계)

마이컬슨의 실험 장치는 다음과 같다(그림 13.14). 레이저와 같은 백색광의 간섭성 광원(coherent light source)이 반투명 거울(semi-silvered mirror, 빛의 절반은 통과하고 절반은 반사되는 특수한 거울)에 비치면 빛은 직각으로 나뉘어 2개의 광선으로 갈린다. 두 갈래로 갈린 빛의 절반은 위쪽 거울로 향하고, 나머지 절반의 빛은 반투명 거울을 통과하여 오른쪽 거울로 향하게 된다. 위쪽 거울과 오른쪽 거울에 도달한 빛은 또 반사되어 반투명 거울로 되돌아오게 된다. 되돌아온 빛의 절반은 다시 반투명 거울을 통과하게 되어 간섭성 광원으로 향하며, 빛의 절반은 반사되어 탐지기(detector)에 도달하게 된다. 이 때 탐지기에는 두 가지의 빛이 도달하는데, 하나는 빛이 위쪽 거울로 갔다 온 경로와 다른 하나는 오른쪽 거울로 갔다 온 경로이다. 이들 사이에는 시간차에 따라 보강간섭이나 상쇄간섭이 일어나므로 동그랗던 광원이 그림 13.15와 같이 주름(fringe)이 있는 것처럼 보이게 된다.

몇 차례의 반사를 거쳐 두 빛은 탐지기에 도달하는 과정에서 이들이 모두 같은 거리를 달려오는 동안 에테르 바람의 방향은 서로 달랐지만, 탐지기에 도달한 시간은 '동시'였다는 점이다. 이는 두 빛의 속도가 같았다는 것을 나타내는데, 이들의 속도에 어떠한 영향도 미치지 못한 에테르는 존재하지 않는다는 의미가 된다.

두 가지의 기본원리를 성립시키면 '시간과 공간은 관측자의 입장에 따라서 변한다'는 결론에 도달하게 된다. 우리의 상식으로는 다소 이해하기 쉽지 않은 말이다. 그리고 아인슈타

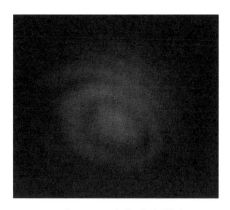

그림 13.15 빛의 간섭 현상

인이 특수상대성이론에 '필연적으로 에너지와 질량의 개념도 바뀌어야 한다'는 내용을 덧붙였는데, 그것이 바로 유명한 $E = mc^2$이다. 즉 '질량(m) − 에너지(E) 등가의 원리'이다. 위와 같은 기본원리를 바탕으로 한 특수상대성이론을 통해 예측 가능한 대표적인 결과로는 다음과 같다.

첫째, '동시성(simultaneity)의 상대성'이다. 이는 동시성이란 개념이 절대적인 것이 아니라 관찰자에 따라 변한다는 것으로 동시성은 적어도 한 개의 기준계에서 같은 시간에 두 개의 사건이 발생하는 성질을 말한다. 특수상대성이론은 시간을 상대적으로 간주하므로 한 관측자에게 동시에 일어난 사건이 다른 관측자에게는 동시가 아닐 수도 있다.

둘째, '시간의 지연(time dilation)'이다. 뉴턴역학에 따르면 모든 관찰자에게 동일하고 보편적이며 절대적인 시간이 존재한다. 하지만 이와 달리 특수상대성이론에서의 시간 간격의 측정은 그 측정을 행하는 기준틀에 따라 다르다. 어떤 기준틀에서 동시에 일어난 사건이 이 기준틀에 대해 등속으로 움직이는 다른 기준틀에서는 동시에 일어나지 않는다는 의미로서 동시성은 절대적이지 않고 관찰자의 운동 상태에 의존한다는 말이다.

셋째, '길이의 수축(length contraction)'이다. 시간과 마찬가지로 길이도 기준틀에 대해 달리 측정되는데, 물체에 대해 움직이는 기준틀에 있는 관찰자가 측정한 물체의 길이는 항상 고유길이(proper length)보다 짧다. 한 관성계 A에서 움직이는 다른 관성계 B를 보면 B의 길이가 상대적으로 짧아진 것으로 관측되는데, 이것이 길이의 수축이다. 이를 역으로 말하자면 움직이는 다른 관성계 B에서 관측되는 관성계 A의 길이는 상대적으로 짧아진 것으로 관측된다. 이때 물체의 고유길이는 정지한 관찰자가 그 물체에 대해 측정한 길이이다.

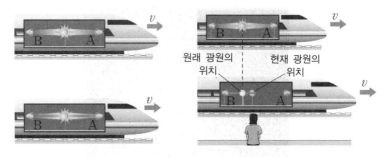

그림 13.16 동시성의 상대성: 기차 내부의 관측자에게는 사건 A와 B가 동시에 일어나지만, 기차 밖에 정지한 관측자에게는 사건 A보다 사건 B가 먼저 일어난다.

4) 일반상대성이론

특수상대성이론을 발표한 후 수년 동안 뉴턴의 중력이론을 자신의 특수상대성이론의 개념에 맞도록 수정하였던 아인슈타인은 연구에 착수했던 그 기간을 "내 생애 최고로 힘든 순간"이라 고백하기도 했다. 특수상대성이론에 중력 개념을 더하여 '강한 중력장 안에서는 빛의 진로가 휘어진다'는 내용을 일반상대성이론(General Theory of Relativity, 1916년)으로 발표하게 되었다. 또한 특수상대성이론으로 등속 운동계 안에서 동일한 물리법칙이 적용된다는 것을 보여주었다면, 일반상대성이론으로 가속 운동계 안에서도 동일한 물리적 법칙 적용된다는 것을 보여주었다. 이 이론으로 인류는 뉴턴역학으로 미처 설명되지 못했던 많은 부분이 해결 가능해 졌다.

1916년에 발표된 일반상대성이론에서 '일반'이라는 수식어가 붙는 것은 특수상대성이론의 일반화된 내용을 담고 있기 때문이다. 특수상대성이론이 '모든 법칙은 관성이 작용하는 기준틀에서 동일하게 적용'된다는 것과 '광속 불변의 원리'라는 두 개의 기본원리를 제시했다면, 일반상대성이론은 관성질량과 중력질량이 같다는 '등가원리(principle of equivalence)'

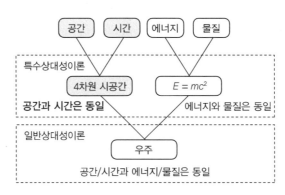

그림 13.17 상대성이론의 개괄도

와 '곡률이 있는 공간에 중력 개념을 적용'한다는 기본원리를 제시하였다.

물체에 힘을 가하면 가속도가 생기는데, 가속도(a)는 힘(F)의 크기에 비례하고 물체의 질량(m)에 반비례한다($F = ma$). 이때 가속도의 크기를 결정하는 질량을 '관성질량(inertial mass)'이라고 한다. 즉, 물체의 관성이 클 경우 물체의 질량이 클수록 가속도가 작다는 것을 의미한다. 또한 지구 표면 근처의 모든 물체는 중력가속도(g)로 낙하하는데, 물체에 작용하는 중력의 크기(W)를 결정하는 '중력질량(gravitational mass)'은 질량에 비례하므로($W = mg$) 물체에 작용하는 중력의 크기를 비교하면 중력질량을 측정할 수 있다. 아인슈타인은 이를 근거로 '관성질량과 중력질량이 같다'는 등가원리를 주장하였다. 이는 가속되는 좌표계에서의 자연법칙은 중력장 안에서의 법칙과 동일하다는 의미이다. 가령 가속되는 엘리베이터 안의 물체의 무게는 가벼워지거나 무거워지는데, 이때 엘리베이터의 가속에 의한 무게의 변화와 중력의 변화에 의한 무게의 변화를 구분할 수는 없다.

아인슈타인은 등가원리를 이용해 빛 또한 중력의 영향을 받는다고 생각했는데, 일반상대성이론에서는 중력의 효과가 '시공간의 휨(curvature)'으로 나타난다는 것이다. 이는 시공간에 대한 전혀 새로운 개념 도입을 의미하는데, 물질의 분포와 운동 상태가 시공간의 휨을 결정하고, 시공간의 휨이 물체의 운동에 영향을 미친다는 의미이다. 그는 일반상대성이론을 발표할 때 이 이론을 검증해 줄 다음 세 가지 현상을 제시하였다.

① 빛의 경로 휘어짐

1919년 5월 29일, 영국의 물리학자 에딩턴(Arthur Stanley Edington, 1882~1944)은 개기일식 때 태양 뒤에서 오는 별빛을 관측하여 빛의 경로가 휘어지는 것을 확인하였다. 일식이 있던 날 날씨가 좋지 않았지만 구름이 없는 아주 짧은 순간에 그는 태양 주위의 별들 사진 몇 장을 찍는데 성공했다.

그림 13.18 아서 에딩턴

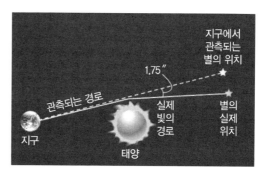

그림 13.19 개기일식 때 관측한 별빛의 휘어짐 관측

② 수성의 근일점 이동

수성은 근일점일 때 약 0.31AU, 원일점일 때 약 0.47AU으로 가장 큰 타원궤도를 그리며 공전하는 행성이다. 그런데 공전궤도의 근일점이 100년에 574″(초) 정도로 천천히 이동한다는 것을 발견하였는데, 그중 531″는 금성 등 다른 행성의 중력효과로 근일점 이동현상을 설명할 수 있었다. 그리고 뉴턴의 고전역학으로 남은 43″(약 0.0119°)에 대해서는 더 이상 설명할 수 없었다. 이후 일반상대성이론의 등장으로 수성의 근일점 이동 원인(perihelion shift)은 태양의 중력효과를 고려함으로써 오차 43″가 정확하게 설명되었다.

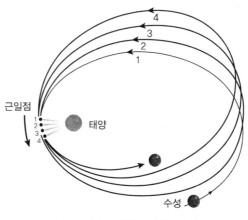

그림 13.20 수성의 근일점 이동

③ 중력 적색편이

1965년 캐나다 출신의 물리학자 파운드(Robert Vivian Pound, 1919~현재)와 그의 제자 레브카(Glen Anderson Rebka, 1931~현재)가 방사성 철이 방출하는 감마선을 연구해 중력 적색편이 현상을 측정했다. '중력 적색편이(Gravitational Red Shift)'는 빛이 중력에서 벗어나면서 에너지를 점점 잃게 되어 파장이 길어지는 현상을 말하는데, 강력한 중력을 가진 천체에서 나오는 빛이 적색으로 치우쳐서 관측되는 것이다. 이는 중력이 강한 천체의 주위와 먼 곳에서 흐르는 시간의 속도가 각기 다르기 때문에 일어나는데, 빛의 입자(광자)가 강한 중력의 영향에서 벗어날 때 운동에너지를 잃음과 동시에 위치에너지를 얻게 된다. 하지만 빛의 속도는 항상 일정하기 때문에 광자는 느려지지 않는데, 위치에너지에서 광자의 진동수가 낮아지므로 결국 그 에너지가 감소하게 된다. 다시 말해서 에너지를 낮추기 위해 광자의 진동수가 낮아지는 현상을 '중력 적색편이'라 한다. 이와 반대로 광자가 중력장에 가까이 다가갈 때는 진동수가 높아지므로 '중력 청색편이' 현상이 나타나게 된다.

그림 13.21 중력을 빠져나간 빛은 에너지를 잃고 파장이 길어진다.

중력 적색편이 현상은 블랙홀(black hole)에서도 확인할 수 있다. 질량이 극도로 큰 반면 부피는 매우 작아서 상상 그 이상의 밀도를 지닌 블랙홀은 공간을 극단적으로 휘게 만들어 천체 근처를 지나는 빛마저 흡수해 버린다. 이는 블랙홀에서 탈출하려는 빛의 속도보다 더 강한 중력을 블랙홀이 지니고 있다는 의미가 된다. 따라서 블랙홀 주변에서는 어떠한 빛도 빠져 나오지 못하므로 우리는 블랙홀 주변의 빛을 볼 수 없어 마치 아무 것도 없는 것처럼 까맣게 보이는 것이다. 그러나 블랙홀로 빨려 들어가는 별의 경우, 흡수되는 과정에서 기체는 매우 높은 온도로 가열되어 X선을 방출하는 사실을 확인하게 되면서 인류는 블랙홀의 존재를 확인할 수 있었다. 뿐만 아니라 블랙홀에 가까워질수록 중력이 매우 커서 시간마저 더 천천히 흐르며, 마침내 '사건의 지평선(event horizon)'이라고 부르는 블랙홀의 경계에서는 시간이 멈춘 것처럼 보인다.

아인슈타인은 특수상대성이론에 중력을 포함한 일반적인 이론을 전개하는 데에 성공하였다. 그의 일반상대성이론은 현대 우주론의 핵심이며, 21세기 물리학의 모든 것이라 해도 과언이 아니다. 일반상대성이론에 의해 우주 자체에 대한 연구가 가능해졌으며 블랙홀이나 우주의 기원을 밝히는 천체물리학의 여러 이론들의 모태가 되었다. 현재까지 발표된 여러 중력이론 중 가장 성공적인 이론인 일반상대성이론은 천체관측의 진보와 더불어 우주론의 형성에도 큰 기여를 하였다.

13.2 맨해튼 프로젝트

미국으로 망명하여 동부 프린스턴 대학교에 정착하여 휴가를 즐기던 어느 날 아인슈타인을 방문한 한 사람이 있었다. 그는 아인슈타인보다 뒤늦게 독일에서 망명해 온 헝가리 출신의 유태계 물리학자 실라르드(Leo Szilard, 1898~1964)였다. 1939년, 파괴력이 강한 폭탄을 독일에서 만들 것이라는 사실을 안 실라르드는 아인슈타인을 설득하여 당시 미국의 대통령 루스벨트(Franklin Delano Roosevelt, 1882~1945)에게 원자폭탄의 파괴력과 미국에서도 이에 대비해야 한다는 내용의 편지를 쓰자는 것이었다.

그림 13.22 실라르드

실라르드를 통해 독일의 원자폭탄 제작 소식을 들은 아인슈타인은 루스벨트 대통령에게 원자폭탄 개발을 건의하는 내용의 편지를 발송하였고, 몇 차례의 서신왕래를 거쳐 루스벨트 대통령은 원자 에너지를 연구하기 위한 프로젝트를 극비리에 시작하기로 했다. 바로 '맨해튼 프로젝트(Manhattan Project)'였다. 전례 없이 많은 과학 인력을 참가시킨 대규모의 연구 프로젝트를 위해서 미국의 과학자들과 망명한 유럽의 여러 과학자들이 모여들었다. 그리고 원자폭탄 개발을 위한 맨해튼 프로젝트는 미국의 물리학자 오펜하이머(John Robert Oppenheimer, 1904~1967)의 감독 하에 뉴멕시코주의 로스 알라모스(Los Alamos)에서 착수되었고, 후에 두 가지 모델의 원자폭탄이 제조되었다. 그중 하나는 ^{235}U를 이용한 우라늄 폭탄이고, 다른 하나는 ^{239}Pu와 ^{238}U을 이용한 플루토늄 폭탄이었다. 그런데 이들의 파괴력은 상상 이상이었다. 이에 일부 과학자들은 폭탄의 폭발력과 파괴력에 매우 놀라서 폭탄 사용을 반대했지만, 실라르드를 비롯한 일부 과학자는 사람이 살지 않는 지역에서 이 폭탄의 위력을 전 세계에 보여줄 필요가 있다고 제안했다. 실제 폭탄의 사용으로 수많은 사상자를 피하기 위한 계획이었다.

하지만 그들의 계획과 달리 일본의 전세는 그칠 줄 몰랐기에 1945년 8월 6일 오전 11시 미국의 트루먼(Harry Shippe Truman, 1884~1972) 대통령은 원자폭탄 투하를 명령했다. 생김새가 더 날씬해서 'Little boy'라 불린 우라늄 폭탄은 히로시마에, 3일 후 8월 9일에 'Fat man'이라 불린 플루토늄 폭탄은 나가사키에 각각 투하되었다. 그로 인해 제2차 세계대전은 1945년 8월 14일 일본의 항복으로 끝나고, 그 다음날 한국은 일본으로부터 해방될 수 있었다.

그런데 정작 맨해튼 프로젝트 결성을 제안한 인물인 아인슈타인은 미국 육군 방첩부대가 그를 요주의 인물로 분류하게 되면서 프로젝트에서 제외되었던 것이다. 원자폭탄의 투하로

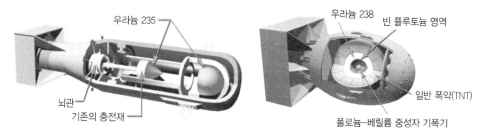

그림 13.23 Little Boy(좌)와 Fat Man(우)

일본의 참상을 목도하게 된 아인슈타인은 "원자폭탄의 개발은 내 인생에서 가장 큰 하나의 실수이며, 전쟁에는 이겼으나 평화는 오지 않는다"는 내용을 대통령에게 보냈다고 한다.

13.3 대통일이론

우리에게 비춰지는 자연현상은 상당히 복잡해 보인다. 생물체가 그러하고 우주가 그러하다. 하지만 과학법칙은 예상 외로 단순한 원리가 적용되는 듯하다. 이는 과학법칙이 보편적이란 의미이기도 할 것이다. 아인슈타인은 그의 말년을 통합이론에 많은 시간을 할애했다. 당시 과학자들에게 알려져 있던 중력과 전자기력을 하나의 이론으로 설명하려는 그의 몇 차례의 시도는 안타깝게도 실수와 허점을 드러내면서 후배 과학자들의 몫이 되었다.

'통일장이론(Unified Field Theory)'이라고도 하는 대통일이론(Grand Unified Theory)은 물리학에서 자연계에 존재하는 네 가지의 힘, 중력, 전자기력, 약력(약한 핵력) 및 강력(강한 핵력)

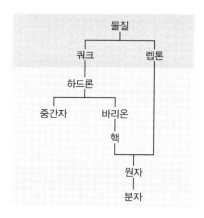

그림 13.24 물질을 구성하는 소립자

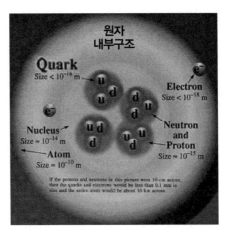

그림 13.25 3개의 쿼크로 구성된 양성자와 중성자

과 소립자들 사이의 관계들을 단일하고도 통일적인 개념으로 정리하고자 하는 시도이다. 이는 19세기 영국의 물리학자인 맥스웰(James Clerk Maxwell)이 전기력과 자기력을 동일한 하나의 대상으로 통합하였던 연구에서부터 기원한다. 일반상대성이론은 주어진 시간과 공간의 기하학적 성질들을 기술하는 장(field)과 중력 현상을 결합시켰다는 데에 그 의미가 크다. 이후 1960년대 초 물리학자들은 모든 물질은 두 개의 기본 소립자인 쿼크(quark)와 경입자인 렙톤(lepton)으로 구성된다는 것을 발견하였고, 마침내 서로 다른 현상으로 인식되고 있던 물리현상을 하나의 단일한 개념 아래 이해하려는 시도가 바로 대통일이론이다. 일반상대성이론의 성공 이후 1920~1930년대 과학계는 전자기력과 중력을 통일하려는 연구에 매진하였다. 아인슈타인의 일반상대성이론이 중력의 기하학이론이었던 점을 감안하여 이후 과학자들은 전자기력을 기하학이론으로 기술하여 일반상대성이론을 확장하려고 했다. 아인슈타인도 전자기력과 중력을 하나의 식으로 통일해서 모든 입자의 행동을 표현하고자 시도하였으나 몇 차례의 오류로 인하여 발표했던 통일장이론이 성공하지 못하였다. 결국 그는 "신은 나를 버렸다"고 하며 더 이상의 대통일이론의 시도를 포기했다고 한다.

1. 자연계에 존재하는 힘

자연계의 힘은 네 가지, 중력, 전자기력, 약력과 강력이다. 자연계에는 물질을 구성하는 구성입자들, 즉 전자나 양성자 등이 있는가 하면, 이 네 가지 힘을 매개하는 입자들이 있다고 가정한다. 중력을 매개하는 '중력자(graviton)', 전자기력을 매개하는 '광자(photon)', 약력을 매개하는 'W 및 Z 보손(W & Z boson)' 그리고 강력을 매개하는 '접착자(gluon)'가 이에 해당한다.

'중력'은 뉴턴에 의해 우리에게 잘 알려진 힘으로서, 물체가 지구로 떨어지게 하는 원인이며, 보편적으로 적용되는 힘이기도 하다. 고대부터 알려져 있던 '전자기력'은 패러데이(Michael Faraday)가 전자기 유도현상을 발견하면서 전기력과 자기력이 서로 다른 별개의 힘이 아니라 동일한 하나의 힘이라고 밝혀진 바 있다. 이를 근거로 그 후 맥스웰은 전자기력을 맥스웰 방정식으로 정리하였다. 이와 달리 약력과 강력은 원자핵의 구성 입자들이 발견되면서 그 실체가 드러난 힘이다. '약력'은 원자핵 내에 존재하는 중성자가 전자를 방출하면서 양성자로 전환되는 베타붕괴(β-decay) 현상에서 관련된 힘인데, 그 힘이 중력보다는 강하지만 전자기력보다는 약하다는 것을 알게 되었다.

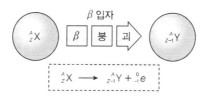

그림 13.26 베타붕괴 과정

마지막으로 '강력'의 발견은 의외로 단순하다. 수소를 제외한 원소들의 핵은 두 개 이상의 양성자로 구성되어 있으며, 양성자는 그 이름에서 알 수 있듯이 +전하이다. 핵 내에 위치하는 같은 +의 성질을 가진 양성자들은 서로에 대한 척력 또는 반발력이 대단할 것이다. 그럼에도 불구하고 이들은 극히 작은 부피의 핵 내에 함께 존재하고 있으므로 양성자의 반발력을 한 데로 묶어주기 위해서는 양성자들 사이의 반발력보다 더 강한 힘이 필요하다는 의미이다. 더 강한 힘이 바로 강력이다.

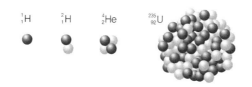

그림 13.27 수소를 제외한 원소들은 2개 이상의 양성자로 구성

네 가지 힘의 세기는 '중력 < 약력 < 전자기력 < 강력'의 순서로 구분된다. 전자기력은 중력보다 무려 10^{36}배나 강한데, 공중에 매달린 자석에 쇠구슬이 붙어서 땅으로 떨어지지 않는 것은 전자기력이 중력보다 훨씬 강한 힘을 갖고 있다는 증거이기도 하다. 또한 강

력은 이런 전자기력의 10^2배, 약력의 10^{13}배의 힘을 갖고 있다.

중력이 다른 세 가지의 힘에 비하여 상대적으로 약하기는 하지만 거시 세계에서의 중력은 그 위력이 대단하다. 반면 강력과 약력은 원자핵 크기에서 작용하는 근거리 힘이며, 전자기력은 전하의 부호에 따라 인력과 척력으로 동시에 작용하기 힘이다. 게다가 대부분의 물질은 양전하와 음전하를 동일한 양으로 지니고 있으므로 그들 사이에 상쇄효과가 발생하지만 중력은 항상 인력으로만 작용하기 때문에 다른 힘들과 달리 크게 나타나게 되는 것이다.

2. 전기약력이론

기본 힘의 통일 연구에서 첫 번째 성공은 약력과 전자기력의 통합에서 이루어졌다. 이를 '전기약력이론(Electroweak theory)' 또는 '전약력이론'이라 한다. 전약력이론은 1967년 와인버그(Steven Weinberg, 1933~현재)와 살람(Mohammad Abdus Salam, 1926~1996)에 의해 제시된 통합이론이다. 이는 빅뱅 초기에 초고온과 초고밀도인 상태에서 전자기력과 약력은 하나로 통합되어 있었다는 생각에서 출발하는데, 빅뱅 이후 시간이 흐르고 우주의 온도가 점차 내려가자 갑자기 자발대칭 파괴가 일어났다. 다시 말해서 이들의 대칭성이 깨지면서 전자기력과 약력이 분리되었고, 약력을 매개하는 W와 Z 보손과 모든 페르미온(fermion)[16]들이 질량을 얻게 되었다는 것이다.

이후 물리학자들은 통합된 전약력에 강력을 더하고자 하는 대통일이론(GUT)을 연구하게 되었다. 이론적으로 약 10^{28} K 상태의 온도, 즉 빅뱅 후 10^{-35}초의 우주의 온도에서 전약력과 강력의 세기가 같아질 것으로 예측되었으나 실제적으로 10^{28} K라는 온도는 인간의 힘으로 생성해 낼 수 있는 온도가 아니라는 점에서 연구의 한계에 부딪히게 되었다. 따라서 자연스럽게 대통일이론의 연구는 우주론 연구와 병행되어야 했고, 마침내 우주에 관한 새로운 이론을 제시하는 토대가 되었다. 즉 우주 대폭발이 일어나던 순간에 기본 힘이 하나의 힘(초힘, super force)으로 통합되어 있다가 몇 개의 다른 힘으로 분리되고, 최초 순간의 힘은 같은 세기로 작용하면서 구별되지 않는 상태로 대칭성을 갖는다는 것이다.

---

16) 물리학에서는 이 세상 존재하는 물질에는 크게 두 가지 종류가 있다고 하는데, 그중 하나는 보손(boson)이고, 다른 하나는 페르미온(fermion)이다. 보손에는 광자나 약력을 전달하는 W 보손, Z 보손, 강력을 전달하는 글루온(gluon), 중력을 전달하는 중력자 등이 있으며, 페르미온에는 전자, 뉴트리노(neutrino)와 쿼크(quark) 등이 있다.

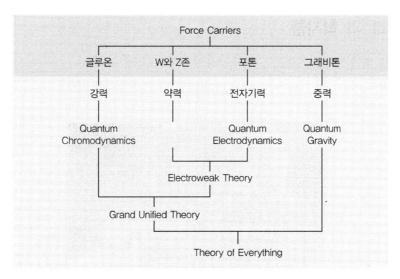

그림 13.28 기본 힘을 설명하는 도표

3. 모든 것의 이론

그 이름에서 알 수 있듯이 자연계의 네 가지 힘인 중력, 전자기력, 약력 및 강력을 하나로 통합하는 가상의 이론이 바로 '모든 것의 이론(Theory of Everything)' 또는 '만물이론'이다. 이를 통해서 인류는 우주에서 발생하는 모든 물리현상과 그 원인 및 관계들을 완벽하게 설명하고자 하는 것을 그 목표로 하고 있다. 다시 말해서 모든 자연법칙을 통합하여 설명하고자 하는 이론인 것이다. 여러 과학자들에 의해 모든 것의 이론에 대한 여러 제안들이 제기되었지만, 아직까지 실험으로 입증된 바는 없다. 그도 그럴 것이 전자기력, 약력 그리고 강력에 비하여 상대적으로 거시세계에서 그 존재감을 드러내는 중력을 나머지 세 힘과 조합하기 어렵다는 점이 가장 큰 숙제이기 때문이다.

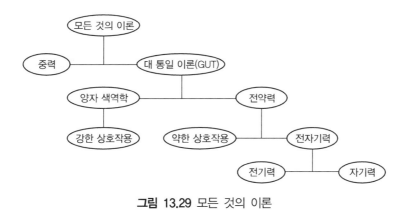

그림 13.29 모든 것의 이론

13.4 그 외 학자들

1. 마리 퀴리

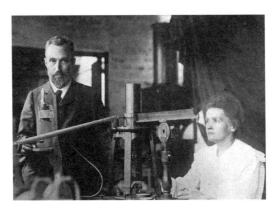

그림 13.30 피에르 퀴리(좌)와 마리 퀴리(우)

폴란드 출신의 마리 스클로도프스카(Marie Skrodowska Curie, 1867~1934)는 다섯 형제 중 막내로 태어났다. 당시 폴란드는 러시아의 지배를 받고 있었기 때문에 폴란드인들에게는 참으로 어둡고 슬픈 시절이었다. 교사였던 마리의 어머니는 마리가 열 살 되던 해에 결핵으로 세상을 떠났다. 마리는 우수한 성적으로 졸업했지만, 당시 폴란드에서 여성은 대학에 입학할 수 없었으며, 게다가 집안 형편도 넉넉하지 못했다. 하지만 마리와 마리의 언니는 서로 도우면서 힘든 상황에서도 공부에 매진하여 프랑스로의 유학을 결심하였다.

프랑스 파리의 소르본 대학(Sorbonne University)에서 최초의 여성 물리학 박사(1891년)가 된 마리는 대학에서 만난 과학자 피에르 퀴리(Pierre Curie, 1859~1906)와 결혼했다(1895년). 같은 해 독일의 물리학자 빌헬름 뢴트겐(Wilhelm Conrad Roentgen, 1845~1923)은 X선을 발견했다. 또한 이듬 해 프랑스의 앙투안 베크렐(Antoine Henri Becquerel, 1852~1908)은 우라늄염의 형광 현상을 연구하던 중 우라늄에서 '알파선'이라는 방사선이 방출되어 사진 건판을 변화시키는 현상을 발견했으며, 방사선의 강도는 우라늄의 절대량에 비례한다는 것을 밝혔다(1896년). 오늘날 방사능의 SI(Le Systeme Internationale d'Unites, 국제단위, International Unit) 단위인 '베크렐(Bq)'은 그의 이름에서 유래한 것이다.

이들의 발견으로 자신의 연구에 더욱 박차를 가하는 마리와 남편 퀴리는 방사선의 특성과 기원에 대해 관심이 있는 베크렐에게 공동 연구를 제안했다. 이들의 제안으로 베크렐은 퀴리 부부와 함께 연구를 착수하게 되었고 수 톤(t)의 우라늄 광석을 가공하겠다는 엄청난 계획에 뛰어들게 되었다. 이 과정에서 세 사람은 방사성 물질이 우라늄 광석에서만 방출되는 것이 아니라 우라늄보다 훨씬 강한 방사선을 방출하는 원소를 발견하게 되자 마리는 자신의 조국 폴란드의 이름을 따서 이를 '폴로늄(Po)'이라 명명했다. 이후 세 사람의 연구팀에 뉴질랜드 출신의 러더퍼드가 합류하게 되면서 1903년에 그들 모두 노벨 물리학상을 수상하게 되었다.

하지만 1906년 남편 퀴리의 마차 사고로 사랑하는 사람이자 공동 연구자를 잃게 된 마리는 그로부터 2년 후 암으로 베크렐마저 먼저 세상을 떠나보내게 되었다. 남편과 동료를 갑작스럽게 잃어서 고통과 불행의 나날을 보내기도 했던 마리는 평소 남편이 연구했던 분야를 이어 나가서 마침내 소르본 대학의 첫 번째 여자 교수가 될 수 있었다. 이후에 마리는 강력한 방사능을 방출하는 새로운 원소 '라듐(Ra)'을 발견하여 노벨 화학상의 수상의 영광을 안게 되었다. 방사능 분야의 선구자인 마리는 최초의 노벨상 여성 수상자일 뿐 아니라 물리학과 화학 분야에서 두 차례 수상 기록을 세운 유일한 인물이기도 하다.

그림 13.31 방사능으로 인해 손에 혹이 난 마리와 그의 딸

2. 앨런 튜링

영국 출신의 수학자 튜링(Alan Turing, 1912~1954)은 아인슈타인의 이론에 대한 단순한 이해를 넘어 아인슈타인의 이론을 독자적으로 해석하기도 할 정도로 수학에서의 재능이 탁월했다. 그런데 아이러니하게도 그는 평생 동안 맞춤법과 글쓰기에 애를 먹었으며, 좌우 구별에 혼란을 보일 정도였다고 한다. 15세에 그는 자신의 첫사랑이자 수학적 재능이 특출한

그림 13.32 튜링

1살 연상의 친구 모컴(Christopher Morcom)과 힘을 합쳐 수학분야에서 난제라고 하는 엄청나게 복잡하고 까다롭기로 정평이 나있는 수학 문제를 함께 풀고 연구에 몰두하기로 결심했다. 그렇지만 그가 17세가 되던 해 갑작스럽게 모컴이 결핵으로 사망한 일로 인하여 훗날 튜링이 무신론자가 되는 계기가 될 정도로 그의 죽음에 깊이 낙담하였다. 이때부터 그는 필생의 과제로 삼은 인간의 지능을 기계에 넣어두는 방법에 매달리기 시작했다. 18살에 캠브리지 대학에 입학해서 수학을 공부한 후, 대학원 재학 당시 연구원의 신분으로 논문 「계산 가능한 수와 결정문제의 응용에 관하여」를 발표하게 되었다. 컴퓨터의 기본 구상인 '튜링기계'라 불리는 가상의 최초 연산 기계를 선보인 논문에서 튜링은 읽기, 쓰기 및 제어 센터, 이 세 가지만 있으면 모든 계산 가능한 문제를 풀 수 있다는 튜링의 핵심 개념을 그 내용으로 담았다. 그리고 그 논문은 훗날 컴퓨터 이론의 단초가 되었다.

캠브리지 대학에서 수리논리학 공부를 마치고 튜링은 이듬해 1936년 미국 프린스턴 대학으로 옮겨서 수학 분야의 박사학위를 취득하였다(1938년). 1939년 케임브리지 대학 교수로 재직하던 그는 제2차 세계대전 동안 독일의 암호를 해독하던 곳으로도 잘 알려져 있는 블레츨리 파크(Bletchley Park)로 초빙되었다. 그 곳에서 암호해독 업무에 전념한 그는 독일의 암호기계 에니그마(Enigma)의 비밀 메시지를 해독하는 초기 단계에서 등장했던 기계 '봄브(The Bombe)'를 고안해 냈으며(1939년), 1942년에는 세계 최초의 전자식 디지털 컴퓨터인 '콜로서스(Colossus)'를 만들어 암호해독을 자동화하였다.

'컴퓨터공학의 아버지'라 불리는 튜링은 동성애자였다. 캠브리지 대학에서 비밀스런 관계를 가지며 그는 행복한 시간을 보낼 수 있었다. 암호해독국에서는 그가 동성애라는 사실을 전혀 눈치채지 못했는데, 그곳에서 근무하던 어느 날 그는 자신의 집에서 발생한 절도 사건을 경찰에 신고하는 과정에서 튜링이 동성애자라는 사실이 드러나게 되었다. 이 일로 그는 법정에 출두할 수밖에 없었고, 영국 정부는 튜링이 동성애자라는 이유로 컴퓨터 개발과 관련된 모든 프로젝트에서 손을 떼게 했다. 그리하여 동성애 혐의로 유죄판결을 받은 그는 법원으로부터 '동성애'라는 질병을 고치기 위하여 정신과 의사의 진찰을 받고 호르몬 치료를 받으라는 명령을 받게 되었다. 그 과정에서 튜링은 성적 능력을 잃게 되고 비만으로 힘겨운 시절을 보내게 되었다. 그로부터 약 2년 동안 심한 우울증에 시달리던 튜링이 선택할 수 있었던 유일한 길은 '백설공주의 독사과'였다.

성적 정체성과 인간적 존엄성을 모조리 부정 당하는 정신과 치료의 피해자가 되어버린 튜링의 시신 옆에는 청산가리가 묻어있는 한 입 베어 먹은 사과가 나뒹굴고 있었다(1954년). 그가 죽은 지 12년 후 과학계는 앨런 튜링상을 제정하게 되었고, 그가 죽은 지 20여 년 후 스티브 잡스(Steve Jobs, 1955~2012)는 인류 최초의 개인용 컴퓨터를 제작하게 되었다. 그리고 튜링이 죽은 지 59년 후인 2013년 12월 24일, 엘리자베스 2세 여왕은 튜링의 동성애 죄를 사면하였다. '한 입 베어 먹은 사과'를 그려 넣은 잡스의 컴퓨터는 아마도 '컴퓨터공학의 아버지' 튜링을 기억하기 위함이 아닐까 한다.

3. 막스 플랑크

1) 플랑크의 생애

양자역학의 성립에 핵심적 기여를 한 대표적인 인물은 독일 출신의 물리학자인 플랑크(Max Karl Ernst Ludwig Planck, 1858~1947)이다. 과학사에서 큰 획을 그은 대부분의 과학자들이 활발한 연구 활동으로 이름을 알리기 시작한 무렵은 거의 20대의 나이였다. 그와 달

그림 13.33 플랑크

리 플랑크는 42세의 나이에 '플랑크의 복사법칙'을 발견하면서 물리학 분야에서 두각을 드러내기 시작했다. 1899년 새로운 기본상수인 '플랑크 상수($h = 6.62 \times 10^{-34}$ J·S)'를 발견한 이듬 해 열복사 법칙에 관련된 '플랑크의 복사법칙'을 발표하였다. 이 법칙에서 '양자(quantum)'[17] 개념을 제안하면서 그는 양자역학의 기초를 제공한 데에 커다란 역할을 했다. 남들에 비하여 늦은 출발을 했지만 당시 아마추어 과학자였던 아인슈타인의 탁월함을 알아차리고 발굴한 플랑크는 1918년에 양자역학의 기초를 마련한 공로로 노벨 물리학상을 수상하게 되었다.

'양자'란 어떤 물리량이 연속적인 값을 취하지 않고 비연속적인 값을 취할 때의 단위량을 가리키는 말이며, 물리학에서 상호작용과 관련된 모든 물리적 독립체의 최소단위이다. 이는 물리적 성질의 기본요소가 양자화(quantization)되어 있다는 생각을 전제로 하고 있다. 가령 빛의 입자인 광자는 '빛의 양자' 또는 '광양자(light quantum)'라고 하며, 원자핵 주위를 끊임없이 회전하고 있는 전자의 에너지도 '양자화되어 있다'고 말한다. 그리고 이 상태의 원자를 안정화되어있다고 한다.

플랑크의 말년을 순조롭지 않았다. 그의 장남 카를 플랑크(Karl Planck)는 1차 대전 중 전사하였고, 차남 에르빈 플랑크(Erwin Planck)는 히틀러 암살기도와 관련되었다는 이유로 처형당했다. 게다가 히틀러의 유대인 박해가 심하던 시기에 여러 후배 과학자들이 망명하게 되면서 플랑크는 고통의 나날을 보낼 수밖에 없었다.

2) 플랑크의 양자이론

뉴턴을 필두로 한 고전역학은 우주와 같은 거시세계를 기술하기 위하여 달려왔다고 하더라도 빛의 속도에 가까운 물체의 속도에 대한 현상을 설명하기에는 충분하지 않았다. 이러한 문제를 해결하는 데에 적합했던 대안이 바로 아인슈타인의 상대성이론이라는 것을 앞서 언급한 바 있다. 그렇다고 해서 고전역학으로 원자와 같은 미시세계를 기술하는 데에는 별 어려움이 없었던 것은 아니다. 고전역학으로는 설명할 수 없는 현상들을 만나게 되자 1900년대에 들어 플랑크를 비롯한 여러 물리학자들은 양자역학(quantum mechanics)을 그 대안으로 주목하였다.

고전역학에서는 에너지, 운동량 및 속도와 같은 물리량은 '연속적'이라는 조건에서 출발한다. 가령 정지해 있는 물체에 에너지를 가하면 속도가 증가하는데, 이때 운동에너지도 증가하게 되는 과정에서 에너지가 0에서부터 점차적으로 그리고 연속적으로 증가할 것이라고

---

17) '양자(quantum)'는 라틴어의 'quantus(얼마나 많이, how much)'에서 유래한 말이다.

생각했다. 이와 달리 현대물리학에서는 '에너지도 덩어리'로 되어 있기 때문에 덩어리로 증가하거나 덩어리로 감소한다는 것이다. 즉 에너지가 덩어리의 정수배로만 증가하거나 감소한다는 의미이다.

물리현상을 '연속적'으로 표현하고 있는 고전역학과 달리 플랑크의 양자이론은 원자론적이며, 띄엄띄엄한 양을 바탕으로 하고 있었던 통계역학 사이의 불일치에서 출발했다고 할 수 있다. 그도 그럴 것이 플랑크는 자신의 논문에서 '에너지가 플랑크 상수와 빛의 진동수는 정수배로 표시되는데, 반드시 1, 2, 3, 4…식의 정수배만을 의미하는 것이 아니라 1.5, 2.5, 3.5…식으로 그 구간을 구분할 수도 있다'고 생각했다. 그는 자신의 논문에서 '흑체[18] 복사(Black body radiation)의 에너지가 정수배로 변화한다'는 가정을 제시하고 있지만, '빛이 입자'라는 생각에 대해서는 무척이나 못마땅해 했다. 그래서 플랑크는 아인슈타인의 상대성이론에 대해서는 긍정적으로 받아들였으나 정작 자신의 업적과 관련된 아인슈타인의 광양자설에 대해서는 회의적이었다.

현재의 상태를 정확하게 알고 있다면 미래에 어떤 사건이 언제 일어날지를 정확하게 예측할 수 있다는 결정론적(deterministic) 성격을 띠는 고전역학은 '우연(chance)'이 개입되지 않고, 인과법칙을 따르고 있다. 이와 반대로 현대물리학을 대변하는 양자역학은 현재 상태를 정확하게 알고 있다 하더라도 미래에 일어날 사건을 정확하게 예측하는 것은 불가능하다는 확률론적(probabilistic) 성격을 띠고 있다. 예를 들어, 수소원자의 경우, 핵 주위를 끊임없이 회전하고 있는 전자의 위치를 정확히 알기란 어렵다. 단지 우리가 알 수 있는 것은 전자의 위치는 핵의 중심에서 무한대에 이르는 거리 사이에 존재할 수 있다는 확률로만 표현가능하다는 것이다. 따라서 전자의 위치는 어떤 특정한 시간에 특정 위치가 언제나 같은 것은 아니다. 그러한 이유로 물리학자들은 원자 내 전자가 존재할 위치를 계산할 때 확률밀도함수(probability density function)를 사용한다.

---

18) 외부에서 주어진 빛을 완전히 흡수했다가 재방출하는 물체를 '흑체(Black body)'라 하며, 실제로 흑체에 해당하는 물체는 존재하지 않지만, 별과 같이 흑체와 유사한 성질을 갖는 물체는 우주에 많이 존재한다.

참고문헌

1. R. Russell, Chaos and Complexity, Vatican Observatory Publications(2000).

2. E. J. Gardner et al., Principles of Genetics, John Wiley & Sons(1991).

3. B. Alberts et al., Molecular Biology of the Cell, Garland Publishing(1994).

4. R. Lewis et al., Life, McGrawHill(2009).

5. M. Hoefnagels, Biology; Concepts and Investigations, McGraw-Hill Companies, Inc. (2013).

6. A. N. Whitehead, Science and the Modern World, Cambridge University Press(1997).

7. M. Hitoshi et al., Newton Highlight, Newton Korea(2011).

8. I. Barbour, When Science meets Religion, Society for Promoting Christian Knowledge (2000).

9. H. Ross, The Creator and the Cosmos, NavPress(1995).

10. S. Kauffman, At Home in the Universe: The Search for Laws of Self-Organization and Complexity, ScienceBooks(2002).

11. Alex Bellos, Alex Adventures in Numberland, Janklow & Nesbit Limited(1992).

12. A. O'hear, An Introduction to the Philosophy of Science, Oxford University Press(1989).

13 R. Wallace et al., Biology: The Science of Life, Harper Collins Publisher(1991).

14. R. L. Devaney, Chaotic Dynamical systems, Addison-Wesley Publishing(1992).

15. Martin Gardner, Mathematical Circus. MAA Spectrum book(1992).

16. Lionel Salem, Les Plus Belles Formules Mathematiques, Masson Press(1997).

17. J. A. Paulos, Beyond Numeracy(1994).

18. Sugaku Cho Nyumon, Akiras Kooriyama, Nippon Jitsugyo Publishing(2001).

19. J. W. Hill et al., Chemistry for Changing Times, Pearson Education(2013).

20. 김희수, 천체관측, 시그마프레스(2014).

21. 이수대, 우주와 인간, 북스힐(2011).

22. Dinah L. Moche, Astronomy, 전남대학교출판부(2008).

23. Kyong Choi Chou, Universe; Genesis and Evolution, 경희대학교출판부(2007).

24. 네이버캐스트, 오늘의 과학.

찾아보기

쉽게 읽는 과학이야기

2016년 8월 20일 1판 1쇄 인쇄
2016년 8월 25일 1판 1쇄 발행

저 자 ◎ 최 재 희

발행자 ◎ 조 승 식

발행처 ◎ (주) 도서출판 북스힐
　　　　서울시 강북구 한천로 153길 17

등 록 ◎ 제 22-457 호

 (02) 994-0071(代)

 (02) 994-0073

 bookswin@unitel.co.kr
www.bookshill.com

값 16,000원

잘못된 책은 교환해 드립니다.

ISBN 979-11-5971-029-2